建筑领域碳达峰碳中和技术丛书

智慧供热全面平衡调控技术

余宝法　编著

中国建筑工业出版社

图书在版编目（CIP）数据

智慧供热全面平衡调控技术/余宝法编著. —北京：中国建筑工业出版社，2022.1（2022.12重印）
（建筑领域碳达峰碳中和技术丛书）
ISBN 978-7-112-27009-5

Ⅰ.①智… Ⅱ.①余… Ⅲ.①城市供热-集中供热-研究-中国 Ⅳ.①TU995

中国版本图书馆CIP数据核字（2021）第269945号

责任编辑：张文胜 杜 洁
责任校对：王誉欣

建筑领域碳达峰碳中和技术丛书
智慧供热全面平衡调控技术
余宝法 编著
*
中国建筑工业出版社出版、发行（北京海淀三里河路9号）
各地新华书店、建筑书店经销
北京科地亚盟排版公司制版
北京建筑工业印刷厂印刷
*
开本：787毫米×1092毫米 1/16 印张：12¾ 字数：317千字
2022年1月第一版 2022年12月第三次印刷
定价：**49.00**元
ISBN 978-7-112-27009-5
（38670）

前　言

城镇集中供热事业是关系到北方地区百姓生活的民生工程，供热系统的不平衡不仅会导致冷热不均引起高能耗，还会影响百姓的正常生活。目前关于供热系统的平衡调节问题非常突出，各种解决方案也是丰富多彩，但是要么太过理论性，不好实操；要么太过聚焦于某项单一技术或者产品，不够全面和不够系统。

笔者从事供热事业 20 余年，深入供热生产一线，积累了丰富的实践经验。尤其是在热网自动控制系统、供热仿真分析系统、分布式变频泵输配系统、喷射泵输配系统等方面有深入的研究。本书旨在梳理和总结笔者的工作积累，理论结合实践，从供热系统热源、热网、热力站、二次网、楼内系统、户内系统等各个环节提出全面、系统的解决方案，并将具体的实际应用方案和技术细节，甚至部分程序框图和代码分享给供热同行参考。本书也可以作为供热专业的本科生和研究生阅读参考。

本书在编写过程中得到了中国建筑工业出版社的大力支持和指导，历经 2 年，几易其稿。本书的出版是一个深入生产一线的从业 20 余年的供热技术人员的工作心得的总结和梳理，给读者展现的是真实的、接近实战的供热技术，为供热事业的健康发展贡献智慧。书中不足之处请读者指正，不胜感激。

目　录

第1章

供热系统平衡调控的目的和意义

供热系统是从热源到热力站到楼栋到用户的多层网络系统，每一个层级都会存在不平衡的问题，具体包括如下不平衡：

➢ 一次网中各个热力站之间的不平衡；

➢ 二次网中各个楼栋之间的不平衡；

➢ 楼内各个用户之间的不平衡；

➢ 热源供热量与热用户需热量之间的不平衡。

这种不平衡的存在会使用户之间产生冷热不均的问题，即不热户与过热户同时存在。无论是不热户还是过热户都不会拥有舒适的生活环境，而且会造成资源的浪费。由此可见，通过平衡调节消除各种不平衡对于实现舒适供热、节约能源具有重大意义。

1.1 供热行业的痛点

供热行业的工作包括：设计、施工、运行。其中，运行是伴随供热全过程的主要工作，运行工作中的调节工作是供热人的日常工作，应该日日调、时时调。用户的舒适度和供热企业的经济效益都是调节出来的，只有把平衡调节工作做好才是供热人的本职。

运行调节工作包括：

➢ 热源的优化调度；

➢ 热力站之间的平衡调节；

➢ 热力站的气候补偿、节能始终控制；

➢ 二次网楼栋或单元入口之间的平衡调节；

➢ 楼内用户之间的平衡调节；

➢ 热源供热量、供热系统的热惰性、供热系统蓄热能力、热用户的需热量之间的协调匹配。

上述这些都是供热行业需要持续优化的工作，尤其是二次网的平衡调节，包括楼栋间平衡调节和用户间的平衡调节，是供热行业的痛点问题。因为楼栋入口和用户入口数量众多，空间狭小，缺少电源，环境恶劣，许多设备和技术不适应这样的应用条件。因此，多年来供热人一直在努力探讨二次网平衡和用户平衡的技术方案，始终得不到满意的结果。

1.2 供热平衡的必要性分析

供热系统中的不平衡会造成40%的不平衡热损失和80%的热能输配电耗损失。在节能减排的大背景下，解决这种不平衡问题具有显著的经济效益和社会效益。这些平衡调节技术包括（但不局限于）：

- 热源优化调度技术；
- 热网自控技术；
- 分布式变频泵技术；
- 二级循环泵技术；
- 喷射泵二次网平衡技术；
- 基于电动喷射泵的智慧供热技术。

这些技术的综合应用（详见本书后续章节），能够解决供热系统中存在的各种不平衡问题，且性价比较高，投资回收期小于3a。目前全国集中供热面积在140亿m^2左右，且呈上升趋势，预计将在短时间内突破200亿m^2。每平方米节能收益2.5元，每年会有近500亿元的节能收益。

第 2 章

调控环节的组成

供热系统是个大系统，是有递阶式的网络结构，因此供热系统调节需要分层次逐级进行。第一层级是热源的 DCS 控制系统，第二层级是热力站的自动控制系统（或者叫热网自控系统），第三层级是二次网平衡调节，第四层级是用户调节。

2.1 供热系统的构成

如图 2-1 所示，供热系统由热源、一次网、热力站、二次网、楼栋内立管、用户散热系统等组成。其中主要的调节环节有热源的运行调度、热力站自动控制、楼栋或单元入口的平衡调节、用户入口的平衡调节，其中楼栋或者单元入口的平衡调节是当前技术经济条件下最需要大力推进的调节环节。

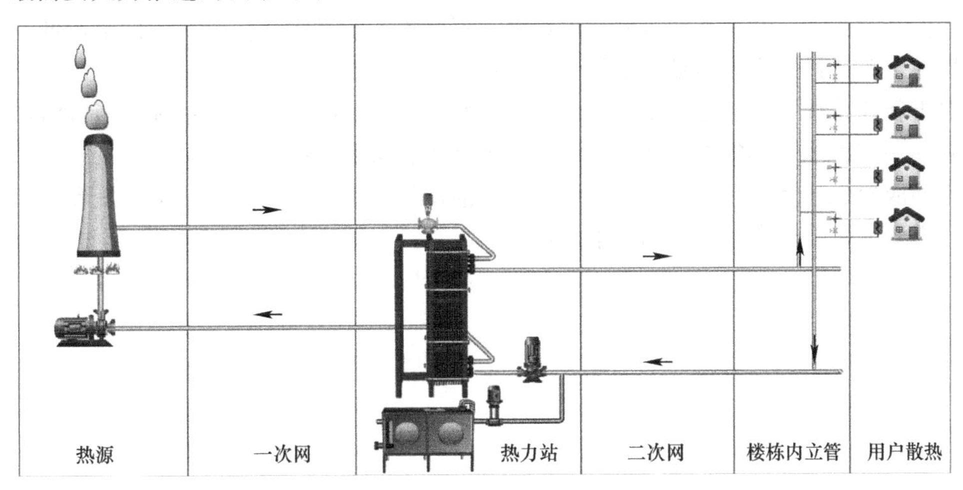

图 2-1　供热系统的构成

2.2 供热系统各个调控环节的作用

热源的调节能够解决总供热量与总需热量之间的不匹配问题，热力站调控能够解决热力站之间的失衡问题以及加强气候补偿控制和节能时钟控制功能的作用，楼栋入口平衡调节能够解决楼栋之间的水平失调的问题，用户入口的平衡调节能够解决用户之间的垂直失调问题。在不同的环节采用不同的调节设备，应用不同的调节方法，可以组成多样的调控方案。

热力站之间的平衡调节、楼栋之间的平衡调节、用户之间的平衡调节能够分别解决不同层级的空间分布不均衡的问题。笔者团队研发的喷射泵产品正是解决诸多失调问题的有效手段，是对其他调节设备和技术的补充和升级。

关于气候补偿和节能时钟控制功能，设置在不同调控环节（如热源、热力站、楼栋、用户）的效果和性价比及可行性是不同的。这种热负荷的调节最早是在热源处完成的，但这种调节方式仅在热源供热规模较小时可行，因为热源供热规模小导致供热半径短，继而热网的热惰性和传输延迟小，所以该方法可行。而对于大型集中供热系统，热源的调控需要稳定，但由于热源供热规模大导致供热半径相应变长，从而使热网的热惰性和传输延迟增大，难以对热源达到有效且稳定的控制，所以不宜在热源处进行调节。从热负荷调节的及时性和灵活性考虑，应该在热网的末端进行调控，即在用户入口处进行热负荷调控，且该调控方案为当下的最优解。由此可见，调控的后移将会成为未来发展的必然方向。综合考虑到供热系统的现状以及供热系统经济性、可行性等，热负荷调节宜在热力站进行，而且要在热力站的二次侧进行，这样可以保证一次网水力工况稳定，同时可以利用一次网的蓄热能力来缓解热力站的调控对热源运行工况造成的冲击，热源由主动调节变为被动小幅度缓慢适应。

以目前的小区热网状况来看，在楼栋或者单元入口取电和组网并不方便，因此宜采用手动调节的方式，若只是为了楼栋或单元入口之间的水力工况和热力工况平衡调节的话，其实并不需要频繁的调节，平衡调节完成之后自然可以保持这种平衡状态相对稳定不变。之所以目前用户入口处的平衡调节很难实现，是因为用户数量巨大，从而导致手动平衡调节的工作量过大，电动平衡调节的实现难度和资金投入都过大，使改造的性价比低，而且可靠性差，改造过后庞大的维护工作也让人难以承受。

对于新建系统可以考虑基于用户平衡调控和热量调控的智慧供热系统，当智慧供热技术发展到一定程度，实施难度降低、资金投入减小、可靠性提高、维护工作量减小，这时大力推动成熟的智慧供热系统才是可行的。当前情况下，智慧供热尚处于研发和不断成长阶段，需要大量的研发工作推动技术进步。

第3章

供热系统自动控制

3.1 热网自控技术的发展概述

3.1.1 供热系统自动控制的目的和意义

供热系统的运行调节始终是围绕着热源的供热量与热用户的热负荷之间匹配的问题而展开的，而热源的调节总是受到各种条件的制约，热用户的热负荷却在无条件地发生变化，供热和需热之间永远存在矛盾。在热网中存在大量的热用户，它们之间因为种种原因而存在严重的不平衡问题。热网中有许多重要的设备，如换热器、水泵等，这些设备的运行工况、运行状态需要进行实时监控。热网运行参数的变化也需要记录、采集、存储、统计、分析等。因此热网自控系统的目的就在于：

◇ 协调热源供热量与热用户热负荷之间的矛盾，实现按需供热，舒适性供热；

◇ 调节各个用户之间的供热量平衡，实现均匀供热；

◇ 实现供热设备的运行监控和故障诊断；

◇ 记录、采集、存储、统计、分析热网的供热参数。

供热系统的运行调节是按照保证热网中的最不利用户，在任何时候都能达到不被用户抱怨的室内温度的原则下进行的。这势必会导致热网中大部分用户的室内温度过高而浪费热能，这种输配过程中的不平衡同时也会反过来减少整个供热系统的供热能力而出现大量的不热户。另外，由于室外温度的不断变化而产生热负荷的不断变化，而热源却只能在大的时间尺度上进行平稳的调节，这势必存在用户在天气温暖的时候室内温度偏高，在天气寒冷的时候室内温度偏低的问题。因此供热系统自动控制的意义就在于：

◇ 消除供热系统的冷热不均，减少不热户；

◇ 提高热网输配能力、扩大供热面积；

◇ 实现设备的连锁保护，提高供热系统运行的可靠性；

◇ 实现二次循环水量的最优化控制，节约电能；

◇ 记录、采集、存储、统计、分析热网的供热参数，实现无人值守；

◇ 利用房间的蓄热、管网的蓄热、热网加热器换热量的自适应能力进行热用户处的局部调节，解决热源供热量调节的不及时性与热用户气候补偿需求的矛盾，并进一步节约热能。

3.1.2 国外供热系统的自动控制方式

1. 各热力站单独控制

各热力站根据外温情况，调整一次网侧的电动阀门，以改变流过水一水热交换器的一次侧水量，从而使得二次侧热交换器出口的水温达到设定值，这是北欧地区普遍采取的控制方式。这种控制方式在热源供热能力充足时工作得很好，控制系统简单有效。但是，当热源供热能力不足时，由于没有协调机制，各个热力站会为了满足自己热量的需求而纷纷开大电动调节阀，由于热力站所处的热网位置不同，使得远端热力站即使阀门开至最大仍然不能满足用热需要，这种情况会由远及近，越来越多，就出现较为严重的热力工况失调问题。国外的做法是在一次网安装一台自力式流量限制阀或者自力式差压控制阀。由于国产的上述两种产品控制效果不够理想，而国外的同类产品价格昂贵，一般国内供热单位不能接受这种方案。

2. 热源处的最不利端压差控制方法

最不利端压差控制是北欧地区热源处普遍采用的控制方式，主循环泵采用变速泵，根据最末端测出的供回水压差控制泵的转速，使该压差能维持在要求的数值。各热用户则可根据要求自动调节流量，满足各自的用热要求。采用这种方式，如果能够同时维持热源的出口温度为设定值，则能够满足各种情况下的供热需求。当某个用户需要加大流量以增加供热量而开大阀门时，干管流量增大、压降增大、末端压差降低、其他各用户流量降低，主循环泵相应增加转速总流量增大、使末端压差恢复到设定值、各用户流量也会基本上回到设定值。因此，只要主循环泵能及时调整，系统即能保持正常。任何一个热力站随时都可以通过开大阀门而加大流量，增加热量。一般电动调节阀需要配合一个差压控制阀一起工作，当电动调节阀全开时，由于差压控制阀的作用，热力站的最大流量受到了限制，供热系统仍能维持水力工况的平衡。这就是北欧地区热网普遍采用此方式的原因。这种控制方式非常适合按热量计费的供热系统。但是，如何确定最不利环路的位置，如何给定最不利环路压差的设定值，差压控制阀的压差设定值如何选取，电动调节阀的最大开度设定值如何确定等问题，再加上初投资较大，以及我国热源与热网的控制由两家单位分开管理等，这种方式在我国很难适用。

3.1.3 国内供热系统自动控制方式

国内供热系统的热源与热网一般由两家单位分别管理，供热公司只负责热网的运行管理，国内供热系统的自动控制多数只是针对热网的运行调节。自动控制的目的多数是为了实现热网的平衡，一般有如下几种控制方式：

◇ 自力式流量控制阀；
◇ 远程阀门控制；
◇ 全自动均匀性平衡调节；
◇ 本地协调控制；
◇ 全网平衡控制；
◇ 基于云平台智慧控制。

1. 固定热力站流量

按照初调节的思想，对于现在的按照面积收费的供热系统，采用质调节时，可以认为只要按照各个热力站的面积计算出各个热力站的设计流量，然后在各个热力站的一次侧安装自力式流量控制阀，并按照设计流量预设定自力式流量控制阀的设定流量。该方法简单、可靠，效果较好。早在20世纪80年代，北京热力公司就开始大面积引进德国萨姆森公司的自力式流量控制阀，一直沿用至今，对于解决热网失调问题起到了很大的作用。随着自控技术的发展，人们并不能满足于这种单一功能的控制方式，赋予了自控系统更高的

理、分析等，指导供热系统的运行调节。由于不直接进行热网运行工况的控制，其控制效率较低，但同时对控制系统的依赖性较弱，技术容易实现，对设备的要求较低。早期的热网自控系统多采用这种控制结构，控制网络和控制器的适用种类较多，也不需要对供热运行调节技术精通。但是随着节能环保要求的提高，集中监测结构因其控制效率低下、技术水平较低等原因而逐渐被淘汰。热网的控制系统必须能够实现有效的自动控制，并且自动控制的结果是节能和安全。

3.2.3　集中控制结构

集中控制结构不仅能够完成集中监测的所有功能，还能实现集中控制的功能。对控制器和控制网络的要求均比集中监测结构有大幅度提高。还要求控制系统集成商精通供热运行调节技术，并能提供一整套热网自动控制的算法。清华大学在 1989 年赤峰热网自控制系统中开始采用这种控制结构，节能效果显著。但是由于采用的控制器和控制网络的技术水平较低，系统的可靠性较差，维护工作量较大。直到 2002 年，清华同方采用了进口的 PLC 控制器，并采用了点对点电话拨号的控制网络，配合应用了清华大学研发的全网平衡算法，这种控制结构在热网控制中的应用才趋于成熟。但这种控制结构对于控制网络和监控中心的依赖性太强，控制系统的可靠性较差。尽管如此，这种控制结构对供热行业的贡献还是相当巨大的。

3.2.4　集散控制结构

集散控制结构相当于集中控制结构加上分散控制结构，或者是集中监测结构加上分散控制结构。有效地处理了集中与分散的关系，取长补短或者扬长避短。集散控制结构对本地控制器的要求很高，要求本地控制器支持复杂算法并支持远程数据传输的功能，对控制器的可靠性、抗干扰能力、对恶劣环境的适应能力均有较高要求。根据集中控制的程度，决定监控中心和控制网络的技术指标。一般采用集散控制结构，将控制功能交给本地控制器，监控中心通过控制网络向本地控制器设定供热运行调节曲线，或者在必要的时候直接控制热力站的供水温度和执行机构，监测热力站的运行参数等，因此对控制网络和监控中心的依赖并不高。与集中控制结构相比，系统的可靠性明显增强了；与分散控制结构相比，各个控制器之间的协调能力明显提高了。因此，集散控制结构是热网自控系统中最值得推荐的控制结构。笔者在迁安热网、正定热网、丰南热网等项目中均采用了集散控制结构。

3.2.5　递阶控制结构

对于特大型热网系统，热力站数量众多、分布很广，采用集散控制结构时对监控中心和控制网络的压力很大，系统的复杂程度显著提高，维护难度显著加大，系统的可靠性、可维护性、可扩展性等明显降低。目前热网有大型化的趋势，国内已经出现了许多上千万平方米的热网系统，甚至像北京的热网供热面积达到上亿平方米，而且多热源联网运行。此时应该采用递阶控制结构，分成若干级别的分监控中心和子控制网络。不同级别的监控中心管理所辖范围内的热力站，形成相对独立的控制系统，各个分监控中心之间通过控制网络与上一级监控中心形成更高一级的控制系统。递阶控制结构将一个大型的热网控制系统有机地分解成若干小型的子系统，各个子系统之间既相互独立又有联系，有效地分散了控制中心和控制网络的负荷，使得控制系统更高效、更可靠。

3.2.6　平台化控制结构

物联网云平台的出现为供热系统的自动控制提供了新的控制结构，所有的热网控制设备通过智能网关连接物联网云平台，基于物联网云平台开发供热运行控制的应用服务软件，可以在各种客户端进行数据查看和控制操作。这种控制结构便于整合资源，构建供热运行调控的平台，便于热网控制功能的持续升级，便于提供遍布行业的持续运维服务，是热网控制结构的发展方向。

3.3 热源的控制策略

3.3.1 最不利环路压差调度热源

最不利热环路的水力工况和热力工况是反映热源与热网水力和热力工况匹配情况的最直接信息，因此最不利环路的压差来调度热源是最经济易行的方法。该方法需进一步解决如下两个问题才能在实际中应用：

- 判断最不利环路的位置；
- 设定最不利环路的压差。

1. 最不利环路位置的判定

对于实现自动控制的供热系统，二次供水温度为控制目标，因此二次供水温度的实测值与其设定值的比值则反映该热力站热需求的满足程度。阀门的相对开度则反映了该热力站进一步改变供热量的潜力。将两者结合起来则反映了该热力站在热网中的地位有利与否。判据表达式为：

$$E = T_{2g} / (T_{2R} \times C) \tag{3-1}$$

式中 E——工况判据；

T_{2g}——二次供水温度实测值，℃；

T_{2R}——由室外温度计算出的二次供水温度设定值，℃；

C——阀门的相对开度。

分别计算一次网中可能成为最不利环路的热力站的 E 值，其最小 E 值（E_{min}）所在的环路即为最不利环路。

若 $E_{min}>1$，说明热源供热能力充足；

若 $E_{min}=1$，说明热源供热能力恰好；

若 $E_{min}<1$，说明热源供热能力不足。

该方法中，计算工况判据所用的参数 T_{2g}、C 均为实际运行参数，因而工况判据的计算是精确的，可以准确判定最不利环路的位置，也可以准确判定热源供热能力是否与热网匹配。

2. 最不利环路压差的设定

对热源的调度是通过控制最不利环路的压差实现的，因此需给定最不利环路压差的设定值。当最不利环路压差实测值大于其设定值时，说明热源的供热能力充足，应降温或降压；当最不利环路压差实测值小于其设定值时，说明热源供热能力不足，应升温或升压；当最不利环路压差实测值等于其设定值时，说明热源供热能力恰好，此时为最佳工况。因此工况判据 E 又可以写成：

$$E = \Delta P / \Delta P_R \tag{3-2}$$

式中　ΔP——最不利环路压差实测值，kPa；

ΔP_R——最不利环路压差设定值，kPa。

所以 $\Delta P_R = \Delta P / E$

式（3-2）中 ΔP 可以测到，E 可以通过实测数据计算得到，因此 ΔP_R 可以通过实测数据计算出来。这比预先人为设定最不利环路压差的方法要准确、合理得多。

3.3.2　热源的热量调度法

根据上一年的运行数据计算供暖季单位建筑面积的耗热量指标（GJ/m^2），根据上一供暖季的气象数据计算上一个供暖季的平均室外温度，根据上一个供暖季的实际运行情况统计上一个供暖季的运行时间（h），再根据实际供热面积计算出对应当前室外温度条件下的热源供热量（GJ/h）。每天按照气象预报的近6h平均室外温度调度热源的供热量，一天调度4次，每次间隔6h。热源的热量调度法能够直观地控制运行成本，也能直观地反映用户的供热效果。

3.3.3　恒定流量的供水温度调度热源

大型供热系统的热源流量保持恒定有利于一次网流量和压力的稳定，有利于整个供热系统的运行安全，有利于一次网的水力工况平衡调节，此时各个热力站只需要按照各自的流量指标调节达到就可以了，全网平衡控制也可以变成简单的流量平衡就可以了。热负荷的调节通过调度热源的供水温度完成，根据往年的运行经验得到热源供热温度与室外温度的变化曲线，每天按照气象预报的近6h平均室外温度调度热源的供水温度，一天调度4次，每次间隔6h。由于热网传输延迟的影响，这种方法会引起由于不同位置的热力站的供水温度不同而导致的热力工况失调。因此，这种调控方式适合大时间尺度的调度，不适合精细化的调控。

3.3.4　恒定流量且恒定供水温度调度热源

保持流量的恒定和供水温度的恒定，就可以避免因为热网延迟而产生的热力工况失调问题，也可保持热网供水温度和供水压力的稳定，没有了供水温度和压力的大幅度频繁波动，有利于热网的安全。热源的调控也非常简单，就是保持恒定流量和恒定温度即可。热力站的一次侧只需要按照流量指标分配好流量就可以了，热负荷的调控完全落在热力站的二次侧调控上了，二次侧可以按照气候补偿和节能时钟控制，二次侧的调控不影响一次侧的水力工况变化，只会影响一次回水温度变化。热源的总回水温度会随着各个热力站二次侧的调控而发生变化，有利于利用一次网的蓄热和热惰性。

3.3.5　分阶段恒定流量且恒定供水温度调度热源

考虑到恒定流量且恒定供水温度调度热源的方式会引起回水温度变化幅度较大，可以根据热负荷的变化在大的时间尺度上（比如1周，或者按照天气预报情况发生大幅度室外气温变化时）分阶段改变热源的流量或者供水温度。这种方法把热源的调度与热力站的一次侧调控、二次侧调控各自独立，每个环节的控制目标都简单、好操作。把影响热量的三个参数的调控都利用上了，比单一调度热量的方法更容易操作，更有利于安全和节能，是推荐的方法。

3.3.6　多热源的控制策略

1. 多热源联网运行的方式

(1) 摘网运行

如图3-1所示，当室外温度低于某一值，主热源不能满足热负荷的需要时，启动调峰热源，此时关闭阀 1，打开阀 2，热用户 1 全部由调峰热源供热，从主管网中摘下这部分负荷。该运行方式适用于调峰热源容量小，只能满足一个小区热用户或相邻几个小区热用户的供热。这种情况往往出现在原来由锅炉房供热，后来建立了热电厂并取代了锅炉房，但一方面该锅炉房还有保留的价值，另一方面热电厂供热能力不足。因此这种方式一般发生在集中供热逐渐发展的过渡时期。

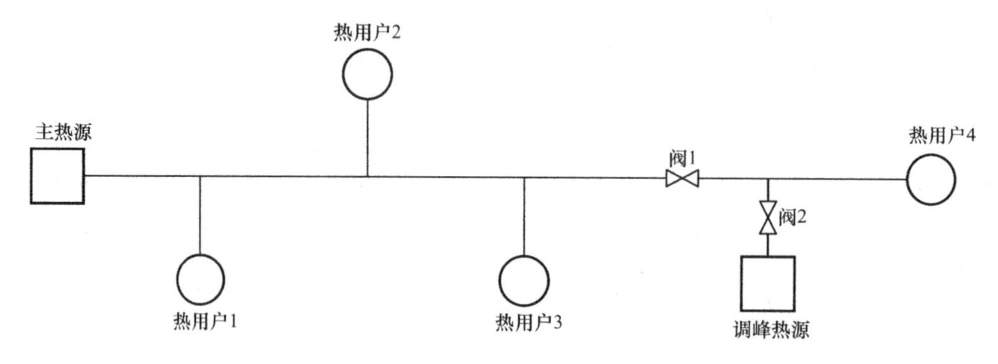

图 3-1　摘网运行方式

（2）并网运行

如图 3-2 所示，供热初期打开阀 1，关闭阀 2，由主热源供热，当室外温度低于某一值时，打开阀 2，启动调峰热源。调节调峰热源的燃烧使其供水温度与主热源相同。调节阀 2 以保证最不利热用户（比如热用户 1）的热负荷。

并网运行中调峰热源的循环泵可选用定速泵，调峰热源的容量比较大，系统的水压图比较稳定。调峰热源与主热源可以互为备用。

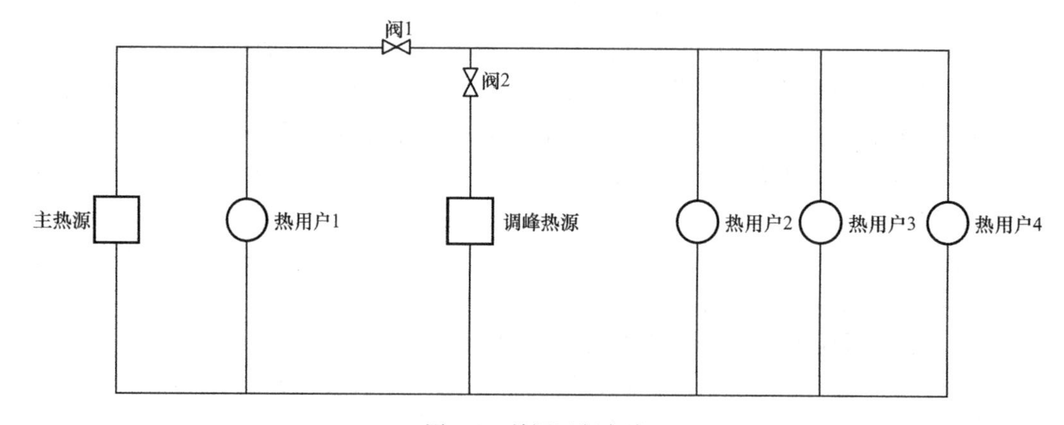

图 3-2　并网运行方式

（3）联网运行

这种运行方式的水力工况很复杂，运行工况很难控制，但该方式能耗最低，而且适用于各热源间的相互备用。对于有大型调峰热源的供热系统，若有条件采用自控系统及变速循环泵应采用此种方式，如图 3-3 所示。

2. 联网运行时的控制方法

摘网运行和并网运行时，系统的水力工况相对稳定而且简单，运行中不会出现水力汇

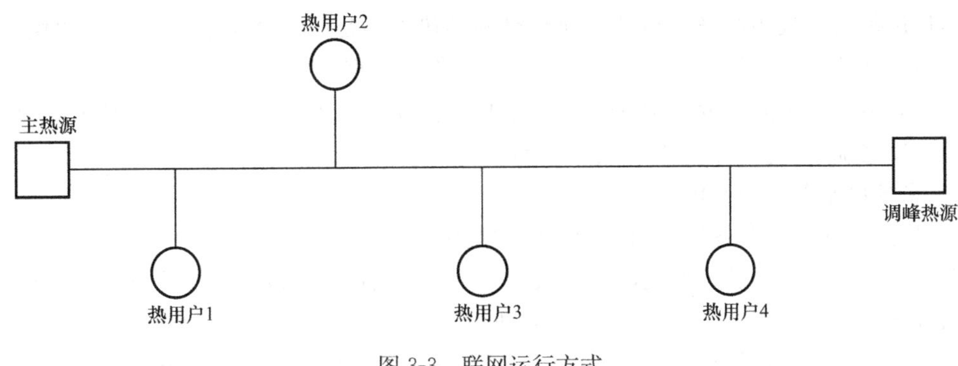

图 3-3　联网运行方式

交点，各热源的热负荷分配简单，各热源的控制方法与单热源相同。而联网运行时需解决的问题却还有许多：

➢ 各热源投运次序的确定；
➢ 各热源间热负荷的分配及调度；
➢ 热源与热网间的协调；
➢ 供热参数的优化；
➢ 水力工况的优化。

（1）各热源投运次序的确定

采用联网供热，首先应该对各热源进行分析，从能源利用的综合效益、热源投入与撤出的灵活性、各热源的具体位置等方面进行综合评判，再结合全网的热平衡确定各热源供热量分配的优先次序。结合国内可能采用的各种热源，得到其通常的投入优先次序如下：工业余热、垃圾焚烧产热以及热电联产中的循环水供热和背压机组供热通常作为系统中的基本热源，而热电联产中的抽汽（低压抽汽、高压抽汽）和各种类型的燃煤（大型、小型）、燃油及燃气锅炉则通常作为调峰热源使用，特别是其中的汽轮机抽汽和燃油、燃气锅炉由于投入与撤出的灵活性很高，作为调峰热源很适合。

当然，由于各供热系统的差别，各种类型热源的优先投入次序也不是一成不变的，在实际应用时必须结合具体情况作细致的经济分析和热平衡计算，上述的次序仅仅是一个参考。

确定了热源供热量分配的优先次序后，剩下的问题就是如何对输配系统的水力工况进行调度以尽可能满足热源供热量分配的要求，同时尽可能地减少输配能耗。

（2）各热源热负荷的分配及调度

热源的投运次序决定了热源使用的优先级，因此应尽量发挥优先投运的热源的供热能力。当先投运的热源达到满负荷仍不能满足热负荷时，则依次投运新的热源。因此投运的热源中必定有一个热源起调峰的作用。一般最后投运的热源为调峰热源，但当投运过程中优先投运的热源由于某些原因未能达到满负荷时，则应尽量使其达到满负荷。

对于燃烧已达到满负荷的热源，通过调节其循环泵的流量来控制其出口水温为设定值。即总供热量一定，若出口水温低于设定值，则应减少流量；若出口水温高于设定值，则应增大流量，因此循环泵应为变速泵。

对于起调峰作用的热源，由热网中最不利环路的热力工况控制其燃烧。当最不利环路的供热量过剩时，减弱燃烧；当最不利环路的供热量不足时，加强燃烧。对于间供系统，判断最不利环路的工况仍以公式 $E=\Delta P / \Delta P_R$ 作为判据。

通过调节循环泵的流量控制调峰热源的出口水温，当出口水温低于设定值时，则应减少流量，反之加大流量。流量的变化会导致：

1）系统供水温度的变化；

2）热网的热负荷在各热源间分配比例的变化。

对于多热源联网的供热系统，当供热量一定时，其供水温度与流量之间存在着优化关系。当各热源的出口温度相同时，则各热源间流量的比例就反映了其供热量的比例。上述通过控制燃烧来满足热负荷需求，通过控制流量来优化供热参数、控制热负荷在各热源间的分配比例的做法是合理的，也是可行的。

（3）热源与热网的协调

热网的用热量是热用户对供热部门的热需求，热源的供热量必须满足热用户的这一要求。当热源的供热量大于热网的需热量时，则供热部门加大了供热成本；当热源的供热量小于热网的需热量时，则引起热用户的不满，影响供热部门的社会效益。因此，必须尽力保证热源与热网间的供需平衡。前文已提到过，控制调峰热源的燃烧来控制热网中最不利环路的热力工况。最不利环路的热力工况能否得到保证是热网的热需求能否得到保证的反映。当热源的供热能力相对热网的需热量充足时，这种调节是很容易的。但是我国的供热现状往往是热源能力不足，供热量按热用户的热负荷进行均摊。此时，所有热源均已投运，而且均已满负荷燃烧，控制的目标应是各热源的供水温度相同，且系统的供水温度与循环水量间参数匹配最优。

（4）供热参数的优化

供热参数应综合电耗、热损等因素来确定。当供水温度低时，系统的循环流量就大，此时热损小，而电耗大；当供水温度高时，系统的循环流量就小，此时热损大而电耗小。优化方法如下：

通过自控系统采集参数，分别计算：

$$\text{电耗}=\Sigma\,\text{各热源的耗电量} \tag{3-3}$$

$$\text{热损}=\text{热源总供热量}-\text{各热力站的总供热量} \tag{3-4}$$

$$\text{热耗}=\text{热源总供热量} \tag{3-5}$$

根据以上关系式可得出如下关系：

1）电耗与流量的对应关系；

2）热损与供水温度的对应关系；

3）同一热耗时的流量与供水温度的对应关系。

于是对应于每一个热耗，则可优化出一组供水温度与流量。优化结果的准确与否取决于式（3-3）～式（3-5）确定得准确与否。要准确地确定式（3-3）～式（3-5）则应处理大量的数据，并且要应用科学的统计方法。上述优化方法是基于实际运行中的参数，因此优化结果比较准确。也可以采用仿真的方法，即通过对供热系统进行准确仿真的方法，确定式（3-3）～式（3-5）。对供热系统进行准确的仿真，如今已非难事。由于这种方法不需要处理大量的采集数据，优化模型不需进行训练，是一种更为可行的方法。

（5）水力工况的优化

1）根据系统水压图，确定调节阀的位置；

2）根据各调节阀的开度对水压图的影响，确定各调节阀的控制目标，使每一个调节阀自成一个控制环路。这部分内容需要具体项目具体分析。

3.4　热网的控制原理与控制策略

3.4.1　热网的控制原理

1. 热网控制目的

热网控制有三个目的：一是对热网中各热用户热负荷的控制，实现按需供热；二是保证热网中各热用户之间的水力工况与热力工况平衡，实现均匀供热；三是保证系统的综合能耗最低，实现经济供热。

2. 供热系统运行调节基本公式

当热水网路在稳定状态下运行时，如不考虑管网沿途热损失，则网路的供热量应等于热用户系统散热设备的散热量，同时也应等于热用户的热负荷（即热用户围护结构的耗热量）。根据这一平衡原理，即可导出散热器热水供暖系统供热调节的基本公式：

$$t_g = t'_n + \frac{1}{2}(t'_g + t'_h - 2t'_n)\left[\left(\frac{t'_n - t_w}{t'_n - t'_w}\right)\right]^{1/(1+B)} + \frac{1}{2\bar{G}}(t'_g - t'_h)\left(\frac{t'_n - t_w}{t'_n - t'_w}\right) \tag{3-6}$$

$$t_h = t'_n + \frac{1}{2}(t'_g + t'_h - 2t'_n)\left[\left(\frac{t'_n - t_w}{t'_n - t'_w}\right)\right]^{1/(1+B)} - \frac{1}{2\bar{G}}(t'_g - t'_h)\left(\frac{t'_n - t_w}{t'_n - t'_w}\right) \tag{3-7}$$

式中　t_g、t_h——任意室外温度下的网路供、回水温度，℃；

t'_g、t'_h——设计供、回水温度，℃；

t'_n——供暖室内计算温度，℃；

t_w——任意室外日平均温度，℃；

t'_w——供暖室外计算温度，℃；

B——散热器的散热指数（实验得出）；

$\bar{G}$——相对流量，即调节时的实际运行流量G与设计流量G'之比，即$\bar{G}=G/G'$。

在实际运行中对上述公式又进行了一些修正，提出了修正后的公式：

$$t_g = t_n + \frac{1}{2}(t'_g + t_h - 2t'_n)\left[n\left(\frac{t_n - t_w}{t'_n - t'_w}\right)\right]^{1/(1+B)} + \frac{n}{2\bar{G}}(t'_g - t'_h)\left(\frac{t_n - t_w}{t'_n - t'_w}\right) \tag{3-8}$$

$$t_h = t_n + \frac{1}{2}(t'_g + t'_h - 2t'_n)\left[n\left(\frac{t_n - t_w}{t'_n - t'_w}\right)\right]^{1/(1+B)} - \frac{n}{2\bar{G}}(t'_g - t'_h)\left(\frac{t_n - t_w}{t'_n - t'_w}\right) \tag{3-9}$$

式中　t_g、t_h——任意室外日均温度下的网路供、回水温度，℃；

t'_g、t'_h——设计供、回水温度，℃；

t_n——实际运行的任意室内日均温度，℃；

t'_n、t'_w——室内、室外计算温度，℃；

t_w——任意室外日平均温度，℃；

B——散热器的散热指数（实验得出）；

n——热负荷修正系数，用下式计算：

$$n=\frac{(t_g+t_h-2t_n)^{1+B}(t'_n-t'_w)}{(t'_g+t'_h-2t'_n)^{1+B}(t_n-t_w)} \tag{3-10}$$

$\bar{G}$——相对流量，即调节时的实际运行流量 G 与设计流量 G' 之比，即 $\bar{G}=G/G'$；G 可实测。$\bar{G}$ 也可用下式计算：

$$\bar{G}=\frac{(t_g+t_h-2t_n)^{1+B}(t'_g-t'_h)}{(t'_g+t'_h-2t'_n)^{1+B}(t_g-t_h)} \tag{3-11}$$

上述公式中描述了供热温度、循环流量、室内温度、室外温度之间的关系。从中可以看出，当保证室内温度不变时，对应于不同的室外温度，可以通过调节系统的供热温度及循环流量来实现。于是出现了质调节、量调节、分段改变流量的质调节、质量并调等多种调节方法。不同调节方法的经济性及可操作性不同。对于热电联产的大型供热系统，理想的运行调节方案应该是综合循环泵电耗、热网的热损失以及热电产量和系统安全性等因素而确定的一次网、二次网均为质量并调的供热运行调节方案。但理想的供热系统的运行调节方案实现起来难度很大，一方面很难找到真正的最佳方案，另一方面供热体制和设备、技术制约了理想方案的实施。因此应该从实际出发，充分考虑我国国情和供热现状，提出现实可行的供热运行调节方案。

3. 应用于控制系统的供热温控曲线

针对热力站控制系统，考虑到 PLC 控制系统的编程方便，没有必要采用上述复杂的数学模型，把供水温度与室外温度的变化关系简化成直线，这样做不会影响控制效果，使得控制系统编程简化。

3.4.2 热网的控制策略

1. 供热系统管理方式对控制思想的影响

我国的供热系统，在不同地区管理方式是不同的，针对不同的管理方式控制思想与控制策略也不同。因此，在确定控制思想时必须要搞清楚供热系统的管理方式，才能提出有利于投资者的控制思想与控制策略。

我国的供热收费制度正处于一个变革的时期，传统的收费制度是按照供热面积收费，新的收费制度是要改成按照热量收费。按照面积收费时，供热公司只要保证用户的室内温度不被用户抱怨即可，在此前提下供热公司的供热量越小经济性越好，实现节能控制有利于供热公司。当按热量收费时，按照市场经济的规律，供热公司的任务就是尽可能地满足各用户的用热需求，供热量越多，供热公司的经济效益越好；反之，为了节省热费，各个热用户会自动限制自己的用热量。因此，用户成为节约热能的主体，而供热单位是节约热能输送能耗的主体和协调各个热用户热能输送关系的主体。显然不同的收费体制对于供热公司和用户之间的利益划分点也不同，因此应该首先分析供热收费体制对用户和供热单位之间关系的影响。目前，多数供热系统还是按照面积收费，供热公司采用自动控制系统能够节约大量的热能和电能，具有非常好的经济效益。

热源与热网的管理描述了热源与热网的关系，描述了供热单位与热能生产单位之间的关系。当热源与热网由一家单位管理时，就应该将热源与热网看成是一个整体进行系统的优化调度，实现整体最优化，需要综合发电和供热以及热能输配等综合因素进行优化。但我国的热源与热网往往由两家单位管理，供热单位只按照用热量支付热费而不支付热能输送的电费，对供热单位而言及时在热源循环流量最大的条件下，按照室外温度调度热源的供热温度将有最大的经济效益。而热源方面为考虑发电负荷往往不能满足供热单位的需要，会出现热网需要热时热源供热能力不够，热网不需要热能时热源供热能力过足，造成供热单位的供热效果较差，又浪费大量热能。因此，供热单位在热网调控时必须解决热源在供热能力不足时热能均匀分配、在热源供热能力充足时按需供热的问题。同时，供热单位可以通过在热力站处采用旁通控制的方法，改变热网的回水温度，利用热网的蓄热能力缓和供需矛盾，节约热能。

2. 室外温度的平滑处理方法

传统的运行调节公式描述了热用户房间的静力学特性，适应于传统的调节方法。但无法满足自动控制的需要，这是因为传统的运行调节是根据当天的平均气温每天调节一次，甚至几天都采用同一个供热参数，而自动控制时的供热参数应随室外温度的变化而不断地调节，若采用热用户房间的静力学模型则会有如下问题：

（1）供热系统将频繁处于较大幅度的负荷变化之中；

（2）由于供热系统的热惯性，会造成自控系统的振荡；

（3）室外温度常常在短时间内出现尖峰幅值，供热参数也会经常出现尖峰幅值，不利于供热系统安全。

为了避免上述问题的出现，笔者提出了建立在典型房间热动力学模型基础上的室外温度处理方法。因为室外温度的变化并不会立即成为热负荷而影响室内温度的变化，而是经过了房间围护结构的蓄热和再放热过程后才成为热负荷。因此笔者团队设计了一种算法将采集来的室外温度“方波化”“滞后化”“平滑化”。

➢ 方波化的目的是维持室外温度的相对稳定，减少设备的动作；

➢ 滞后化的目的是考虑供热系统和围护结构的热惯性作用，实际热负荷的变化滞后于室外温度的变化；

➢ 平滑化的目的是考虑供热系统和围护结构的蓄热作用，实际热负荷的变化比室外温度的变化要平滑得多。

室外温度平滑处理计算方法的描述如下：

（1）自控系统启动时，采集室外温度 t_w，令处理后的室外温度 $t_0=t_w$；

（2）确定最小控制周期 T_{min}；

（3）令累积量 $A=0$ ；

（4）不断采集室外温度 t_w，同时按下式计算累积量 A, $A=A+(t_w-t_0)T_{min}$；

（5）当 $|A|\geqslant C$（常量）时，则 $t_0=t_0+(t_w-t_0)/B$（常量）返回到步骤（3）；

（6）当 $|A|<C$（常量）时，返回到步骤（4）。

最小控制周期 T_{min}：根据气象资料，室外温度变化最剧烈时对室内温度的影响（室内供暖条件不变）不超过某一数值时的持续时间，并考虑到控制系统稳定需要经过若干次反复调节，确定最小控制周期 T_{min}。

例如：某城市的室外温度变化最剧烈时为每小时 1.5℃，室内温度变化不超过 1℃（室内供暖条件不变）的持续时间为 2h，若取控制反复调节次数为 6，则最小控制周期为 120/6=20min。

常量 A：代表了实际供热量与理想供热量的偏差，控制了室内温度变化的幅度。当室内温度变化范围小于1℃时，一般取$A=1.5℃\cdot h$。

常量B：控制了室外温度变化的幅度。一般取$B=3$。

3. 热力站最佳流量控制

在按照面积收费时，二次网循环水量越低越节电，但二次网普遍存在水力工况失调的情况。由于水力工况的失调导致部分用户的室内温度较低，出现热力工况失调的问题，因此循环流量不能过低。最佳循环水量又是随着室外温度的变化而变化的。对于双管并联系统，应用修正后的供热运行调节基本公式，考虑热网综合失调度进行分析。对于单管串联供热系统，应用修正后的单管串联供热系统运行调节公式，并考虑热网综合失调度进行分析。通过分析可以找出二次网最佳循环水量与室外温度的对应关系，采用变频调速技术一般可以节约50%以上的电能。按照投资回收期2a，变频器的投资规模应该控制在0.6元/m^2以内。合理选择循环泵配电指标为0.36W/$m^2$$\left(\frac{1.2\times25mH_2O\times3kg/h}{360\times0.7}\right)$，以3万$m^2$的循环配电功率为11kW为例，变频控制柜投资为0.3元/m^2，投资回收约为1a，因此循环泵变频控制在经济上是可行的。

在按照热量收费时，二次网差压恒定，采用变频调速的目的是控制差压恒定。对于泵的特性曲线平缓时，可以不必采用变频调速，因为当泵的特性曲线平缓时，用户的调节虽然引起了流量的较大变化，但压差变化不大，不采用变频调速不会浪费太多的电能，也不会恶化用户差压控制阀的工况。

我国供热系统二次网的阻力一般较小（0.1MPa以下），消耗循环泵动力的阻力主要来自热力站内部，包括换热器、出口单向阀、管路附件等，设法降低热力站内部阻力是降低循环泵功耗的有效途径。在进行循环泵变频控制之前应该首先优化循环泵的工况，将循环泵的工况降到最低之后在选择相应的变频器，可以减少投资。

4. 热力站热负荷控制策略

用户的热负荷变化包含两个方面：一方面是由于用户根据自己的需要而进行调节产生的热负荷变化；另一方面是由于室外温度的变化、太阳辐射强度的变化、夜间休眠等产生的热负荷变化。因此，供热量的调节应该包含供热单位的主动调节和随着用户调节的被动适应两部分。

按照面积收费时，用户的调节而产生的热负荷变化一般是不会发生的，供热单位需要根据室外温度、太阳辐射强度、夜间休眠等因素变化而产生的热负荷的变化实时调节供热量，保证在用户不抱怨的前提下最大限度地节约能源。可以利用供热运行调节公式，确定供热温度控制曲线和流量控制曲线。在确定温度控制曲线之前，应该先确定流量控制曲线。关于太阳辐射和夜间休眠的因素可以通过改变室内计算温度的方法，利用供热运行调节公式计算供热温度。在一天中，太阳辐射强度、夜间休眠等随着时间的变化而变化，也就是说室内计算温度随着时间的变化而变化。因此，供热温度是室外温度和时间的函数，供热温度与室外温度之间的控制曲线要按照不同的时间分别确定。

按照热量收费时，一般存在用户随机调节的成分，供热单位无法事先预知用户的调节行为，热负荷并不能精确控制。供热单位的调节主要是满足用户最大需求时的供热参数，同时保证热用户之间在最大需求时的平衡。温控曲线与按照面积收费时基本是一样的，只是按照最大流量确定温度控制曲线。由于用户的调节，管网的阻力特性发生随机性的变

化，供热单位此时不是控制流量，而是控制压差。当然随着室外温度的变化，压差是不变化的。

由于流量、阻力特性、压差之间的关系，对于按照面积收费时流量控制曲线完全可以转换为压差控制曲线。此时，按照面积收费和按照热量收费在热力站的控制算法上完全相同。只是按照面积收费时差压随着室外温度变化，而按照热量收费时差压不变。

保证各个用户之间供热量在最大需求时的平衡是很重要的。按照面积收费时，用户不调节，管网的阻力特性不变化，而热力站的压差变化，此时应该采用静态调节阀来平衡热网，而不应该采用动态平衡阀。按照热量收费时，用户动态调节，管网阻力特性随机变化，而热力站压差不变化，此时应该采用压差控制阀来控制用户的资用压差。

5. 热网均匀性控制策略

热网均匀控制对于供热量不足时很重要，不平衡是导致用户抱怨的直接原因。热网的平衡调节手段有以下几种：

◇ 手动平衡调节阀；

◇ 自力式压差/流量控制阀；

◇ 电动调节阀。

手动平衡调节阀适用于单热源枝状网运行时任何形式的中央流量调节，但不适用于多热源环网运行。自力式流量控制阀只适用于单热源运行时中央流量恒定的情况。自力式压差控制阀只适用于单热源运行时中央恒定压差的情况。电动调节阀适用于任何情况。

由于电动调节阀同时担负热负荷的控制和平衡调节的任务，平衡调节的频率较低，但需要掌握热网的全局情况。热负荷的控制频率较高，却不需要掌握热网的全局情况。因此，最好的办法是一次网的电动调节阀用来平衡热网的水力工况和热力工况，二次网与换热器并联电动调节蝶阀控制热负荷。平衡的依据是控制各个热力站二次供水温度均匀一致。

对于单热源枝状热网，在热源中央恒定压差控制或者热源中央循环泵不控制时，热网的自控系统总能在供热能力不足时使得热源中央循环泵产生最大循环水量。此时，供热温度就是供热能力的单值函数，通过一次网电动调节阀的本地控制系统就能同时完成均匀性调节和热负荷控制。

对于大型多热源环网供热系统，热网的动态平衡调节工作量很大，此时应该考虑划分供热平衡调节模块。把大型热网的平衡调节划分成若干子系统的平衡调节，重点平衡控制那些对热网影响大的环路。一个大型多热源环网中存在着若干大型枝状分支，在枝状分支内部各个热力站之间的平衡调节属于静态调节，调节的频率较低。在干线上的若干小型热力站的争抢流量对整个大网的平衡影响较小，可以不考虑动态平衡调节，只进行热负荷控制。大型热网的动态平衡调节要求具备实时数据传输的控制网络系统。

3.5　控制环路设计与控制算法模块

在笔者 20 余年的热网自控实践中，针对具体的应用场景将控制环路或控制功能模块化，便于利用这些模块集成更复杂的控制系统。

3.5.1 数据采样滤波功能块

由于测量时干扰的存在或者测量参数本身波动较大，需要用到此功能块，能够滤掉突变的采样值，同时采用堆栈平均值的方法平滑处理数据采样。

3.5.2 室外温度采集及平滑处理功能块

室外温度的采集对于热负荷控制非常重要，直接应用室外温度采集值会有如下问题：

➢ 供热系统将频繁处于较大幅度的负荷变化之中；

➢ 由于供热系统的热惯性，会造成自控系统的振荡；

➢ 室外温度常常在短时间内出现尖峰幅值，供热参数也会经常出现尖峰幅值，不利于供热系统安全。

由于室外温度的变化并不会立即成为热负荷而影响室内温度的变化，而是经过了房间围护结构的蓄热和再放热过程后才成为热负荷。因此设计了一种算法将采集来的室外温度“方波化”“滞后化”“平滑化”。方波化的目的是维持室外温度的相对稳定，减少设备的动作；滞后化的目的是考虑供热系统和围护结构的热惯性作用，实际热负荷的变化滞后于室外温度的变化；平滑化的目的是考虑供热系统和围护结构的蓄热作用，实际热负荷的变化比室外温度的变化要平滑得多。

3.5.3 热量计算功能块

采用焓差法计算热量，对密度进行温度修正，计算精度通过了计量监督部门的认证。

3.5.4 调用 PLC 系统时钟功能块

获取 PLC 控制系统的时钟，能够实现分时控制功能，比如按照热用户的用热规律设置控制时钟、按照峰谷电价设置循环泵的控制时钟等。

3.5.5 孔板流量计体积流量计算功能块

可以替代孔板流量计的二次仪表，直接对差压变送器信号进行开方计算，并进行小信号切除，能够利用 PLC 准确计算孔板流量计的体积流量，计算精度通过了计量监督部门的认证。

3.5.6 阀门双 DO 加阀位反馈控制功能块

比较阀门控制设定值与阀位反馈值之间的偏差，控制开阀和关阀。根据不同阀门的动作特性调整控制精度，避免阀门动作反复振荡。

3.5.7 补水泵循环泵电磁阀的连锁保护控制功能块

根据水箱液位、二次回水压力、二次供水压力的上下限控制补水泵、循环泵的启停以及电磁阀的开关，保证热力系统和补水泵、循环泵等设备安全。

3.5.8 补水阀循环泵电磁阀的连锁保护控制功能块

根据水箱液位、二次回水压力、二次供水压力的上下限控制循环泵的启停以及补水阀、电磁阀的开关，保证热力系统和循环泵等设备安全。

3.5.9 调节阀温度控制 PI 控制功能块

根据热力系统中调节阀开度发生变化时温度变化的规律设置控制周期、比例常数、积分常数，一般不需要二次调整。同时，为了防止控制设备的频繁动作，引入了控制死区。为了避免控制设备的大幅度振荡控制，引入了饱和。还设定了控制设备的最大值和最小值限定。

3.5.10 调节阀压力控制PI控制功能块

根据热力系统中调节阀开度发生变化时压力变化的规律设置控制周期、比例常数、积分常数，一般不需要二次调整。同时，为了防止控制设备的频繁动作，引入了控制死区。为了避免控制设备的大幅度振荡控制，引入了饱和。还设定了控制设备的最大值和最小值限定。

3.5.11 补水球阀压力控制PI控制功能块

根据热力系统中电动球阀开度发生变化时压力变化的规律设置控制周期、比例常数、积分常数，一般不需要二次调整。同时，为了防止控制设备的频繁动作，引入了控制死区。为了避免控制设备的大幅度振荡控制，引入了饱和。还设定了控制设备的最大值和最小值限定。

3.5.12 汽水换热器电动蝶阀液位控制PI控制功能块

根据汽水换热器热力系统中电动蝶阀开度发生变化时汽水换热器液位变化的规律设置控制周期、比例常数、积分常数，一般不需要二次调整。同时，为了防止控制设备的频繁动作，引入了控制死区。为了避免控制设备的大幅度振荡控制，引入了饱和。还设定了控制设备的最大值和最小值限定。

3.5.13 直供混水系统中混水泵温度控制PI控制功能块

根据直供混水系统中混水泵频率发生变化时温度变化的规律设置控制周期、比例常数、积分常数，一般不需要二次调整。同时，为了防止控制设备的频繁动作，引入了控制死区。为了避免控制设备的大幅度振荡控制，引入了饱和。还设定了控制设备的最大值和最小值限定。

3.5.14 增压泵压力控制PI控制功能块

根据增压泵发生变化时压力变化的规律设置控制周期、比例常数、积分常数，一般不需要二次调整。同时，为了防止控制设备的频繁动作，引入了控制死区。为了避免控制设备的大幅度振荡控制，引入了饱和。还设定了控制设备的最大值和最小值限定。

3.5.15 循环泵压差控制PI控制功能块

根据循环泵发生变化时二次供回水压差变化的规律设置控制周期、比例常数、积分常数，一般不需要二次调整。同时，为了防止控制设备的频繁动作，引入了控制死区。为了避免控制设备的大幅度振荡控制，引入了饱和。还设定了控制设备的最大值和最小值限定。

3.5.16 循环泵温差控制PI控制功能块

根据循环泵发生变化时二次供回水温差变化的规律设置控制周期、比例常数、积分常数，一般不需要二次调整。同时，为了防止控制设备的频繁动作，引入了控制死区。为了避免控制设备的大幅度振荡控制，引入了饱和。还设定了控制设备的最大值和最小值限定。

3.5.17 循环泵气候补偿控制功能块

因为最佳二次循环水量是随着热负荷的变化而变化的，而热负荷又是随着室外温度而变化的，因此循环泵的频率控制可以直接按照室外温度的变化而控制，即循环泵气候补偿控制。该功能块设计了截距、斜率、循环泵最大频率、循环泵最小频率等参数，实践证明这是简单有效的控制方式。

3.5.18 循环泵最不利环路压差控制功能块

根据循环泵发生变化时二次网最不利环路压差变化的规律设置控制周期、比例常数、积分常数，一般不需要二次调整。同时，为了防止控制设备的频繁动作，引入了控制死区。为了避免控制设备的大幅度振荡控制，引入了饱和。还设定了控制设备的最大值和最小值限定。

3.5.19 分布式变频泵温度 PI 控制功能块

根据分布式变频泵频率发生变化时温度变化的规律设置控制周期、比例常数、积分常数，一般不需要二次调整。同时，为了防止控制设备的频繁动作，引入了控制死区。为了避免控制设备的大幅度振荡控制，引入了饱和。还设定了控制设备的最大值和最小值限定。

3.5.20 分布式变频泵加电动调节阀温度 PI 控制功能块

大型热网中部分热力站在严寒期需要启用分布式增压泵，而在初寒和末寒时需要用调节阀控制温度。因此，分布式变频泵和电动调节阀同时应用，从节约电能的角度出发，采用尽量优先应用电动调节阀的原则，当电动调节阀开到最大仍然不能满足供热需求时才启动增压泵。考虑增压泵小频率工作时效率低、易出故障，设定最小启动频率。

3.5.21 连续供热高层直连压力控制 PI 控制功能块

高层直连供热系统中供水增压泵控制供水压力，回水电动调节阀控制回水压力。该功能块设计了增压泵的手动/自动模式，电动调节阀的手动/自动模式，系统启动时默认的控制模式。

3.5.22 锅炉房间歇供热高层直连压力控制 PI 控制功能块

锅炉房供热系统中的高层直连系统存在锅炉房间歇停循环泵的情况，当锅炉房停循环泵时，为了节约电能，应该停增压泵同时关闭回水电动调节阀（考虑到关闭性能，采用电动球阀）。该功能块采用判断一次供水压力的阶跃增大和阶跃减小判断锅炉房循环泵的启停，做到自动识别、自动控制。

3.5.23 锅炉自动燃烧控制 PI 控制功能块

针对链条热水燃煤锅炉的调控特点设计了 4 个控制环路：

- 锅炉进口电动蝶阀和锅炉出口温度控制；
- 炉排转速与室外温度的气候补偿控制；
- 鼓风机转速与室外温度的气候补偿控制；
- 引风机转速与室外温度的气候补偿控制。

每个控制环路均设计了手动控制模式、自动控制模式和默认控制模式，每个控制设备均设置了最大值和最小值限定。燃烧控制环节全部采用气候补偿控制，保证燃烧控制与热负荷控制同步，能够最大限度地实现节能。在控制过程中，不断根据用户室内温度的变化，及时调整典型工况下的炉排转速、鼓风机转速、引风机转速与室外温度的对应关系。为此，设计了标定工况下的室外温度、标定工况下的炉排转速、标定工况下的鼓风机转速、标定工况下的引风机转速等参数。而标定工况下的室外温度能够根据室内温度自动重新标定。这样就可以根据室内温度的变化自动按照室外温度的变化及时控制锅炉的燃烧。

3.5.24 当量调度室外温度计算功能块

供热系统的调控归根结底是根据室外温度的变化而进行的调控，因此调度室外温度是供热系统自动控制的关键参数。在确定调度室外温度时设计了多种模式，有人工设定模式、舒适性设定模式、均匀性设定模式、控制热指标设定模式、全网平衡设定模式、默认设定模式等。

3.5.25　热力站温度和循环水量优化控制功能块

供热运行调节基本公式给出了供回水温度与室内外温度及运行流量之间的函数关系，配合上实际供热参数的修正，能够较准确地计算出供热运行曲线和优化循环水量。定期反复应用实际供热参数修正供热运行调节基本公式就能持续优化供热温度控制曲线和优化循环水量。虽然公式较为复杂，但 PLC 控制算法能够快速准确地进行实时运算。

3.5.26　楼栋循环水量优化（楼栋平衡控制）控制功能块

在庭院管网中楼栋之间的平衡控制是当前急需解决的问题，楼栋的温控和热计量系统无论在经济上还是技术上均具有可行性，具体方案是利用控制功能和可靠性均上乘的 PLC 控制系统实现楼栋的水力和热力平衡控制，同时实现楼栋的热计量以及采集用户室内温度、热量、接通时间等参数。将楼栋、热用户的温控制和热计量整合到统一的 PLC 硬件平台中，再配合组态软件和关系数据库软件以及报表分析软件等就能构成一套实时性、可靠性、经济性均好的完整的温控和热计量系统。

3.5.27　热负荷预测模块

根据实测瞬时热量、实测室内温度、实测室外温度，以及调度室内温度、调度室外温度计算调度瞬时热量。再根据气象预报室外温度和调度室内温度计划预判未来一天或者一周的耗热量。

3.5.28　换热器传热系数实时监测功能块

换热器的传热系数是监测换热器运行性能的重要指标，其影响因素主要是流量和结垢。该功能块一方面监测换热器的传热系数以便优化换热器的运行方式，另一方面监测换热器的污垢系数以便及时清理换热器。

3.5.29　调控一次网流量换热器仿真功能块

已知一次供水温度、二次回水温度、二次流量，改变一次流量预测二次供水温度、一次回水温度的变化。通过这样的模拟仿真分析，可以预测各种工况下换热器的换热效果。

3.5.30　换热器二次供水温度模拟分析功能块

已知一次供水温度、二次回水温度、二次流量，改变二次供水温度预测一次流量、一次回水温度的变化。通过这样的模拟仿真分析，可以预测各种工况下换热器的换热效果。

3.5.31　二级泵混水站仿真功能块

二级泵混水系统是一种不用换热器的换热系统，该功能块能够模拟出二次侧的循环泵、一次侧的电动调节阀的变化对运行工况的影响。

3.5.32　直供混水站仿真功能块

直供混水供热方式是中型供热系统的上佳选择，是一种节约电能效果较好的选择。但是这种方式的一次供水电动调节阀和混水泵之间配合调控非常关键，该功能块能够模拟分析出各种调控方案下的运行工况，判断混水泵选型是否合理等。

3.5.33　直供混水站自控仿真功能块

该功能块能够在设定二次网循环流量和混水比的情况下模拟出电动调节阀的开度和混水泵的频率。通过这种模拟分析，判断系统的可调控性，验证混水泵选型的合理性。

3.5.34 高层直连仿真功能块

高层直连技术的应用对于解决供热系统中局部高层建筑的供热很适合，高层直连技术主要就是解决供水增压泵供水压力控制，回水电动调节阀回水压力控制，停电时供水靠单向阀防止回流，回水靠电动阀门关闭防止回流。该功能块能够模拟分析出增压泵的频率变化以及回水电动阀开度的变化对压力工况的影响。

3.5.35 高层直连自控仿真功能块

在给定二次网流量和供水压力设定值的条件下，模拟分析增压泵的频率变化和回水电动调节阀开度的变化，对于合理设定控制参数很有帮助。

3.5.36 循环泵仿真功能块

该功能块能够模拟分析出循环泵并联及频率改变对循环流量和扬程的影响，对于帮助理解循环泵的工作点的确定很有用处。

3.5.37 增压泵仿真功能块

分布式变频泵系统的广泛应用对于提高整个管网的输送能力很有作用。模拟分析增压泵的并联及频率的改变对系统压力和流量的影响，有助于合理地选择增压泵及合理地控制增压泵的运行。

3.5.38 补水泵补水定压仿真功能块

该功能块能够模拟分析出定压点压力设定值、失水量与补水泵频率之间的关系。

3.5.39 补水泵长时间高频率运行报警功能块

补水泵的长时间高频率运行意味着失水量过大，需要生成报警。该功能块记录补水泵频率持续超过设定值的时间，若满足时间条件生成报警。

3.6 自控系统设备选型

3.6.1 控制器选型

控制器是热力站控制的核心，也是整个控制网络的关键节点，几乎所有的功能包括数据采集、参数控制、远程通信等都是由控制器来完成的。对热力站控制的功能要求的越多，如对节能的要求、对设备自锁联锁保护的要求、对供热系统故障诊断的要求等，对控制器的可靠性、编程能力、通信功能、带点能力、抗干扰能力、防护等级等的要求也越高。尤其是对可靠性的要求更高，因为控制器肩负着热力工况的调节，循环泵的控制，供热系统的超压、欠压保护等功能。一旦控制器故障，所有自控设备的运转都将停止，自控设备就如同废铁，也无法做到无人值守，因此控制器的选择不能只注重价格，而更应该注重其可靠性和技术性能指标。控制器选型参考如下技术指标：

◇ 能够实现数据远传及下载；

◇ 温度控制曲线可通过通信网络进行远程的调节；

◇ IO带点能力大于100点，其中AI不小于16点、DI不小于16点、AO不小于6点、DO不小于4点（双系统站IO点需增加一倍，三系统站IO点增加两倍）；

◇ 控制器应内置不小于4个PID控制回路；

◇ 控制器内存储的数据能够掉电保持；

◇ 程序存储能力大于 64K，数据存储能力大于 128K；

◇ 通过编程，可以实现本地自动控制、远程手动控制（包括阀位、频率），远程自动控制并能够实现自动无扰切换；

◇ 通信方式需支持有线公共网（如电话、ADSL）；

◇ 有连锁及报警功能，报警类型及信息能够主动上传至中控室；

◇ 环境温度要求：−20～+60℃以内。

3.6.2 电动调节阀选型

电动调节阀是热力站控制系统中的又一个关键设备，最终控制效果的好坏要看电动调节阀工作得好坏，如果电动调节阀不能正常工作，一切努力都是徒劳。电动调节阀的正常工作与否与其正确选型有极大关系。恰当的选型不仅有利于提高工程质量，而且有利于降低工程造价。根据多年的工程实践，总结以下几条经验：

◇ 进行热网平衡工况分析，计算出各个热力站电动调节阀工作的最大流量、最小流量、最大压差、最小压差，这些是进行阀门选型的依据。

◇ 电动调节阀的抗压差能力很重要，一般当减小系统流量时阀门两端的压差最大，电动调节阀的抗压差能力必须大于该值，考虑到将来热网系统扩展后电动调节阀仍能继续工作，应预留 50%的余量。

◇ 电动调节阀的口径应该通过计算阀门的 K_V 值确定，而不是根据管道直径确定。

◇ 当热网循环泵为定速泵，而且热源的供热量调节较差时，应该考虑采用三通调节阀。不仅对热网水力工况的影响较小，而且可以充分利用热网的蓄热能力，起到削峰添谷的作用。使用二通阀时，控制系统应具有最小流量均匀分配和最小流量限制的功能。

◇ 在节流要求不大的场合，电动蝶阀是可以胜任的。一般在热网中总会存在一些不利环路，这些热力站往往流量较大，需要消耗的剩余压差较小，选择电动调节阀的口径较大，不仅不经济，而且影响供热效果。这时选择电动蝶阀就比较合适。

◇ 对于热负荷变化较小的系统可以采用电动调节阀与手动调节阀并联的方案，以便有效减小电动调节阀的口径，降低工程造价。

◇ 对于采用自力式压差控制阀的系统应采用电动蝶阀与之配合使用，可以有效降低工程造价。不宜采用自力式流量限制阀与电动调节阀串联的方案，不仅工程造价较高，而且两个阀门在工作时会出现矛盾，容易引起控制系统振荡。可以在自力式流量限制阀上加装电动头。

◇ 电动调节阀、电动蝶阀、自力式差压控制阀、自力式流量限制阀均应采用高质量产品，虽然其价格较高，但性价比也较高，从长远看还是合算的。

通过开发热网水力平衡分析软件，能够自动计算出电动调节阀工作的最大流量、最小流量、最大压差、最小压差等。通过开发电动调节阀选型软件，能够直接选取阀门的口径和安装方案。电动调节阀选型参考如下技术指标：

（1）一次网电动调节阀

◇ 阀门两端的最大允许压差：>0.7MPa；

◇ 允许阀门工作压力：1.6MPa 以上；

◇ 适用温度：140℃以上的介质；

◇ 关断压力：1.6MPa；

◇ 阀门的口径及流通能力可参照各换热站的工艺参数确定；

◇ 工作介质：水；

◇ 工作环境温度：－20～60℃。

（2）执行器

◇ 支持直流 4～20mA 的控制信号输入；

◇ 提供阀位反馈信号：直流 4～20mA 阀位反馈输出；

◇ 调节力：能够推动所选电动调节阀；

◇ 掉电阀门开度保持功能；

◇ 工作环境温度：－20～60℃；

◇ 执行器需与阀门配套使用。

3.6.3 流量计选型

在供热系统中，流量的准确计量是比较困难的，无论是电磁流量计、超声波流量计、孔板/喷嘴流量计、弯管流量计、涡街流量计等在应用中都会出现计量不准确的问题。一方面是因为流量的计量本身是一个非常复杂的过程，任何流量计都不能直接测得流量，都需要经过一系列复杂的计算过程获取流量计量数据，干扰因素较多。另一方面是流量计量对流量计的安装条件和工作环境要求较高。鉴于流量计量容易出现不准确和数据不稳定的因素，控制算法中不包含流量的成分，直接控制温度和压力。把流量作为监测的数据，并用来计算瞬时热量、累积热量等，作为评价供热效果的参考。目前插入式超声波流量计的安装维护较方便、计量较准确、价格较便宜，较适合在热网中应用。为了获取准确的流量数据，安装时保证足够的直管段和正确的安装尺寸非常重要。流量计选型参考如下技术指标：

（1）热量表

◇ 一次网采用超声波流量计；

◇ 热量测量准确度满足二级标准要求；

◇ 测量介质温度可达到 150℃；

◇ 能够同时提供 4～20mA 瞬时流量输出和累计热量脉冲输出；

◇ 具有就地显示二次仪表（壁挂式），可显示瞬时流量、瞬时热量、累计热量等参数，存储的数据可掉电保持；

◇ 可通过 RS 485 接口与控制器进行通信，并提供 RS 485 协议；

◇ 量程比高于 1∶50。

（2）二次网流量计

◇ 流量测量准确度满足一级标准要求；

◇ 测量温度范围：＜100℃；

◇ 能够提供 4～20mA 瞬时流量输出；

◇ 具有就地显示二次仪表（壁挂式），可显示瞬时流量、累计流量等参数，存储的数据可掉电保持；

◇ 量程比：高于 1∶3；

◇ 工作介质：水；

◇ 工作环境温度：－20～60℃。

3.6.4　压力变送器选型

热网中压力的测量非常多，其中有些压力的测量是为了监测用，只有少部分压力的测量参与自动控制。从降低工程成本角度，针对不同压力测量的作用，可以选择不同档次的压力变送器。一般用户侧的供水压力和回水压力参与自动控制，应该选择可靠性更高、精度更好的压力变送器。其余压力测量可以采用价格更低一点的性价比较好的产品。压力变送器选型参考如下技术指标：

（1）接线方式：二线制；

（2）测量范围：0～1.6MPa；

（3）测量精度：0.5%以内；

（4）环境温度要求：－20～60℃以内；

（5）稳定性要求：大于 12 个月 0.1% ；

（6）防护等级要求：IP65；

（7）隔离输出信号：4～20mA ；

（8）电源：12.5～30V DC；

（9）工作温度范围：－20～150℃；

（10）工作介质：水。

3.6.5　温度传感器选型

温度的测量是最成熟、最廉价的，同时也是最重要的。自动控制的依据主要是温度的测量。PT100 传感器对连线长度的要求较高，太长的连线会严重影响温度的测量精度，有时会使测量温度偏高 5～6℃。连线长度对 PT1000 的影响较小，因此直接测量时选择 PT1000 温度传感器。采用 4～20mA 变送器可以有效消除连线长度带来的测量误差。测量温度选择 PT1000 传感器或者 PT100 带一体化的 4～20mA 变送器。考虑到维护成本，选择的温度测量产品的测量部分、变送部分、保护部分、安装套管等均分体设计，便于对损坏部分进行更换，降低维修成本。温度传感器选型参考如下技术指标：

（1）接线方式：二线制；

（2）测量范围：0～150℃；

（3）传感器：PT100；

（4）测量精度：0.5%以内；

（5）环境温度要求：－20～60℃；

（6）稳定性要求：大于 12 个月 0.1%；

（7）防护等级要求：IP65；

（8）隔离输出信号：4～20mA；

（9）电源：12.5～30V DC；

（10）工作温度范围：－20～150℃；

（11）工作介质：水。

室外温度是所有控制功能的主要依据，按照室外温度的变化进行气候补偿是节能的关键，因此室外温度的测量一定要准确。保证室外温度测量准确可以从下列方面入手：

◇ 选择精度等级高的室外温度传感器；

◇ 选择稳定性好的室外温度传感器；

◇ 正确安装室外温度传感器；

◇ 定期对室外温度传感器进行校验，及时维修或更换；

◇ 重要场合考虑采用三选一的方案。

这里特别强调室外温度传感器的安装，室外温度传感器应该安装在建筑物北面墙壁上，高度为离地 2.5～3m，通风良好，避免阳光直射，距离窗户 1.5m 以上，安装于百叶箱内。

3.6.6 液位计选型

换热站补水水箱液位的高度需要测量，监控水箱液位是为了保护补水泵正常工作，有磁翻板液位计、投入式液位计、静压式液位计等。其中磁翻板液位计能够直观现实水箱液位，也能远传水箱液位，产品可靠性较好，但是其体积大，价格较高。投入式液位计可靠性较低，容易堵、容易坏，不适合采用。静压式液位计体积小，安装方便、维护方便、可靠性高、价格便宜，推荐选用。静压式液位计选型参考如下技术指标：

◇ 接线方式：二线制；

◇ 测量范围：0～40kPa；

◇ 测量精度：0.5%以内；

◇ 环境温度要求：－20～60℃以内；

◇ 稳定性要求：大于 12 个月 0.1%；

◇ 防护等级要求：IP65；

◇ 隔离输出信号：4～20mA ；

◇ 电源：12.5～30V DC；

◇ 工作温度范围：－20～150℃；

◇ 工作介质：水。

3.7 全网平衡控制

全网平衡控制的概念是由清华大学首先提出来的，清华同方率先在多个项目中实际应用，后来许多的热网自控公司纷纷提出自己的全网平衡概念，甚至把二次网平衡调节也称之为全网平衡。本节所体现的全网平衡的概念主要是热网自控系统中各个热力站之间的自动协调控制，达到整个一次网中各个热力站之间的平衡控制。

3.7.1 集中控制二次供回水平均温度的全网平衡控制

热网的均匀性调节是指对各个热力站供水阀门的调节，应该以各个热力站彼此之间供热效果相同为目标。如果各供暖房间的房间温度可以测量，那么使各热力站的供热建筑的房间温度彼此相同应作为调节目标。由于不可能大范围测量房间温度，因此只能寻找反映房间温度的测量参数作为控制目标。由稳态下的热平衡方程可以得到，散热器向房间传热应与房间向室外的传热量相同，即：

$$KF_r\left(\frac{t_g+t_h}{2}-t_s\right)=KF_b(t_s-t_0) \tag{3-12}$$

式中　KF_r——散热器的传热系数与传热面积的乘积，W /℃；

KF_b——建筑物的传热系数与传热面积的乘积（包括冷风渗入的影响），W /℃；

t_g、t_h、t_s、t_0——分别为供水、回水温度、室温和外温。

由上式可解出：

$$t_s = \frac{1}{KF_b + KF_r}\left(\frac{1}{2}KF_r t_g + \frac{1}{2}KF_r t_h + KF_b t_0\right) \tag{3-13}$$

即：在稳定工况下，室温为供回水平均温度和外温的函数，权系数由建筑物的综合传热系数与散热器的综合传热系数之比决定，如果各热力站所负责的建筑物的 KF_b 与 KF_r 相差不大，则各热力站 $(t_g+t_h)/2$ 基本上反映了该热力站所负责建筑的平均室温，如果将各个热力站的二次侧供回水平均温度调为一致，则可以近似认为供暖房间的室温是彼此均匀的。

以各热力站二次网供回水平均温度彼此一致为热网的调节目标，对各热力站供水阀进行调节，可以保证各热力站间的均匀供热，避免由于冷热不均，为了保证偏冷用户达到要求而造成过热用户的浪费。

这种均匀调节一般不会导致系统振荡。由于各热力站所承担的供热面积不会经常改变，并且各建筑物的负荷主要由室外温度决定，因此随室外温度变化各热力站的热负荷同步升高或降低，各热力站间热负荷之比基本不变。因此，在热源优先调节的情况下，系统一旦调节均匀，就基本能够保持，不需要随温度变化进行调节，因此阀门调节的频繁程度较前述方式都要小得多，这样，系统可以长期稳定运行。

随着室外温度的变化，为保证供热效果，热源需统一进行调节，这时可以随室外温度的降低而升高供水温度，也可提高总的循环流量。无论采用哪种方式，都是全面地升高或降低各热力站的供暖效果，不会改变其均匀性。只有当个别热力站二次管网发生变化，如新增添或关闭一些用户、庭院管网做某种调节和转换等，才需要对相应热力站及相邻几个热力站的供水阀进行调节。均匀性调节可将热网的调节与热源的调节分为两个独立环节分别单独进行，相互之间基本互不干扰。

3.7.2　基于自力式平衡阀的全网平衡控制

按照初调节的思想，对于按照面积收费的供热系统，采用质调节时，可以认为只要按照各个热力站的面积计算出各个热力站的设计流量，然后在各个热力站的一次侧安装自力式流量控制阀，并按照设计流量预设定自力式流量控制阀的设定流量。该方法简单、可靠，效果较好。早在 20 世纪 80 年代，北京热力公司就开始大面积引进德国萨姆森公司的自力式流量控制阀，一直沿用至今，对于解决热网失调问题起到了很大的作用。20 世纪 90 年代末，国内出现了一批自力式流量平衡阀的厂家，先是在热力站应用，后来推广到二次网平衡中，对于当时改善供热系统的粗放式运行起到了积极的作用。

随着自控技术的发展，人们并不能满足于这种单一功能的控制方式，对于这种调控方式的控制精度越来越不满意了，赋予供热运行调控更高的要求，因此这种方式在一网的平衡调控中已经很少被采用了，但是目前很多的二次网平衡调节还广泛采用。

3.7.3　本地控制＋自力式流量或者压差限制阀的全网平衡控制

如图 3-4 所示，各热力站根据外温情况，调整一次网侧的电动阀门 V1，以改变流过水一水热交换器的一次侧水量，从而使得二次侧热交换器出口的水温达到设定值，这是北欧地区普遍采取的控制方式。这种控制方式在热源供热能力充足时工作得很好，控制系统简单有效。但是，当热源供热能力不足时，由于没有协调机制，各个热力站会为了满足自己热量的需求而纷纷开大电动调节阀，由于热力站所处的热网位置不同，使得远端热力站即使阀门开至最大仍然不能满足用热需要，这种情况会由远及近，越来越多，就出现较为严重的热力工况失调问题。20 世纪 90 年代末是我国引进北欧地区技术和设备的高速发展期，这种控制方式被许多大项目采用，由于这种控制方式与我国国情不符合，造成这种控制方式在我国基本失败了，自动控制功能基本取消。造成这种失败的主要原因是热源调节能力较差，而热力站的这种本地控制非常频繁而且热负荷变化幅度较大，两者之间存在矛盾，热源的调节跟不上热网的调控步伐，在热源供热能力足够时没有问题，而在热源供热能力不足时就会出现热力站之间争抢热量的问题。随着房地产业的迅速发展，我国供热负荷的发展快于热源能力的扩展，热源供热能力不足是我国供热系统的常态，而且我国的热源调控很困难，不能支持热网的频繁大幅度调控，对于因热网的频繁调控引起的热网流量和压力的波动也是不能接受的，因此这种控制方式在我国基本不可行。

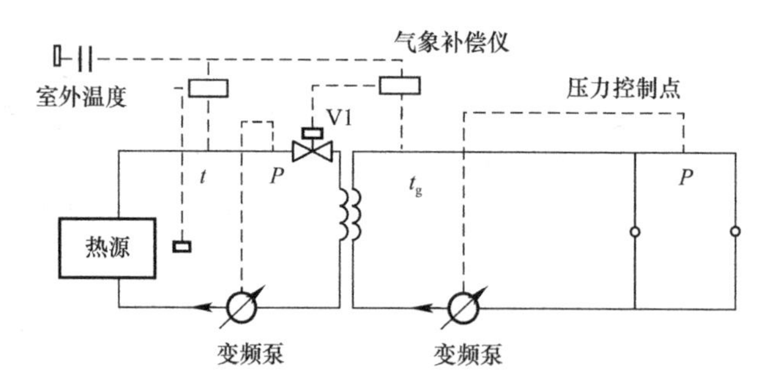

图 3-4　本地控制＋自力式流量或者压差限制阀的全网平衡控制

国外的做法是在一次网安装一台自力式流量限制阀或者自力式差压控制阀。本地自动控系统配合自力阀的方式，自力阀限定该站的最大流量，本地控制器按照室外温度自动控制电动调节阀开度，当供热量足够时电动调节阀关小，控制供热量，自力阀全开，不起限流量作用。当供热能力不够时，本地控制器控制电动调节阀全开，此时自力阀起作用控制最大流量，起到限制最大流量的作用。这种方式虽然能够缓解各个热力站之间争抢热量的问题，但是基本上大部分时间是靠着自力阀起作用，自控系统的控制功能没有很好地发挥出来。而且，热力站应用的自力阀价格较高，控制精度较低，因此这种方式并没有大范围推广。

3.7.4　基于本地协调控制算法的全网平衡控制

所谓“协调控制”，其形式与分散控制一样，只是在分散控制的基础上加进了一种协调控制策略，使得分散控制系统具有自我协调、自我限制、自我约束的功能。当分散控制系统具有了这种协调功能之后，其控制效率将达到甚至优于“集中控制系统”。“协调控制”不仅继承了分散控制系统的全部优点，同时完全克服了分散控制的缺点，因此“协调控制”是对分散控制和集中控制的“扬弃”。

在供热系统中，“协调控制策略”是不难给出的。我们知道，在市场经济中，当总供给大于或等于总需求时，人们将会各取所需，此时不必协调。类推到供热系统中，当热源的供热能力大于或等于热网的需求时，则热量在各子系统之间可以按需分配。实践证明，此时分散控制系统工作得很好。但当热源的供热能力低于热网的需求时，分散控制则不能满足热量均匀分配的要求，必须限制各子系统的需求，直至供给和需求“相对”平衡时，分散控制系统才又可以很好地工作。一次供水温度的高低可以代表热源的供热能力，而室外温度则可以代表热网的需求，因此只要能找到一次供水温度与室外温度之间的对应关系，即可判断热源与热网的协调关系。同时，由于各子系统的室外温度和供水温度几乎相同，因此各子系统之间的协调关系也就容易确定了。这就充分利用了系统本身具有的信息的交流，避免人为建立这种信息的交流，进而减少一大笔联网费用和维护费用。

利用协调控制，供热系统的自动控制可以不需联网，可以不设控制中心。供热系统的自动控制与调度均在局部控制器中实现，通过局部控制器的自锁、互锁功能实现无人值守。同时，采用“协调控制策略”可以避免额外引入故障源。

供热量均匀分配策略的实施步骤：

(1) 确定供热系统的最大可及流量 G_{1max}。所谓最大可及流量是指保证供热系统不发生水力失调的最大可能达到的一次流量。在实际设计时，一般需留出5%～10%的余量。

(2) 确定供热系统的最小可及流量 G_{1min}。所谓最小可及流量是指为了系统安全及不发生垂直失调（直供系统中）时对一次网最小流量的限制。

(3) 当一次网以最大可及流量运行时，其供水温度代表了热源的供热能力，而室外温度则代表了热网的热负荷。当两者恰好匹配时，则表明达到了理想的工况。求出此时一次供水温度的理想值 T_{1R} 与室外温度 t_0 的函数关系，即确定了 $T_{1R}=f_1(t_0)$。

(4) 当系统以最小可及流量运行时，求出一次供水温度的理想值 T'_{1R} 与室外温度 t_0 的函数关系，即确定了 $T'_{1R}=f_2(t_0)$ 且 $T'_{1R}>T_{1R}$。

(5) 确定节点温度场。由于热网中热损失的存在，各节点的温度不同，一般规模的直埋管网温度偏差在±2℃以内。对于控制精度要求不是很高的系统，可以不必考虑温度偏差的修正；而对于控制精度要求很高的系统，则需进行相应的修正。因为温度偏差的存在，使得各热力站在室外温度相同时的一次供水温度不同，因此对于各热力站均有自己的供水温度与室外温度的函数关系：

$$T_{1Ri}=f_{1i}(t_0);T'_{1Ri}=f_{2i}(t_0) \tag{3-14}$$

(6) 室外温度的修正。室外温度的传感器应放在百叶箱内，同时安装的位置各热力站应一致，在安装之前应进行校准。尽管如此，也仍有可能存在偏差，一般偏差在±1℃之内，对于非精确控制则可忽略其影响。

(7) 当实际运行中的一次供水温度 T_{1g} 满足 $T_{1R}<T_{1g}<T'_{1R}$ 时，一次流量必为最大可及流量与最小可及流量之间的值。因此各热力站流量可以满足按需供热的要求。

(8) 当一次流量达到最大可及流量时，若实际运行中的一次供水温度 $T_{1g}=T_{1R}$，则表明热源的供热能力恰好与热网的需热量匹配；若实际运行中的一次供水温度 $T_{1g}<T_{1R}$，则表明热源的供热能力不足，系统将会出现争抢流量的问题，此时应进行热量均摊，即人为实现热源的供热能力与热网的需热量匹配（$T_{1g}=T_{1R}$）。为了人为实现 $T_{1g}=T_{1R}$，此时用于计算 T_{1R} 的 t_0 值可以通过先假定 $T_{1R}=T_{1g}$ 由下式计算：

$$t_0=F_1(T_{1g}) \quad (F_1 \text{ 为 } f_1 \text{ 的反函数})$$

(9) 当一次流量达到最小可及流量时，若实际一次供水温度满足 $T_{1g}=T'_{1R}$，则表明热源的供热能力恰好与热网的需热量匹配；若 $T_{1g}>T'_{1R}$，则表明热源的供热能力充足，此时若要实现热源的供热能力恰好与热网的需热量匹配，则要降低一次流量，但一次流量要求不能小于最小可及流量，所以此时亦应进行热量均摊，即同时人为加大各热力站的热需求。为了人为实现 $T_{1g}=T'_{1R}$，此时用于计算 T'_{1R}的 t_0 值可以通过先假定 $T'_{1R}=T_{1g}$由下式计算：

$$t_0 = F_2(T_{1g}) \quad (F_2 \text{ 为 } f_2 \text{ 的反函数}) \tag{3-15}$$

本地协调控制方式是在国外普遍采用的各个热力站单独控制的基础上，加进一些协调控制算法完善而来。早期引进国外技术时，许多供热系统实践了热力站单独控制的方式，发现在热源供热能力充足时各个热力站的控制效果很好，只是在热源供热能力不足时才出现了较严重的失调问题。其实质是各个热力站单独控制时设定值计算的问题，只要各个热力站设定值计算合理，能够适应热源供热能力的变化，及时调整设定值的计算方法，就可以避免失调问题的出现。该控制方式可以不需要监控中心，不需要通信网络，不需要自力式流量/差压限制阀等，既能够实现热网的平衡，又能够实现气候补偿节约热能，具有投资省、节能效果显著等优点。但是该控制方式需要在供热系统扩展时，及时调整控制参数，也不能适用于多热源联网运行的供热系统。后来随着网络技术的发展，稳定而廉价的控制网络使得这种本地协调控制的方式变得意义不大，完全可以通过控制网络来实现热力站之间的协调控制，协调控制功能可以在控制中心完成。

3.7.5 基于调度外温的全网平衡控制

全网平衡的核心就是向所有热力站下达一个统一的参数，但是下达统一的二次供热温度是有缺陷的，因为各个热力站热负荷特点不同，按照统一的二次供热温度会产生用户室内温度偏差。但是下达统一的调度外温就很合理，因为同一城市的气象条件基本差不多，不同的热力站再设定不同的温度控制曲线，就会比较合理。

全网平衡控制采用四种控制模式：①人工设定调度外温，调度人员可以凭经验设定；②舒适性控制，按照热力企业自己建立的室外温度采集点采集到的室外温度经过平滑处理后作为调度外温，或者按照当地气象部门提供的室外温度作为调度外温；③均匀性控制，按照事先确定典型代表热力站的实际供热参数，经过折算对应的当量室外温度作为调度外温；④综合调度外温设定，取舒适性控制和均匀性控制中调度外温较高者作为调度外温。采用这四种模式，调控更加便利。全网平衡控制算法需要如下计算步骤：

(1) 热负荷的预测计算

影响热负荷变化的主要因素是室外温度的变化和供热面积的变化，其次是夜间休息时可以降低室内温度引起的热负荷减少和白天太阳辐射引起的热负荷减少，还有部分生活热水负荷会随着人们生活起居时间呈规律性、周期性变化。供热的最终目的就是为了满足随着热负荷的变化及时供应相应的热能。因此，热负荷变化的动态实时计算很有必要。其中室外温度的变化引起的热负荷的变化是最主要因素，由于室外温度的变化频率和变化幅度较大，供热系统实时跟踪室外温度变化进行调节的难度很大，甚至不可能。另一方面由于房间围护结构的蓄热作用，室外温度变化并不会立即成为热负荷，会经历一个蓄热、放热过程后成为热负荷，此时热负荷的变化会比室外温度的变化滞后而平缓，紧随室外温度变化而调节供热量并没有必要。

在动态计算热负荷时，室外温度是关键，因此室外温度的测量要准确。一方面要选精度等级高、可靠性强、稳定性好的产品；另一方面要规范安装室外温度传感器，加强室外温度传感器的校准工作。除此之外，还要设计一种算法将采集来的室外温度“方波化”

“滞后化”“平滑化”。

控制滞后时间的参数是实际室外温度与用于参控的当量室外温度的偏差对时间的积分值，当该积分值超过规定的“积分常数”时，就应该改变当量室外温度值。控制平滑程度的参数是每次改变当量室外温度的幅度，该幅度值为实际室外温度与当量室外温度偏差除以“平滑系数”，该系数是事先设定好的。因此，算法中规定了“积分常数”和“平滑系数”，可以调试这两个参数来使算法能够较精确地描述出室外温度变化与热负荷变化之间的关系。

（2）热源供热能力评估

热网中最不利环路热力站的热力工况是评估热源供热能力的最直观判据，只要最不利环路热力站的热力工况满足供热要求就说明热源供热能力足够，反之热源供热能力不够。控制系统采用控制二次网的供回水平均温度作为控制目标，然而各个热力站的供热负荷、供暖方式等不同，必须为每个热力站设定相应的供热温度控制曲线（稍后会详细描述如何确定），为了简化计算，用一条直线来描述，即供回水平均温度设定值＝截距－斜率×室外温度，将此公式变化一下，即热力站的当量外温＝(截距－实际供回水平均温度)/斜率，此时就把不同热力站的不同温控曲线的因素消除了，用各个热力站的当量外温来评价该热力站的供热效果，当量外温越高说明该热力站供热效果越差，当热网中最高的当量外温大于实际室外温度时说明热源的供热能力不足，反之说明热源供热能力足够。在某个特例情况下，假如各个热力站的供热曲线相同，热力站的当量外温与热力站的实际供回水平均温度的评价是一致的，此时就可以简单地对比各个热力站的实际供回水平均温度的大小，即实际供回水温度最小的热力站就是热网的最不利环路热力站，该值能够满足供热要求就说明热源供热能力足够，反之热源供热能力不够。热网中不平衡的存在会降低热源的供热能力，因为评价热源的供热能力不是以平均值来衡量的，而是以最差值来衡量的。因此平衡是非常重要的，可以变相地提高热源和热网的供热能力。

（3）热网中各个热力站之间的平衡控制

在热网中会存在最不利的热力站，与最不利热力站相比，其他所有热力站都有调节余量。因此把最不利环路热力站对应的当量外温作为全网所有热力站的调度外温就可以实现全网供热效果平衡控制的目的。当量外温＝(温控截距－供回水平均温度)/温控曲线斜率，事先选定全网中 10 个典型的代表热力站，计算它们的当量外温，其中当量外温最高的就是最不利环路热力站。同时，对比最不利环路热力站的当量外温与平滑处理后的室外温度，其中较高者就是整个热网的调度外温，所有热力站都按照这个统一的调度外温结合自己的温控曲线、节能时钟修正、人工修正等计算供回水平均温度的设定值。供回水平均温度设定值＝温控曲线截距－温控曲线斜率×(调度外温＋节能时钟修正)＋人工修正。如此计算得来的每个热力站的供回平均温度设定值，既考虑了整个热网的全网统一指令（调度外温），又考虑了各个热力站自身的热负荷特点（截距和斜率），同时还给调度人员参与调控的接口参数（人工修正），也考虑了分时供热的特点（节能时钟）。将整个热网的一般性和各个热力站的特殊性有机地结合在一起了。

（4）节能时钟的设置

根据热力站的热负荷特点设置每个热力站的 24h 调度外温的节能时钟修正值，比如住宅供热用户在夜间休息时可以将室内温度降低 2℃，此时就可以将调度外温的节能时钟修正值设置为 2℃。再比如考虑阳光辐射对热负荷的影响也可以将调度外温的节能时钟修正值设置为2℃。还有与作息时间相关的公共建筑，可以按照作息时间去设置调度外温的节能时钟修正值。选择修正调度外温便于直接将供热温度的改变与室内温度的变化建立联系。

（5）温度控制曲线的识别

供热运行调节的基本公式描述了供热温度、流量与室内温度、室外温度之间的关系，但是由于实际的供热系统与理论中供热系统存在偏差，供热运行调节的基本公式就不能准确计算供热温度、流量与室内温度、室外温度之间的关系了。为此，需要根据实际的供热情况引入热负荷修正系数和相对流量系数。

取室外温度为0℃和－10℃两个点分别计算对应的供回水温度，就可以根据两个点画出一条直线。在供热控制系统中应用这个简单的直线确定供热温度与室外温度变化的关系。一般考虑到外温较高时，按照这个关系确定供热温度虽然室内温度达标，但是供热温度较低也会引起热用户的投诉，因此设定室外温度的上限。另外，考虑到供热能力的限制，设置了室外温度的下限。

3.7.6 基于流量平衡的全网平衡控制

对于大型供热系统，如北京的热网，不希望一次网的温度和压力参数波动，这样会对整个供热系统的安全产生威胁，而且热源厂也不容灵活改变供热参数。由于热网供热半径很大，热源参数的改变会很久之后才会引起远端热力站参数的改变。因此，一次网供热参数稳定是现实所需。一般情况下，一次网的流量是不变的，一次网的供水温度也基本稳定（几天改变一点）。鉴于这种现状，全网平衡控制就变成了全网流量平衡控制，根据总流量和总供热面积计算每平方米的一次流量指标，然后各个热力站按照各自的面积分配流量，考虑到各个热力站的具体情况差异，再对每个热力站设置流量参数修正值。一次网电动调节阀或者分布式变频泵根据流量设定值，参考流量计进行流量控制，可以是自动控制也可以是人工控制。

这样的全网平衡很粗糙，不能实现二次网的温度控制。因此需要在二次网设计站内循环泵或者换热器旁通调节阀，用于控制二次网供热温度，实现气候补偿和节能时钟控制。二次网调控不会引起一次网的流量变化，就不会引起一次网的压力变化，因此一次网的水力工况稳定。二次网的调控会引起各个热力站一次回水温度变化，由于庞大的一次网具有巨大的热滞后和蓄热能力，会缓冲热源的负荷变化。这样由原来的热源主动调控变成了热源被动适应，由于一次供水温度相对稳定，管网的应力变化较小，水力工况也稳定，压力变化很小，因此这种方式的安全性很好。二次网的调控不受任何限制，便于实现气候补偿和节能时钟控制，节能效果好。

热量是由供水温度、流量、回水温度3个变量决定的，这种控制方式使得热量的3个变量分别被3个控制环路控制着，即热源的调节控制供水温度、热力站一次侧控制一次流量、热力站二次侧控制一次回水温度。这种把热源的调控、一次网的调控、二次网的调控结合起来的方式，彻底突破了原来只在一次网进行热量调控的思路，使得热网自控系统变得简单、高效。因此，这是一种今后热网自控系统全网平衡控制的最佳方式。具体控制方法如下：

（1）热源的调控

根据1周的天气预报，按照1周中最冷天的平均室外温度对应的热源供水温度调度热源，在这 1 周内热源的供水温度控制调度供水温度的±5℃之内，每周改变 1 次热源的调度供温。

（2）热源的循环泵调控

热源的循环泵运行工况保持不变，保证热源出口供水压力处于安全值范围之内。

（3）热力站一次侧流量平衡调控：

$$G_{set} = (g + dg) \cdot A \tag{3-16}$$

G_{set}——热力站一次流量控制设定值；

g——单位建筑面积的热力站一次流量控制指标；

dg——单位建筑面积的热力站一次流量控制指标修正值；

A——热力站供热建筑面积。

各个热力站根据预先设定的一次流量控制设定值，控制热力站一次电动调节阀或者分布式变频泵，保证各个热力站的流量平衡。当一次网流量分配平衡之后，热力站的一次电动调节阀开度或者分布式变频泵频率基本保持稳定不变。这样的控制策略有利于保证一次网水力工况的稳定。

（4）热力站二次供回水平均温度控制

二次网与换热器并联安装电动调节阀，控制二次供回水平均温度，二次供回水平均温度的设定值按照气候补偿和节能时钟设置。由于是在二次侧控制，对于一次网的水力工况没有影响，这种调节会改变一次回水温度，进而会影响热源的回水温度。这种二次调节引起的一次回水温度变化会经过一次网的蓄热和延迟作用而减弱对热源的影响。

（5）热力站二次循环泵频率控制

热力站二次水量的最优值与室外温度有关，按照室外温度的变化进行二次循环泵的气候补偿控制，同时按照节能时钟变化控制循环泵频率，保证二次网循环流量的最佳控制，实现节约循环泵电能的目的。

3.8　供热系统自动控制的典型应用方案

3.8.1　典型热力站自动控制方案

1. 常规型换热站自动控制

大型集中供热系统一般采用间接供热的方式，目前换热站的控制方案多数只控制一次电动调节阀的开度，称为常规型换热站的自动控制。控制系统具有下列功能：

◇ 热量计量功能；

◇ 补水定压控制，自动控制补水泵或者补水电动调节阀，控制二次回水压力，防止二次系统出现倒空；

◇ 室外温度平滑处理，对采集的室外温度，应用笔者设计的热负荷计算方法，对室外温度进行处理，使得处理后的室外温度的变化与实际热负荷的变化相吻合；

◇ 气候补偿功能，按照热负荷的变化及时控制供热量，保证室内温度始终满足用户的需要，也避免供热量浪费；

◇ 均匀供热，在热源供热能力不足时实现热量的均匀分摊。对于单热源枝状热网，可以通过热力站的本地智能控制实现热量的自动均摊。对于多热源联网供热系统，只能通过远程设定各个热力站的最大阀门开度的方法实现热量均摊。

工艺流程及测点布置如图 3-5 所示。

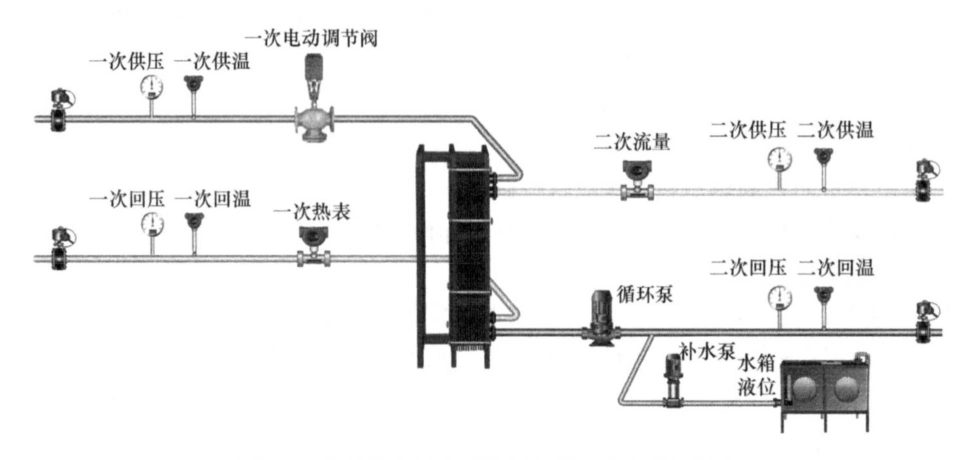

图 3-5 典型热力站自动控制方案工艺流程及测点

2. 全面节能型换热站自动控制

在能源紧张的今天，节能尤为重要，挖掘供热系统中的每一点节能潜力都是很有意义的事情。常规型的换热站控制系统，没有对循环水泵进行控制。常规型的换热站不能完全按照室外温度的变化调节一次网的水力工况，当热源供热能力不足时会出现严重的失调现象，当热源供热能力过足时会出现电动调节阀开度过小而引起一次网压力升高的问题，因此由于一次网水力工况变化的限制使得一次电动调节阀的调节范围变得很小，也不能充分利用一次管网的蓄热作用。笔者根据多年从事供热运行调节和热网自动控制的实践经验，总结了一套全面节能型换热站自动控制方案，具有如下特点：

◇ 循环水量气候补偿，二次网最佳循环水量随着室外温度的变化进行及时控制，节电效果在 30%以上；

◇ 旁通调节换热量，利用二次侧与换热器并联的旁通电动调节蝶阀控制供热量，实现供热量的气候补偿，由于二次网进行换热量的调节不会影响一次网水力工况的变化，由于电动调节阀设置在换热器并联的位置，也不会影响二次网的循环水量，电动调节蝶阀的价格比电动调节阀的价格低得多；

◇ 节能时钟控制，太阳辐射得热是房间热负荷计算的重要组成部分，利用太阳的辐射热能可以有效减少供热量，节约热能。夜间休息时，房间温度可以适当降低 2℃，能够有效减少供热量，节约热能。在控制器中设计了节能时钟控制功能，能够进一步节约热能；

◇ 一次网平衡调节，可以采用自力式流量/压差控制阀、手动调节阀、电动调节阀/电动调节蝶阀等，将平衡调节与气候补偿分离开，保证一次网水力工况的稳定。

工艺流程及测点布置如图 3-6 所示。

3.8.2 回水地板供暖热力站自动控制方案

地板供暖方式能够利用低品位热源，便于回收利用各种工艺过程的余热，再加上地板供暖自身的节能、卫生、舒适、减少占地面积等无与伦比的优点，地板供暖的大面积应用是供热技术发展的必然趋势。利用现有散热器供暖的回水作为地板供暖的供水，能有效降

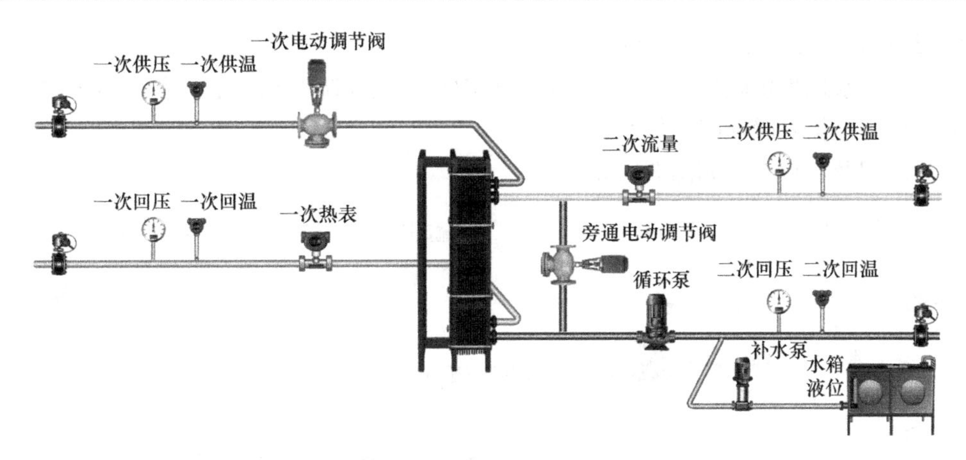

图 3-6　全面节能型换热站自动控制方案工艺流程及测点

低热网的回水温度，拉大供回水温差；能够有效降低热能输配的电耗，扩大热网的供热能力，减少管网的热损失，回收各种工艺过程余热的能力增强。国外非常重视降低热网的回水温度，可见降低热网回水温度的重要性。回水地板供暖热力站的自动控制将会在我国大面积用，该方案的要点是：

◇ 地板供暖系统用供水增压混水方案，地板供暖的回水与供水增压泵的入口用旁通管相连，供水增压泵负责地板供暖系统水循环；

◇ 在地板供暖系统供水管道上安装电动调节蝶阀，控制地板供暖系统的热量；

◇ 在主回水管道上安装电动调节蝶阀，与地板供暖供热系统并联，与地板供暖供热量的调节同时联合调节，保证主回水流量不变；

◇ 在散热器供暖回路上设置旁通手动调节阀，通过手动调节平衡散热器供暖回路与地板供暖回路之间的热量。

1. 直供站回水地板暖自动控制

直供站回水地板供暖自动控制，就是在直供热力站控制的基础上，利用回水散热器回路的回水作为地板供暖回路的供水。

工艺流程及测点布置如图 3-7 所示。

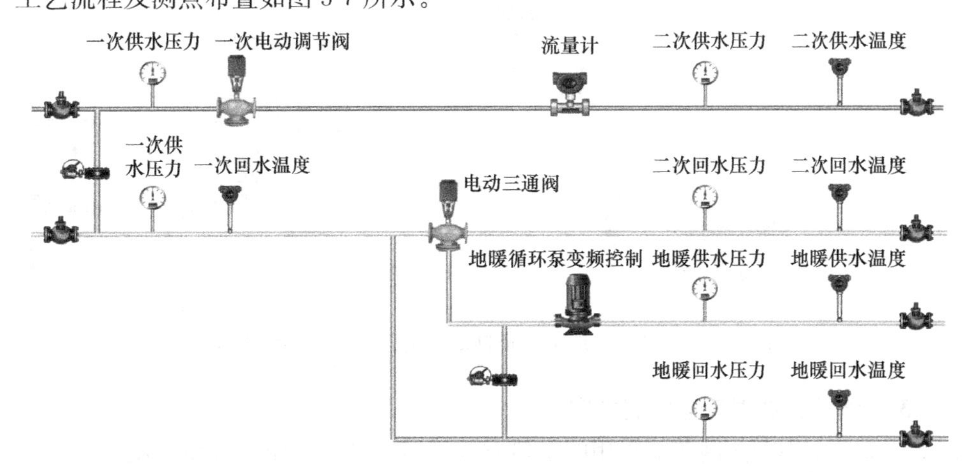

图 3-7　直供站回水地板供暖自动控制方案工艺流程及测点

2. 直混站回水地板供暖自动控制

直混站回水地板供暖自动控制，就是在直混热力站控制的基础上，利用回水散热器回路的回水作为地板供暖回路的供水。

工艺流程及测点布置如图 3-8 所示。

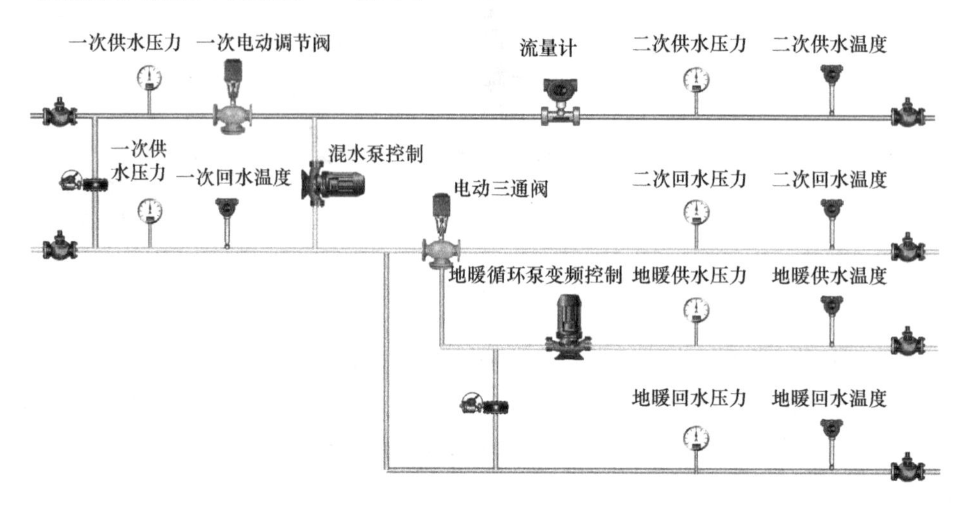

图 3-8 直混站回水地板供暖自动控制方案工艺流程及测点

3. 换热站回水地板供暖自动控制

换热站回水地板供暖自动控制，就是在全面节能型换热站控制的基础上，利用回水散热器回路的回水作为地板供暖回路的供水。

工艺流程及测点布置如图 3-9 所示。

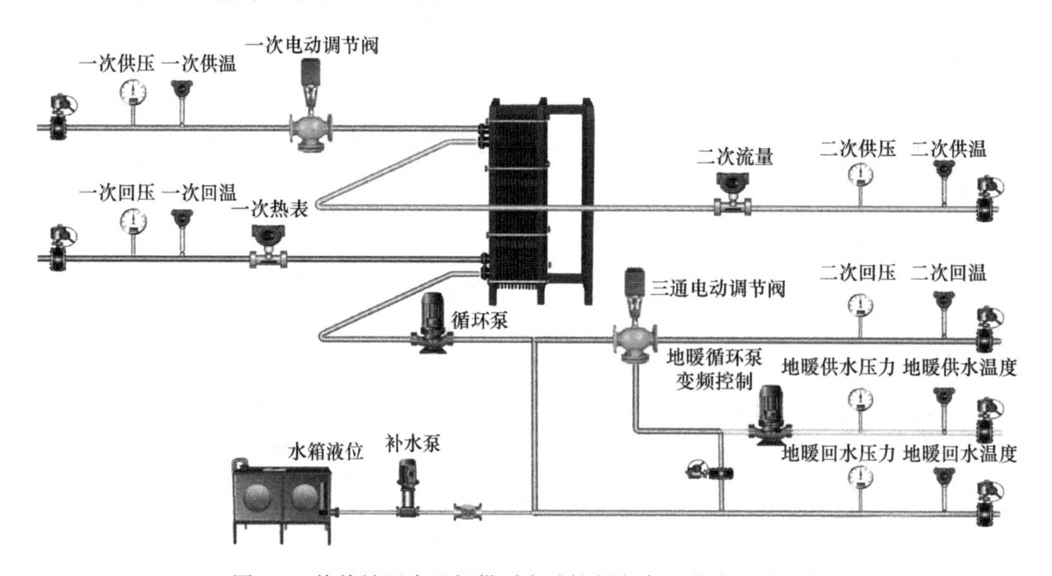

图 3-9 换热站回水地板供暖自动控制方案工艺流程及测点

3.8.3 调压、调温直连控制方案

直供系统是中小型热网普遍采用的供热方式，当不同供热压力和供热温度参数的建筑物同处一个热网中时，就需要进行调温、调压处理。

1. 增压直连控制

在直供系统中存在部分高层建筑，由于供水温度较低不能采用换热站的方案，就必须采用增压直连控制方案。该方案的要点是：

◇ 回水电动调节，控制阀前压力达到高层建筑定压点压力；

◇ 回水电动调节阀应该是掉电关闭型的，当增压泵停止时回水电动阀关闭，防止回水压力过低；

◇ 供水增压泵控制高层建筑供热回路的供热量；

◇ 供水增压泵与单向阀并联安装。增压泵出口单向阀，供水管上的单向阀必须可靠；

◇ 供回水压力变送器必须可靠、准确，控制器必须可靠、耐用。

工艺流程及测点布置如图 3-10 所示。

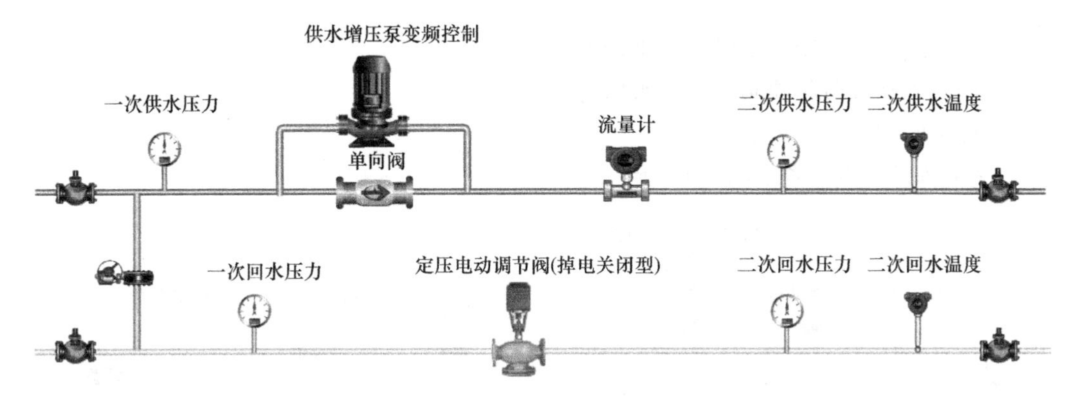

图 3-10　增压直连控制自动控制方案工艺流程及测点

2. 减压直连控制

在直供系统中存在部分承压能力低的建筑物，由于供水温度较低不能采用换热站的方案，就必须采用减压直连控制方案。该方案的要点是：

◇ 供水电动调节阀，控制阀后压力不超压；

◇ 供水电动调节阀必须是掉电关闭型的，防止停电时一次网的高压串到二次网的低压区去；

◇ 回水增压泵，控制泵入口压力不低于定压点压力；

◇ 通过调整供/回水压力设定值，控制该回路的供热量；

◇ 回水增压泵与单向阀并联安装，回水增压泵出口单向阀、回水管的单向阀必须可靠；

◇ 供水阀后需设置可靠的安全阀，确保控制系统故障时能够泄压保护；

◇ 供回水压力变送器必须可靠、准确，控制器必须可靠、耐用；

◇ 控制系统需要配置 UPS，在停电时能够控制电磁阀超压泄水。

工艺流程及测点布置如图 3-11 所示。

3. 供水增压混水直连系统自动控制

在直供混水热网中，有时会出现高层建筑接入的情况，此时采用本方案较为合适。该方案在“增压直连控制”方案的基础上增加了混水装置。由混水装置控制二次网的供水温度。混水泵与增压泵使用统一的电源供电。

◇ 混水泵控制二次供回水压差；

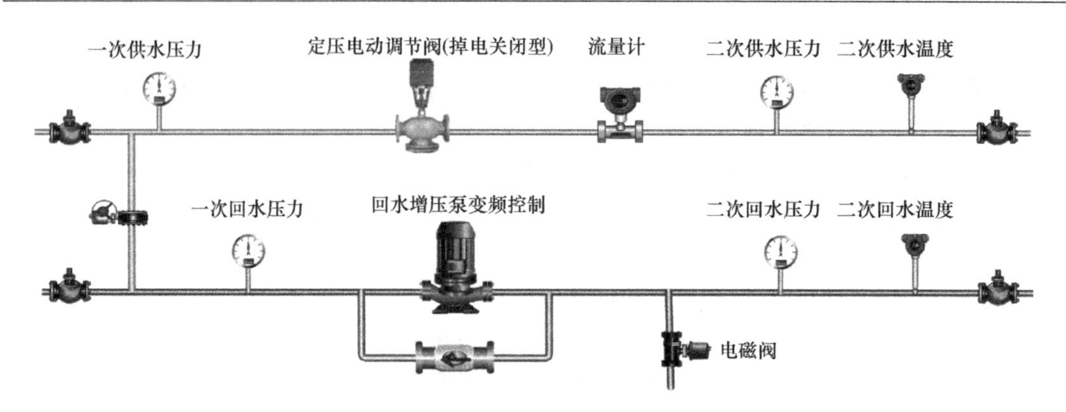

图 3-11　减压直连控制自动控制方案工艺流程及测点

◇ 供水增压泵控制二次供回水平均温度；

◇ 回水电动调节阀控制二次回水压力；

◇ 停电时回水电动调节阀关闭。

工艺流程及测点布置如图 3-12 所示。

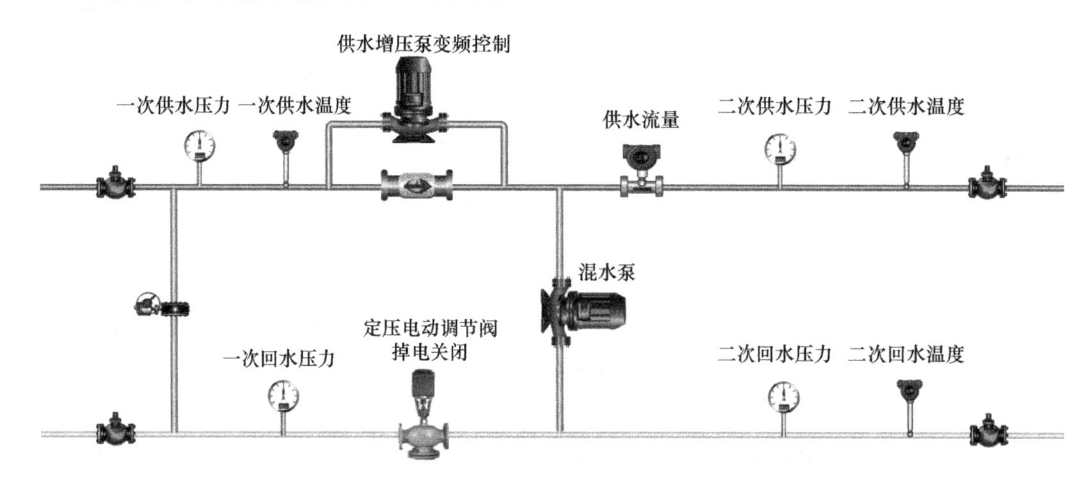

图 3-12　供水增压混水直连系统自动控制方案工艺流程及测点

4. 回水增压混水直连系统自动控制

在我国北方严寒地区有一种“抽混供热系统”，具有不用换热器而能实现大规模直连且能控制二次网不超压的优点。但存在泵耗大、控制难的缺点。本方案是“抽混供热系统”的改良版。将抽混供热系统的回水增压功能和旁通混水功能分开，分别由回水增压泵和混水泵来完成。使泵的选型和控制更加简单，能大幅度减少泵耗。采用这种方案的综合泵耗有可能比采用间供系统还要低。由于不采用换热器，初投资和维护费用都大幅度降低，对于中型热网，尤其是二次热网的承压能力较高时，采用该方案是较适合的。在水质较差、水处理成本较高的场合，采用换热器容易结垢，此时采用回水增压混水直连系统是合适的。

◇ 供水电动调节阀控制二次网供水压力，供水压力的设定值要根据供热量的变化及时调整，同时保证二次网不能超压；

◇ 供水电动调节阀必须是掉电关闭型，保证在停电时一次网的高压不会串到二次网中；

◇ 混水泵控制二次网供回水压差；
◇ 回水增压泵控制二次供回水平均温度；
◇ 控制系统需要配置 UPS，控制电磁阀超压保护；
◇ 二次供水管需要设置安全阀；
◇ 所有单向阀必须可靠，防止高压区域的压力串向低压区。

工艺流程及测点布置如图 3-13 所示。

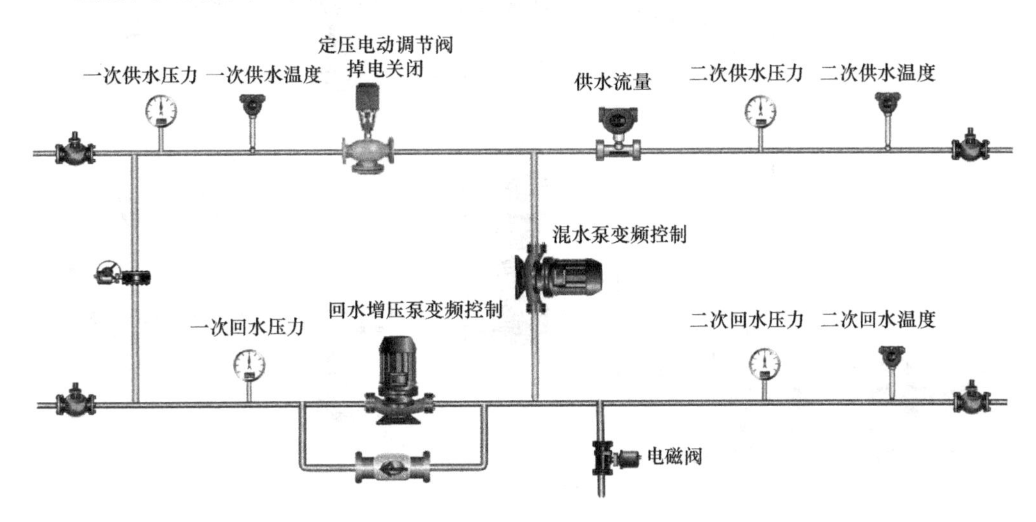

图 3-13　回水增压混水直连系统自动控制方案工艺流程及测点

3.8.4　双系统换热站自动控制

1. 高压与低压双系统换热站

在大型集中供热系统中，有些换热站需要为处在同一区域的多层建筑和高层建筑供热，出现了高层与多层建筑混合的双系统换热站。

工艺流程及测点布置如图 3-14 所示。

2. 高温与低温双系统换热站

有些换热站需要同时给不同类型的供暖系统供热，出现了两种供热温度的双系统换热站。比如散热器供暖与地板供暖混合、散热器供暖与中央空调系统混合等。

工艺流程及测点布置如图 3-15 所示。

3.8.5　小型燃煤锅炉房供热系统控制方案

在集中供热网达不到的地方，小型燃煤锅炉房供热系统普遍存在。由于小型燃煤锅炉的燃烧效率较低，控制水平较差，供热成本较高，常常出现供热亏损的现象。通过采用如下技术可以大幅度降低供热成本：

◇ 提高锅炉进、出口温度。锅炉供水温度低于具体的限定值时，可能会引起烟气中产生冷凝水，它将加快锅炉的腐蚀。此外，燃烧室内水温过低还会导致烟灰沉降。含硫燃料、硫化沉积物粘在金属壁面上后，降低了锅炉的效率。因此，提高锅炉进、出口温度有利于提高锅炉的燃烧效率，减缓锅炉的腐蚀。

◇ 热网循环泵变频控制，根据室外温度的变化控制循环泵频率，进而控制二次网最佳循环水量，节电 50%以上，对于锅炉循环泵选型过大的场合采用变频调技术节电效果更明显。

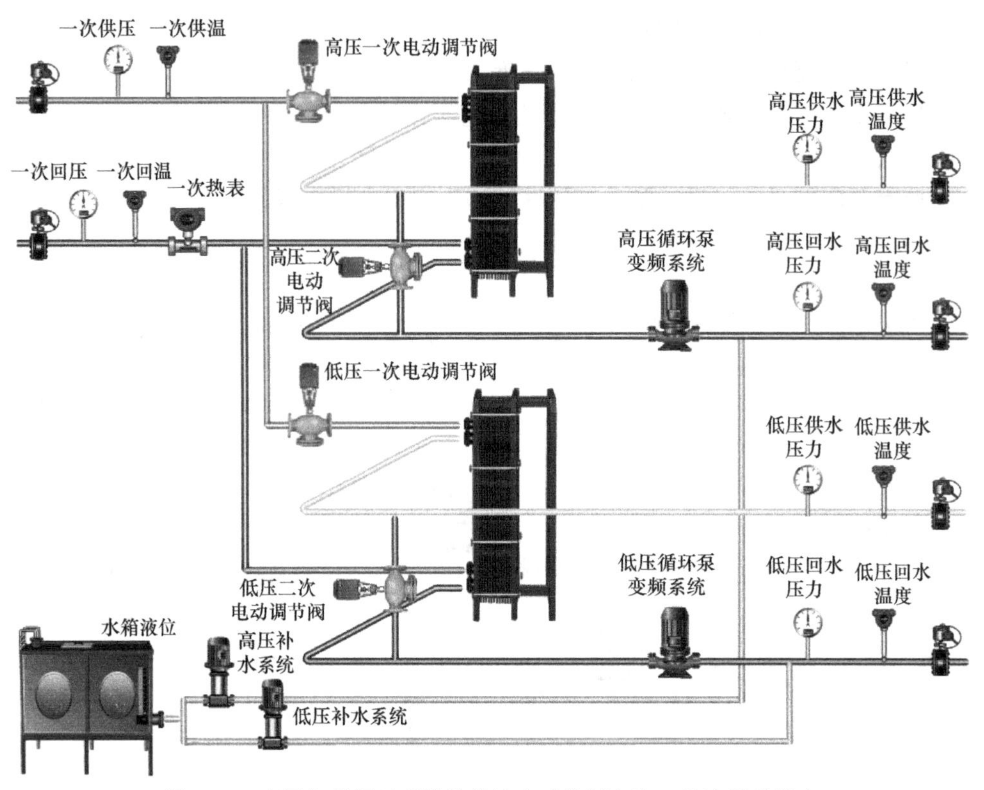

图 3-14　高压与低压双系统换热站自动控制方案工艺流程及测点

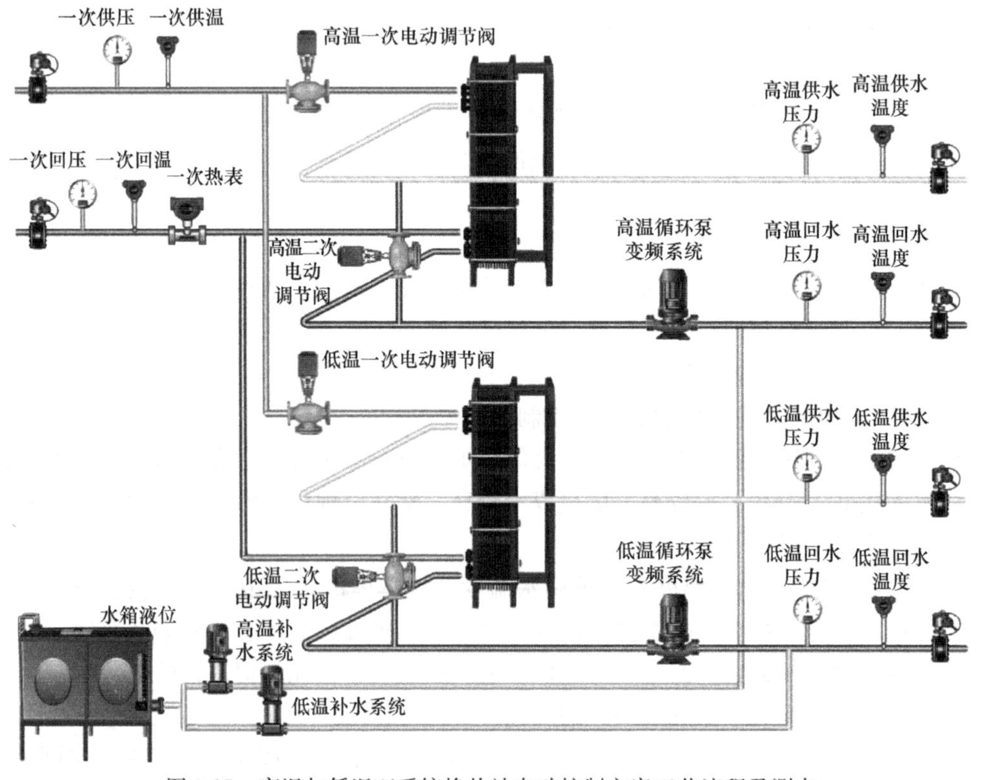

图 3-15　高温与低温双系统换热站自动控制方案工艺流程及测点

◇ 燃烧强度控制，根据室外温度的变化和应用节能时钟，实时控制炉排的转速、风煤比、鼓引风配比。锅炉的鼓风机、引风机采用变频调速技术还有利于节约电能。这种锅炉燃烧强度的气候补偿控制可以节约热能 20%以上。

◇ 二次网的平衡调节，平衡调节能够消除不热户，消除冷热不均的现象，既节约热能，又能够有效降低热网的循环水量节约电能。

◇ 锅炉混水泵的作用是保证锅炉进口温度处于受控状态，防止锅炉进口温度过低。

◇ 热网混水电动调节阀控制锅炉的出口温度，保证锅炉的出口温度保持在较高水平。

工艺流程及测点布置如图 3-16 所示。

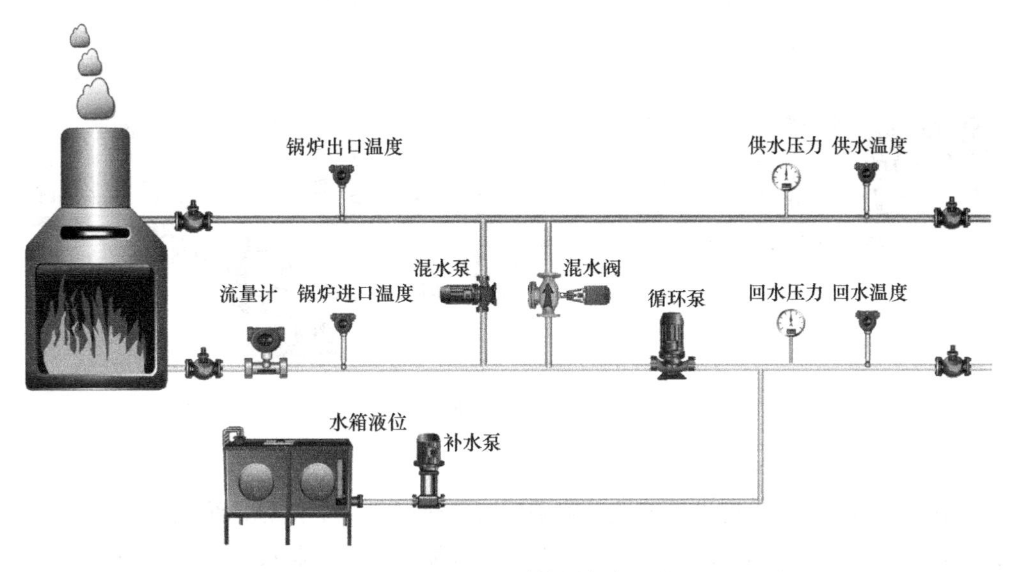

图 3-16　小型燃煤锅炉房自动控制方案工艺流程及测点

3.8.6　中型燃煤锅炉供热系统控制方案

在热电联产供热系统无法达到而热负荷又相对集中的地方，中型燃煤锅炉房供热系统被普遍采用。与小型锅炉房供热系统不同，中型锅炉房供热系统的供热区域较大，锅炉的出口设计温度较高，有一次供热管网、热力站、二次供热管网，而且锅炉本体的自动化程度要求较高。把中型锅炉供热系统控制分成锅炉本体燃烧控制、公共水系统控制、热力站控制三个部分，它们既相互独立，又相互协调，是完整的统一体。其节能的关键技术有：

◇ 锅炉的防冷回水技术；

◇ 锅炉燃烧强度的气候补偿技术；

◇ 一次网循环水量的变流量调节技术；

◇ 二次热网循环泵的气候补偿技术；

◇ 热力站之间的自动全网平衡技术。

1. 锅炉本体的控制

锅炉本体的控制负责监控锅炉各个组成部分的运行工况，负责锅炉的燃烧强度控制、分配锅炉的循环水量、锅炉运行的安全保护等。与小型锅炉房本体控制一样，中型锅炉房本体的控制也是根据室外温度的变化，自动控制锅炉的燃烧强度。与传统的通过锅炉出口温度控制锅炉的燃烧强度不同，直接按照室外温度所引起的热负荷的变化来控制锅炉的燃烧强度，实践证明这样更合理、更高效。当锅炉出口压力或温度过高时，控制系统会自动停止锅炉的燃烧，同时加大锅炉的循环水量。建议在锅炉出口设置泄压电磁阀，该电磁阀为掉电开启型，在停电时电磁阀自动开启避免锅炉本体超压、汽化。

工艺流程及测点布置如图 3-17 所示。

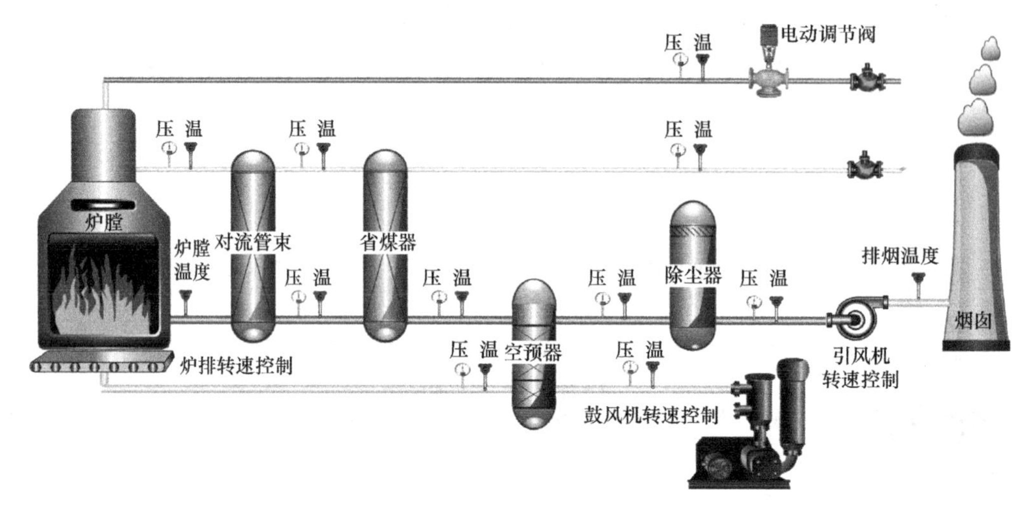

图 3-17 锅炉本体的控制

2. 中型锅炉房直供热网系统

较小规模的中型锅炉房供热系统一般采用直供热网，整个供热系统比较简单，直供站是最简单的热力站，控制系统主要解决锅炉房的控制问题。控制策略与小型锅炉房供热系统的自动控制是一样的，只是热力站的控制系统要实现一次网平衡的功能，热力站的平衡控制可以采用自动控制手段，也可以采用人工调节的方法完成。整个自控系统包括监控中心、各个锅炉本体的控制、公共水系统的控制、若干热力站控制等，各个子系统之间通过工业以太网或者公共电信网与监控中心联网，实现数据共享。

工艺流程及测点布置如图 3-18 所示。

3. 中型锅炉房直混热网供热系统

当中型锅炉房供热系统供热规模较大时，要采用直混热网，此时一次网的供水温度较高，二次网较低的供水温度可以通过热力站的混水泵控制。与直供系统不同的是，锅炉出口的温度是通过锅炉循环水泵的控制实现的，当锅炉出口温度低时，减小循环泵的转速；当锅炉出口温度高时，加大循环泵转速。直混站的电动调节阀控制二次网的供回水压差，二次网压差的设定值通过控制网络由监控中心统一根据室外温度设定。直混站的混水泵控制二次网的供回水温度，二次网的供回水温度设定值也需要由监控中心统一根据室外温度设定。当实时的控制网络建设比较困难时，可以在每个混水站安装一个独立的室外温度采集点，各个混水站就可以实现本地控制。

工艺流程及测点布置如图 3-19 所示。

4. 间接供热系统的控制

大规模的中型锅炉房供热系统要采用间接供热系统。锅炉进口温度的控制是通过控制

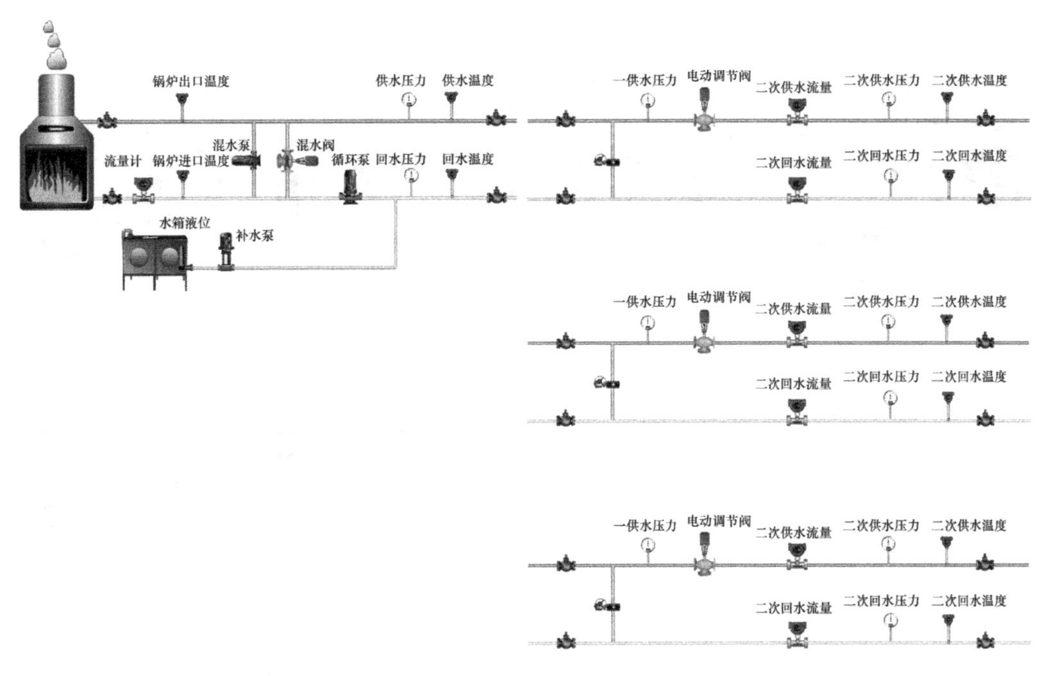

图 3-18　中型锅炉房直供热网系统

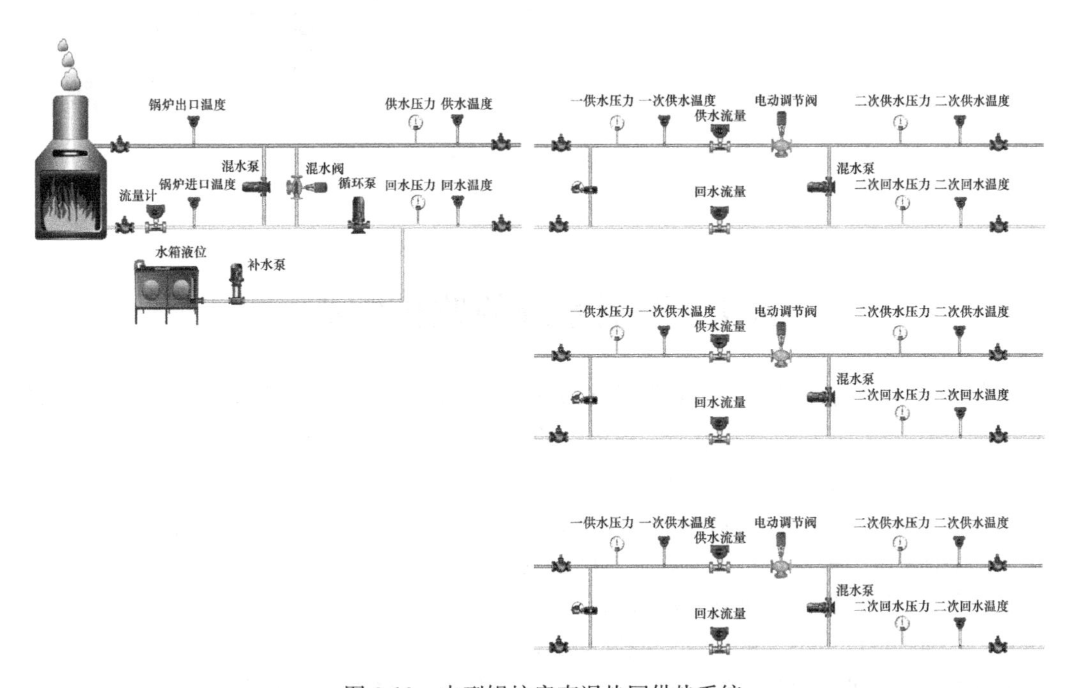

图 3-19　中型锅炉房直混热网供热系统

锅炉旁通混水泵的转速实现的，锅炉供水温度的控制是通过控制一次网循环泵的转速实现的。与热电联产集中供热系统不同，各个热力站只能进行均匀性调节，但热力站循环泵的转速可随着室外温度的变化而进行调节。

工艺流程及测点布置如图 3-20 所示。

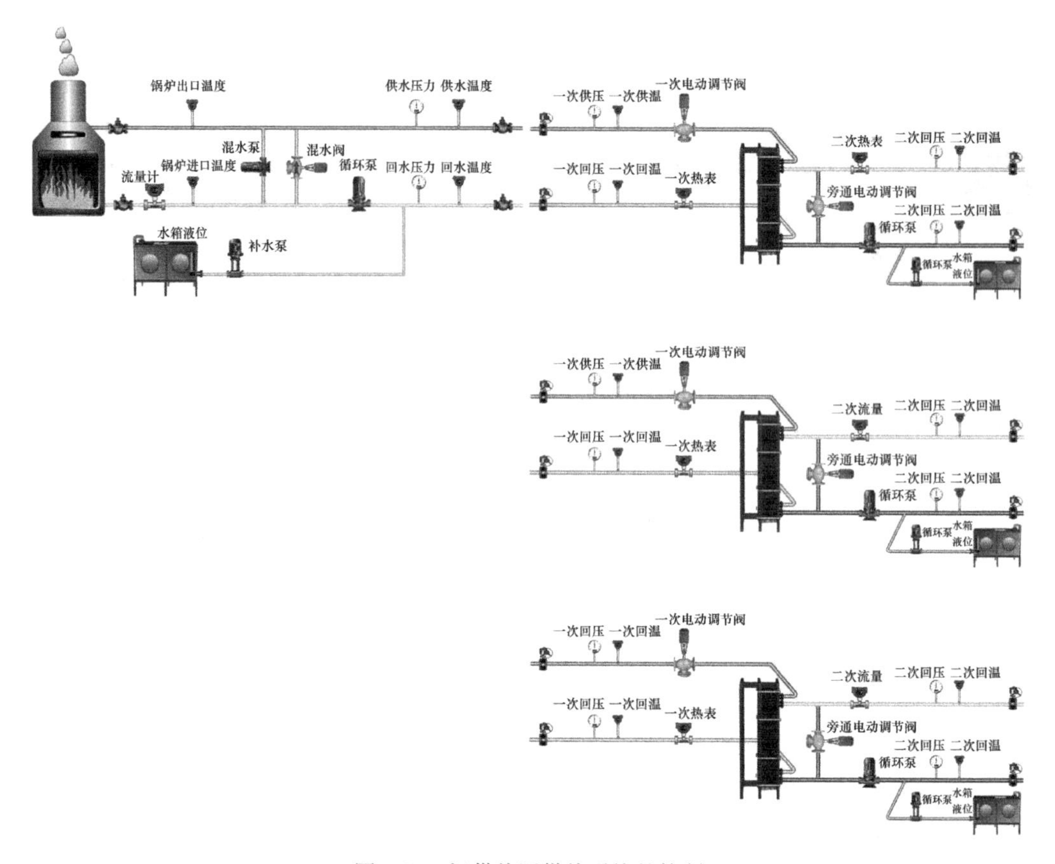

图 3-20　间供热网供热系统的控制

3.9　控制系统的监控中心

监控中心是热网控制系统的重要组成部分，负责整个控制网络的管理，是控制结构的核心环节。根据热网规模的大小和供热单位的要求，监控中心的硬件配置可繁可简。

(1) 监控中心主要硬件设备如下：

◇ 中心服务器：一般冗余配置，生成和管理整个控制系统的核心数据库；

◇ 数据采集服务器：负责所辖控制网络的数据采集、存储等；

◇ 操作员站：作为人机交互的接口；

◇ 工程师站：组态、维护整个控制网络；

◇ 办公计算机：通过 IE 浏览的方式访问热网控制系统的运行数据；

◇ 便携式笔记本电脑：对本地控制器组态、编程和维护；

◇ 网络设备：负责控制网络的通信；

◇ 打印机：打印各种报表、画面、报警信息等；

◇ UPS 电源：提供平稳、干净的电源，并在停电时应急供电；

◇ 投影仪：放大显示画面。

(2) 监控中心具有下列功能：

◇ 供热温度控制模式的设定；

◇ 调节阀控制模式的设定；

◇ 循环泵变频控制模式的设定；

◇ 供热曲线的设定；

◇ 供热温度的设定；

◇ 调节阀的设定；

◇ 循环泵频率的设定；

◇ 供热温度测量偏差修正值设定；

◇ 室外温度测量偏差修正值设定；

◇ 供热系统运行参数优化；

◇ 供热参数采集、存储、显示、统计、分析、报表等；

◇ 供热系统故障报警功能；

◇ 访问控制功能；

◇ 运行画面、数据的 Web 发布。

3.9.1 数据采集和控制

热网监控中心集中控制功能实现全网平衡控制功能和室外温度—二次供水温度控制功能两个模式，并可实现无扰动切换。

热网监控中心通过虚拟的 ADSL 通信网络对远程终端站（RTU）的运行数据和运行状态进行远程实时采集，保证采集的数据与远程终端站的数据保持一致，并实时更新数据库，并每隔 5min 将运行数据存入历史数据库。

在进行数据采集和控制时不需要执行任何附加的应用程序。当系统在线运行时，能够对系统所有的部分进行组态而不影响其他通道的数据采集和控制。特别是，任何节点不会通过重新启动来完成数据库的更新。

1. 组态

数据通信驱动程序由具有最高操作级别的工程师在线进行组态。组态有权限识别。

2. 通信

SCADA 系统能与远程终端装置通过通信公司建立的通信网络进行通信。

如果有足够的级别授权，操作员能从任意一个操作员站（包括远程连接站）读出、操作和分析所有的数据。

一旦对控制设备组态并使之投入使用，系统能自动开始在后台对该设备进行诊断扫描，以保证对系统通信的监测与任何数据采集扫描相独立。

系统对从所有从设备采集来的数据进行数据完整性检验，一旦接收到无效数据或者通信时间溢出信号时重发，若 3 次失败，系统将产生一个该次通信错误的记录。系统能通过该通信监测表的结果给出报警信号，通知操作员有故障的设备或通道。通信的统计情况在系统的标准显示画面上显示，并能在报表中或用户定义的显示画面中输出。

当通信线路故障导致通信中断无法采集数据时，在通信线路恢复正常后，保证数据采集自动恢复正常。

3. 数据采集

系统支持下列数据采集方式：

➢ 周期性扫描；

➢ 异常报告。

从远程终端站（RTU）到监控中心的数据完整性是非常重要的。数据传输的结构是严密而完整的，这样任何有疑问的数据都将在操作员处醒目地显示。不使用诸如 DDE 等协议向操作员站传输数据。

4. 设备控制

从操作员站发送到控制设备的指令采用先写后读的方式，以保证指令的完整性。如果发送指令后读到的确认信号显示控制动作失败，操作员接收到一个控制失效报警。操作员可以对控制失效信号的优先级组态。主要对热力站进行设备控制，所谓控制只是在监控中心修改所需要的参数，并远程下载到各控制器 RTU，仍由就地的控制器进行独立控制，只有具有最高权限的操作员才能进行如下控制：原则上在就地控制器上能设定或修改的参数都在监控中心进行修改或设定，并具有所有控制回路的专用监控画面。

3.9.2 操作员界面显示

系统提供用于操作数据和非正常情况下有效通信的操作员界面。重要的区域，如报警图标一直显示。该界面提供一系列的标准显示画面，用于组态和浏览 SCADA 系统。这些标准画面独立于用户和过程画面之外。

操作员界面在 Windows 操作环境中运行。在不同的运行环境中，该界面保持一致的外观。该界面是交互的、全图形化的和基于图标的。图形支持至少 256 种颜色和 1280×1024 的分辨率。

为减少操作人员的培训，该界面基于视窗形式。为使常用的操作简单易行，标准显示画面和用户定义画面上具有标准的工具条图标和下拉式菜单。同样，不需要组态也可以使用标准的功能键实现常用的功能。系统提供 HELP 文件来帮助操作人员。操作员界面能以局域网形式与系统服务器相连。操作员能监视到以下画面：

1. 外网系统供热区域各站点分布画面显示

能利用电子地图标示出一次网主要管线走向，以及采用不同的图标区别显示首站站点、各热力站站点的位置，各站点具有基本的运行参数（压力、温度、热量）显示，通过点击各站点图标即可进入热力站流程图画面。

2. 各热力站流程图画面显示

具有热力站基本流程图画面显示，热力站所有相关的运行参数显示及相应的控制操作功能，每个控制回路都有调节显示的画面，支持远程下载，控制功能应具有自动/手动操作模式，功能实现应直观、方便、简单。

正常数字、异常数字及超限数字显示具有颜色变化功能。

3. 监测通信通道画面

显示监控中心计算机之间、监控中心与远程终端站之间的通信状态，若发生故障能显示故障状态。

4. 注释功能

每个站点都有专门的信息窗口，能够显示本站点的供热性质、供热区域、设计/实际供热面积、建筑类型、供热形式。

所有的过程对象都配有注释功能，与该过程对象有关的信息都收集在注释表里，同时也能存放过程对象新出现的信息。该信息具有权限的操作员可以进行修改。

操作员留言板：当班的操作员留言后，下一个值班的操作员可迅速获得留言信息。

5. 水压图显示

该系统绘制供热外网自首站到各热力站的一次网动态水压图。水压图用于显示沿管长的供、回水压力，通过此图可得出管线的压力损失，确保系统部件的保护处于最佳状态。

6. 实时和历史报警画面

为了让操作人员迅速而精确地得到过程中异常情况的信息，该系统支持完善的报警检测和管理功能，具有专门的实时和历史报警画面。具体报警参数参如下：

（1）报警信息种类

系统将支持下列报警类别：

➢ 过程值高限；
➢ 过程值低限；
➢ 过程值超高限；
➢ 过程值超低限；
➢ 偏差值高限；
➢ 偏差值低限；
➢ 变化率；
➢ 系统报警；
➢ 传感器故障（明显低于正常值报警）。

在以点为基础的点组态过程中，能将上述类别中的任意四种报警附加到任意一个模拟点或累积点。

（2）报警优先级

系统支持至少四种报警优先级：紧急、高、低、日常。

每一个点所设定的每一种报警都为上述优先级中的一种。紧急、高、低优先级的报警显示在系统报警摘要中；日常优先级的报警只记录在系统的打印记录和事件数据库中。

上述任意优先级的报警都能激发声光警报。操作员站能应用多媒体技术，如 wav 文件和声效卡来提供反映实际情况的报警。一旦操作员在报警警报激活后预先设置的时间内没有动作，系统能激发相应的动作。

（3）报警处理

一个指定了某一类报警的点，一旦报警发生，将发生下列情况：

➢ 系统将根据最近的时间（秒）把报警信号及点的名称、报警类型、优先级、点的描述、新值和工程单位记录在事件数据库中；

➢ 任何包含该报警点的标准画面和用户定义画面中，该报警点的过程值将变为红色并闪烁；

➢ 低、高和紧急优先级的报警将被输入到系统中；

➢ 如果设定，将发生相应的声音警报；

➢ 声音报警指示灯将闪烁。

另外，操作员界面的报警区域显示最近发生的或所选择的过去发生的报警、最高优先级的报警和未被认知的报警。

（4）报警认知

系统提供下列有效的报警认知方式：

➢ 从用户画面中选择报警点的任意点参数，按专用的认知键；

➢ 在系统报警摘要中选该报警，按专用认知键；

➢ 从系统报警摘要中选择一页报警的认知。

一旦操作员认知报警，闪烁的指示灯停止闪烁，任何画面中的该过程值仍然保持为红色。该认知信息和认知的操作员、操作站将被记录在事件数据库中。如果报警点在认知前已恢复正常，直到操作员认知前屏幕上有专门的方式来显示。

（5）报警警报

操作员能以下列方式获得警报：

➢ 操作员界面专用报警线上显示的报警信息；

➢ 系统报警摘要中的报警信息；

➢ 使用计算机扬声器或声卡的报警警报；

➢ 打印机记录的报警信息。

（6）专用报警线

在所有的显示画面上都显示专用的报警信息条，用以显示最近发生的报警、组态选择旧的报警、最高优先级的报警或未认知的报警。如果需要，操作员可直接进入相应的过程显示画面。

一旦报警发生，画面上的报警专用线将显示报警点的名称、类型、描述。如果发生多个报警或报警状态改变，后发生的而且级别较高的报警信号将显示，以前的报警信息则留在等待认知的报警信息清单上。

（7）报警记录

报警信息除在打印机上打印记录外，还记录在事件文件中，用于形成报警报告或存档于拆卸式存储设备上。

（8）报警恢复功能键及工具条图标

系统具有下列标准的专用功能键和相应的工具条图标：

➢ 报警认知键：用于操作员对该报警信号的确认；

➢ 报警摘要键：显示当前的报警摘要信息；

➢ 报警相关画面键：调出与此报警相关的画面。

（9）报警过滤

系统的报警摘要能过滤一些报警信息，过滤的条件至少为以下几种：

➢ 某一个优先级；

➢ 某些优先级；

➢ 认知情况；

➢ 某些区域。

（10）附加的报警信息

该 SCADA 系统支持报警附加信息功能。该功能将为操作员提供附加的关于该报警的信息而不会影响报警摘要，即每个报警都有一条报警文本，说明报警原因，并提供操作建议。

（11）弹出报警窗口

为引起用户警觉，优先级足够高的报警显示为前台弹出窗口，即使用户正在进行其他程序工作。用户可以在窗口中确认或者根据问题的性质直接跳到工厂的图形中以获得详细信息。

7. 实时和历史趋势画面

对采集的所有参数及通过计算得出的参数都可以方便地建立实时趋势画面显示，该画面可以放大、缩小，并具有时间和数字一一对应显示的功能。

对于做了历史纪录的参数具有历史趋势曲线显示。

（1）趋势显示的功能

趋势显示包括以下功能：

- 实时趋势画面；
- 历史趋势画面；
- 趋势卷动；
- 趋势缩放；
- 工程单位或百分比显示；
- 趋势数据的光标读取；
- 多重趋势曲线中对某些曲线的显示和取消显示；
- 多重趋势曲线中各点，用鼠标或键盘选择该点即显示参数值；
- 将当前趋势曲线的数据通过剪贴板拷贝到电子制表文件或文字处理文件中。

所有的趋势组态都能在线进行，而且不会干扰系统运行。改变趋势组态不影响历史数据。

（2）趋势显示的形式

系统能以不同的格式显示实时的、历史的或存档的趋势，这些格式为：

- 棒图显示；
- 实时趋势曲线；
- 多重曲线趋势：显示最大到8点的历史值；
- 多范围趋势：显示范围可设置最大到8点的历史值；
- 设定值程序趋势。

对于每一幅趋势图，操作员能对点的数量、时间范围进行在线组态，以及在线缩放趋势曲线。系统提供卷动条用来使趋势曲线在历史记录中向前或向后移动。趋势曲线能自动读取存档的历史数据而无需操作员的组态。

8. 实时和历史报表画面

提供专用报表软件，完成所有热力站的实时和历史报表功能。

系统快速提供日报、周报、月报、供热季报和自由报表等功能。

报表中具有排除明显错误数据的功能，保证数据分析的可靠性和准确性。

组态软件的数据转换到标准SQL数据库中，不受系统限制，便于今后其他系统接入等操作。与原来的数据服务器分开，在单独的机器上运行，不影响原来的数据采集系统，而且可将相关数据进行自由处理，如导出生成 EXCEL 文件，可直接打印 A3 报表，可以进行数据曲线趋势分析。

实时报表：热力站和计量站对所有需要的参数都具有实时报表功能，所有的站点参数都在一张报表上显示，并且具有实时的时间显示。操作员不需要编程就可选择所需要的参数进行实时报表画面显示。可以进行编辑打印等工作。

通过读取历史数据库的数据，形成相应的历史报表，历史报表支持日报表、周报表、月报表、供热季报表。操作员只需选择报表的开始时间和结束时间（时间可以自由选择），并显示报表的时间间隔（以天计），且可以进行编辑、打印等工作。

有可靠的措施防止累积数据清零所造成的影响，避免形成错误的报表。

日报表：对所需要的参数在每日整点时进行记录，对模拟量参数具有日平均值的统计记录、累积参数有日累积记录等，都进入日报表。

周报表：对所需要的参数在每周结束时进行记录，对模拟量参数具有周平均值的统计记录、累积参数有周累积记录等，都进入周报表。

月报表：对所需要的参数在每月结束时进行记录，对模拟量参数具有月平均值的统计记录、累积参数有月累积记录等，都进入月报表。

供热季报表：对所需要的参数在每月结束时进行记录，对模拟量参数具有供热季最小值、供热季最大值、供热季平均值的统计记录、累积参数有供热季累积记录等，都进入供热季报表。

自由格式报表：提供自由的报表平台，用户通过选择所需要的参数和时间间隔形成所需要的报表。

（1）标准报告

系统提供以下预先定义格式的标准报告：

➢ 报警及事件报告：系统能提供某一时期某一类型所有事件的摘要；

➢ 操作员踪迹报告：系统能提供某一时期某一操作员的所有操作摘要；

➢ 点踪迹摘要：系统能提供某一点的某一时期某一类型的所有事件的摘要；

➢ 报警持续时间报告；

➢ 点属性报告：系统能提供有关故障、报警禁止、异常输入级别或手动模式的点的报告；

➢ 数据库参照条目报告；

➢ 自由格式报告。

系统允许用户在任意时刻在线组态用户报告，这些报告能读取数据库中所有的数据并能执行相应的数学运算。

仅需要输入报告的目录信息，以及其他参数（如点的名称或通配符、过滤信息、搜寻时间间隔和目标打印机），就能完整地对报告组态。系统中不采用任何编程或编写来形成报告。

（2）报告激活

系统的报告功能由下列方式之一激活：

➢ 用户定义的时间间隔；

➢ 操作员要求；

➢ 时间激活；

➢ 应用程序激活。

报告可预定义并自动打印输出，或根据操作员的要求打印输出。

3.9.3　统一对时功能

监控中心能与各远程终端站 RTU 的时钟进行统一定时功能，保证监控中心与各远程终端站 RTU 的实时时钟保持一致。

3.9.4　能耗分析统计功能

根据实测参数统计热力站及全网的热耗、电耗和水耗，为量化管理和收费提供依据。

采用不同颜色的柱状图显示功能，能耗分析具有棒图、曲线、数字显示等多种直观的显示形式。分析统计给出总的评价信息。

3.9.5　热网水力、热力平衡功能及热网优化经济运行分析

系统能满足整个系统水力、热力平衡运行，还考虑每个热力站所供热范围皆具有不同能耗的建筑物（节能建筑、老建筑等）：

通过对各按面积收费的热力站运行数据进行运算处理，自动对此类热力站进行动态调节，消除此类热力站之间的水平热力失调，实现此类热力站均匀供热。最大限度地实现此类热力站水力、热力平衡，达到节约能源的目的。

热网监控中心能读取数据库中的数据对热网进行经济运行分析用于指导运行，检验可能的热网运行方案，用于辅助决策的高效率管理功能。

根据管网的压力、温度和流量等运行参数，进行水力和热力计算分析、各热力站及全网的能耗和失水量统计分析，同时进行相应的经济分析，用于指导运行人员进行合理的调节和处理，从而尽量降低运行费用，实施最优化经济运行。

系统能根据外温和供热的实际情况，预测供热负荷，使得供热量和需热量一致并达到系统整体的最经济运行。

系统能通过对采集上来的热网运行数据进行运算处理，经数据处理后能够给出全网所有电动调节阀的开度并进行全网平衡控制，能避免管网的水力振荡，保证系统的稳定、高效、节能运行。

全网平衡控制软件包含但不仅限于以下功能：

➢ 全网平衡功能；

➢ 控制效果的评价功能；

➢ 负荷预测功能；

➢ 效果排行功能；

➢ 控制方式选择功能。

3.9.6　打印功能

该系统能利用微软网络功能来灵活使用连接在网络上的打印机。系统支持利用驱动程序的任何打印机进行报警、事件、报告和屏幕拷贝打印。可以在打印时选择需要的打印机。事件、报警打印可以直接使用网络上连接的逐行打印机。

3.9.7　开放性

SCADA 系统支持开放的接口，支持开放标准的 OPC 协议，可以作为 OPC 服务器，也可作为 OPC 客户机。

SCADA 系统还支持标准的 ODBC 接口，可以和其他 MIS 系统或其他 SCADA 系统进行数据接口。

该系统的运行数据和分析结果可以导出为 EXCEL 等格式，以利于进一步编辑分析。

3.9.8 安全性

该系统支持最大到六级操作员级别，以允许从工程师、操作员、管理人员、普通人员对系统不同权限的操作。

工程师具有最高权限，能够进行组态、控制、操作、修改参数、画面浏览等工作。

操作员除组态外能进行所有的工作。

管理人员能够进行所有的监测、画面浏览等工作。

普通人员只能进行一般的数据监测和画面浏览，不能进行任何操作和修改。

3.9.9 数据备份功能

监控系统完成后，制作整个系统备份软件包，分别放置在每台计算机的硬盘和备份光盘中，以备系统崩溃后恢复用。

监控中心有专门的数据备份设备对数据进行定期备份，以防止数据灾难性的丢失。备份的数据能很容易地与第三方的数据进行交换。

第4章

供热系统仿真技术

4.1 热网仿真技术概述

供热系统是由热源、一次网、热力站、二次网、楼内供暖系统、热用户房间等环节构成的整体。供热系统的仿真是供热系统自动控制的一个重要组成部分，进行供热系统仿真不仅是制定科学的供热方案，分析供热系统的运行工况的需要，而且是实现自动控制系统设计和调试的需要，供热系统的仿真也为今后供热系统自动控制的进一步拓展和开发做了充分的准备工作。

4.2 供热系统仿真的数学模型

4.2.1 典型房间动力学仿真

1. 概述

在传统的供热运行管理方式下，热用户房间的热负荷及供热参数的确定是建立在房间静态热平衡基础上的。对于采用自动控制的供热系统，由于供热参数要随着气象条件的变化而不断地被调整，为了研究房间的供热品质与供热参数及气象条件变化之间关系，找出最佳的供热运行参数，就必须建立起典型房间的动力学模型，研究房间的动态热特性，克服和利用房间热惯性对供热运行调节的影响。

在确定供热参数时只用静态模型，使得热负荷变化频繁，调节动作频繁，系统稳定性较差。国内有人采用24h的室外温度平均值来确定供热参数，虽然这使得热负荷变化平缓了许多，但并没有真正实现按需供热，室内温度波动较大。因此，合理的供热参数应是在充分研究房间的动力学特性的基础上确定出来的。本章建立了典型房间的动力学仿真模型，为研究房间的动力学特性打下了基础。

2. 物理模型的简化

（1）标准房间与邻房不发生热交换；

（2）常物性；

（3）室内对流换热系数为常数，室外对流换热系数为风速的单值函数；

（4）冷风渗透、太阳辐射及其他因素作为房间内热源（冷源）考虑，且变化规律已知；

（5）室内温度分布均匀，室内空气的热惯性忽略；

（6）不考虑散热器的热惯性。

如图4-1所示，把围护结构的墙体分成 m 层，描述室外温度对室内温度的影响过程。

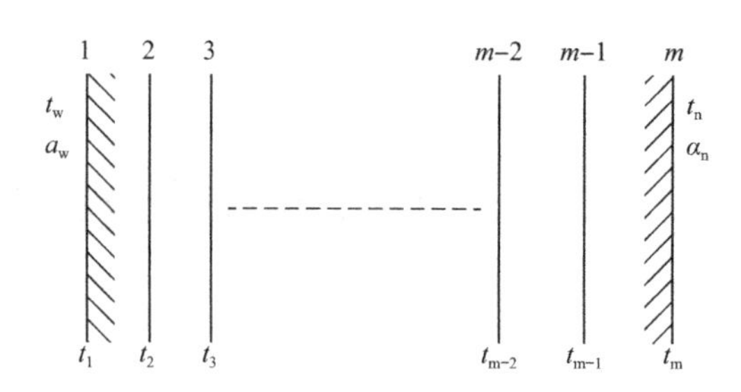

图 4-1 物理模型简图

3. 数学模型的建立

对典型房间的墙体列平衡方程，单元墙体的内热增加量＝单元墙体的吸收热量－单元墙体的放热量，根据上述关系式，将外墙分成 m 层，分别对每一层列离散后的热平衡方程如下：

当 $i=1$ 时：

$$\frac{1}{T}\frac{MC}{m-12}\frac{1}{2}[t_{\text{new}}(1)-t_{\text{old}}(1)]=\frac{(m-1)[t_{\text{new}}(2)-t_{\text{new}}(1)]}{r}-a_{\text{w}}[t_{\text{new}}(1)-t_{\text{wnew}}] \tag{4-1}$$

当 $i=2,m-1$ 时：

$$\frac{1}{T}\frac{MC}{m-1}[t_{\text{new}}(i)-t_{\text{old}}(i)]=\frac{(m-1)[t_{\text{new}}(i+1)+t_{\text{new}}(i-1)-2t_{\text{new}}(i)]}{r} \tag{4-2}$$

当 $i=m$ 时：

$$\frac{1}{T}\frac{MC}{m-1}\frac{1}{2}[t_{\text{new}}(m)-t_{\text{old}}(m)]=a_{\text{n}}[t_{\text{nnew}}-t_{\text{new}}(m)]-\frac{(m-1)[t_{\text{new}}(m)-t_{\text{new}}(m-1)]}{r} \tag{4-3}$$

式中 m——分层数；

M——质量，kg/m^2；

C——比热，J/（kg·℃）；

T——时间步长，s；

r——热阻，m^2·℃/W；

a_{w}——墙外对流换热系数，W/（m^2·℃）；

a_{n}——墙内对流换热系数，W/（m^2·℃）；

t_{nnew}、t_{wnew}——当前室内、外温度，℃；

$t_{\text{new}(i)}$——第 i 层墙体当前温度，℃；

$t_{\text{old}(i)}$——第 i 层墙体的上一时间步长的温度，℃。

补充方程：

$$z=\left[(t_{\text{nold}}-t_{\text{wold}})/\left(\frac{1}{a_{\text{n}}}+r+\frac{1}{a_{\text{w}}}\right)-q_{\text{qt}}\right]/(1+\beta_{\text{t}}-\beta_{\text{f}}) \tag{4-4}$$

$$y=z/[(t_{\text{g}}+t_{\text{h}})/2-t_{\text{nold}}]^{1+B} \tag{4-5}$$

$$x=z/(t_{\text{g}}-t_{\text{h}}) \tag{4-6}$$

式中　z——外墙总热负荷，W /m²；

y——散热器面积影响系数（实验数据）；

x——流量影响系数（实验数据），W /（m² · ℃）；

t_{nold}、t_{wold}——上一时间步长的室内、外温度,℃；

t_g、t_h——二次供、回水温度,℃；

B——散热器的散热指数；

q_{qt}——包括人、灯等的散热量，W/m²；

β_t——太阳热负荷占外墙总热负荷的百分数；

β_f——冷风渗透热负荷占外墙总热负荷的百分数。

4.2.2 单管串联供热系统运行调节仿真

1. 概述

单管顺序式供热系统在我国普遍存在，运行中经常发生垂直失调，原因是系统的水力失调所致。那么系统的水力失调对系统垂直热力失调的影响是什么呢？如何才能消除这种垂直失调呢？怎样确定这种系统的运行调节方案呢？虽然已有人对这些问题进行了研究，但大多是基于设计工况进行的分析，而实际的系统由于设计时的余量、施工中的误差等原因，已不能完全符合设计时的工况要求。因而这些研究仍停留在理论上，无法在实际运行中应用。本节给出了实际运行参数与设计参数之间的修正关系，可以在实际运行中应用。

2. 数学模型的建立

利用设计工况下的热量平衡关系列方程：

$$Q'_1 = q'v(t'_n - t'_w) \tag{4-7}$$

$$Q'_2 = AF\left[(t'_i + t'_{i+1})/2 - t'_n\right]^{1+B} \tag{4-8}$$

$$Q'_3 = 1.163\,G'(t'_{i+1} - t'_i) \tag{4-9}$$

式中　Q'_1——房间的设计耗热量，W；

Q'_2——散热器的设计散热量，W；

Q'_3——供热系统对房间的设计供热量，W；

q'——房间供暖体积概算设计热指标，W /（m³ · ℃）；

v——房间的外围体积，m³；

F——散热器的面积，m²；

A、B——与散热器有关的常数；

G'——供热系统的设计流量，t/h；

t'_n——房间设计温度,℃；

t'_w——室外设计温度,℃；

t'_i——第 i 层散热器的出口设计温度,℃；

t'_{i+1}——第 i 层散热器的入口设计温度,℃。

利用实际运行工况下的热量平衡关系列方程：

$$Q_1 = qv(t_{ni} - t_w) \tag{4-10}$$

$$Q_2 = AF\left[(t_i + t_{i+1})/2 - t_{ni}\right]^{1+B} \tag{4-11}$$

$$Q_3 = 1.163\,G(t_{i+1} - t_i) \tag{4-12}$$

式中 Q_1——房间的实际耗热量，W；

Q_2——散热器的实际散热量，W；

Q_3——供热系统对房间的实际供热量，W；

q——房间供暖体积概算实际热指标，W/（m^3 · ℃）；

G——供热系统的实际流量，t/h；

t_{ni}——第 i 层房间实际温度，℃；

t_w——室外实际温度，℃；

t_i——第 i 层散热器的出口实际温度，℃；

t_{i+1}——第 i 层散热器的入口实际温度，℃。

$n=q/q'$ （定义式）

$$n=\frac{(t_g+t_h-2t_n)^{1+B}(t'_n-t'_w)}{(t'_g+t'_h-2t'_n)^{1+B}(t_n-t_w)} \tag{4-13}$$

式中 n——热负荷修正系数；

t_g、t_h——实际供水、回水温度，℃；

t_w——实际室外温度，℃；

t_n——典型房间的实际室内温度，℃；

t'_g、t'_h——设计供水、回水温度，℃。

$\alpha=G/G'$ （定义式）

$$\alpha=\frac{(t_g+t_h-2t_n)^{1+B}(t'_g-t'_h)}{(t'_g+t'_h-2t'_n)^{1+B}(t_g-t_h)} \tag{4-14}$$

α——典型房间的水力失调度。

$$t'_{k+1}=t'_g \tag{4-15}$$

$$t_{k+1}=t_g \tag{4-16}$$

$$t'_i=t'_g-\frac{\sum\frac{k}{j=i}Q'_j}{\sum\frac{k}{m=1}Q'_m}(t'_g-t'_h) \tag{4-17}$$

第 k 层房间的热平衡方程为：

$$n\frac{t_{nk}-t_w}{t'_n-t'_w}=\alpha\frac{t_{k+1}-t_k}{t'_{k+1}-t'_k} \tag{4-18}$$

即

$$t_k=t_{k+1}-\frac{(t_{nk}-t_w)(t'_{k+1}-t'_k)}{\alpha(t'_n-t'_w)}n \tag{4-19}$$

又

$$n\frac{t_{nk}-t_w}{t'_n-t'_w}=\left(\frac{t_{k+1}+t_k-2t_{nk}}{t'_{k+1}+t'_k-2t'_n}\right)^{1+B} \tag{4-20}$$

最后推导出关于最高层房间的室内温度 t_{nk} 的超越方程：

$$n\frac{t_{nk}-t_w}{t'_n-t'_w}=\left(\frac{2t_{k+1}-\frac{(t_{nk}-t_w)(t'_{k+1}-t'_k)}{\alpha(t'_n-t'_w)}n-2t_{nk}}{t'_{k+1}+t'_k-2t'_n}\right)^{1+B} \tag{4-21}$$

4.2.3　换热站仿真分析

1. 概述

我国的供热技术近几年发展很快，人们在注意提高供热品质，改善生活环境的同时，更注重节约能源。供热系统的自动控制技术作为节约能源和改善供热品质的有效手段已被很多供热企业所采用，成为供热领域备受关注的热点技术问题。而在供热系统中，热力站是管理整个供热系统的核心环节，也是采用自控技术的环节。因此，作为控制和管理对象的热力站的静力学特性和动力学特性的研究是很有意义的。计算机仿真技术将为此项研究提供经济而有效的手段，可以通过计算机仿真，模拟热力站的各种运行工况，从而确定最佳运行方案，同时可以优化自控系统的设计及参数整定，为科学地管理热力站及整个供热系统提供有效的指导。

2. 物理模型的简化

- 板间流体的流动为一维稳态流动；
- 常物性；
- 厂家提供对流换热系数的可靠实验数据；
- 污垢系数可以在运行中实测出来；
- 各板间参数均匀一致。

如图 4-2 所示，沿着换热器流体的流动方向划分成 m 个微元，描述冷热流体的换热过程。

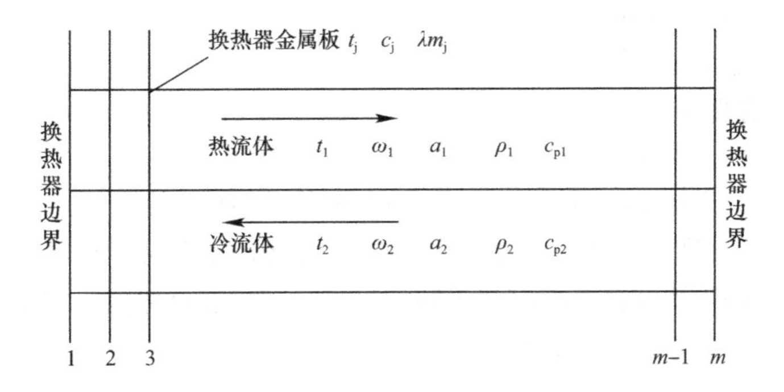

图 4-2　换热器物理模型

3. 数学模型的建立

$$F_1\rho_1 C_{P1}\left(\frac{\partial t_1}{\partial \tau}+\omega_1\frac{\partial t_1}{\partial z}\right)=-q_1 A/L \tag{4-22}$$

$$F_2\rho_2 C_{P2}\left(\frac{\partial t_2}{\partial \tau}+\omega_2\frac{\partial t_2}{\partial z}\right)=q_2 A/L \tag{4-23}$$

$$m_j C_j\frac{\partial t_j}{\partial \tau}=(q_1-q_2)A \tag{4-24}$$

$$q_1=\frac{t_1-t_j}{\frac{B}{2\lambda}+\frac{R_S}{2}+\frac{1}{a_1}} \tag{4-25}$$

$$q_2=\frac{t_j-t_2}{\frac{B}{2\lambda}+\frac{R_S}{2}+\frac{1}{a_2}} \tag{4-26}$$

式中 $\partial t/\partial\tau$——单位时间内的温度增量,℃/m;

$\partial t/\partial z$——单位换热片长度的温度增量,℃/m;

t_1、t_2、t_j——热流体、冷流体、金属的温度,℃;

q_1、q_2——热、冷流体放热量,W/m^2;

F_1、F_2——热、冷流体板间截面积,m^2;

ω_1、ω_2——热、冷流体板间流速,m/s;

A——单板面积,m^2;

B——板厚,m;

a_1、a_2——热、冷流体对流换热系数,W/(m^2·℃);

λ——金属热导率,W/(m·℃);

R_S——污垢系数,m^2·℃/W;

ρ_1、ρ_2——热、冷流体密度,kg/m^3;

C_{P1}、C_{P2}——热、冷流体定压比热,J/(kg·℃);

m_j——单个金属板的质量,kg;

C_j——金属比热,J/(kg·℃);

L——换热片的长度,m。

补充方程:

$\omega=G/(3600nF)$ (m/s)

式中 G——流体总流量,m^3/h;

n——流道数,个。

4.2.4 热网仿真分析

1. 概述

流体网络仿真是供热系统仿真的重要环节。流体网络仿真的研究已经很普遍,而且流体网络仿真的应用也很广,流体网络仿真涉及有关流体网络研究课题的不同侧面。本书所研究的问题和采用的方法与已有的研究不同,将进一步扩展流体网络的应用范围,为解决流体网络问题开辟一条新的解题思路。

2. 物理模型的简化

将供热管网抽象成图 4-3 所示网络拓扑结构图,其中的每一个节点按照图 4-3 所示表格填写节点属性,每两个相邻节点构成一条管线。

注意:

➢ 每一个节点的父节点唯一,且每一个节点与其父节点可以唯一地代表两条管段(包括一条供水管段和一条回水管段);

➢ 每一个节点有且仅有一条路径可以寻找到其根节点;

➢ “节点类型”为 0 则代表分支;“节点类型”为 1 则代表热源;“节点类型”为 2 则代表热力站;

➢ “是否自控”为 1 则代表自控;“是否自控”为 2 则代表不自控。

3. 数学模型的建立:

$$\Delta H_i = S_i G_i^2 \tag{4-27}$$

$$\sum G_j = 0$$

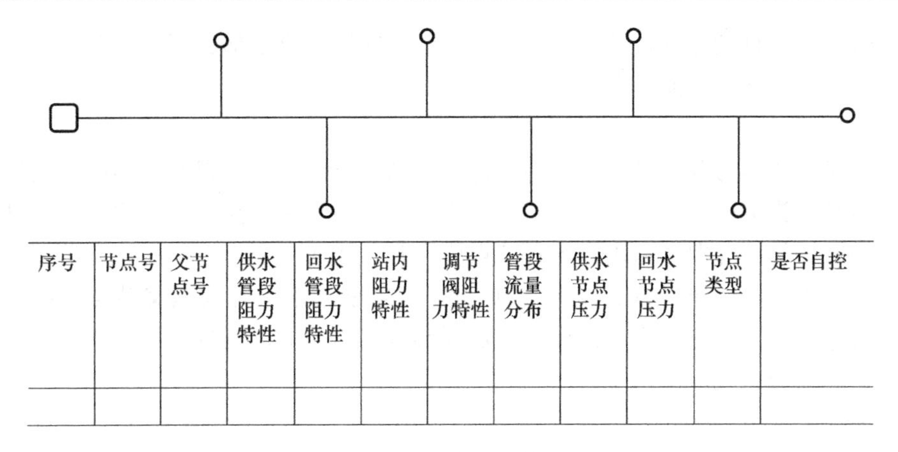

序号	节点号	父节点号	供水管段阻力特性	回水管段阻力特性	站内阻力特性	调节阀阻力特性	管段流量分布	供水节点压力	回水节点压力	节点类型	是否自控

图 4-3　流体网络简图

式中　ΔH_i——第 i 个管段的压降，Pa；

S_i——第 i 个管段的阻力特性系数，Pa/（m^3 · h）^{2}；

G_i——第 i 个管段的流量，m^3/h；

G_j——与某一节点相联的第 j 个管段的流量，m^3/h，流入该节点的流量取正，流出该节点的流量取负。

4. 仿真计算步骤

（1）给定各热力站的流量分布；

（2）计算各管段的流量分布（见流量计算步骤）；

（3）计算各管段压降；

（4）以根节点的回水压力为参考点压力，由泵的外特性确定泵的扬程，进而确定根节点的供水压力；

（5）算各节点的压力分布（见压力计算步骤）；

（6）以各热力站节点的父节点的供回水压差为资用压差，以该热力站支线管段的供/回水阻力特性系数及热力站内阻力特性系数之和为该环路的总阻力特性系数，由下式分别计算出各热力站的流量分布：

$$G_i = \sqrt{\Delta H_i / S_i}$$

（7）如果该热力站为自控站，则当由步骤（6）计算出的 G_i 满足条件：$G_i > G_{iR}$（G_{iR} 为满足自控要求时的流量）时，取 $G_i = G_{iR}$，并由式 $S_{iR} = \Delta H_i$ / G_{i2} 计算该环路自控作用后的总阻力 S_{iR}，则 $\Delta S_i = S_{iR} - S_i$ 为自控时调节阀的阻力特性系数；

（8）计算各热力站的站内剩余压差 ΔH_{2hi}，当 max｜ΔH_{2hi}｜$\leqslant$0.001Pa 时，满足要求，否则返回到步骤（2）。

注：计算自控热力站内剩余压差时应减去 $\Delta S_i \cdot G_{iR2}$。

5. 流量计算步骤

已知各热力站的流量，计算全网的流量分布。人们会发现根节点（热源）为源，各叶节点（热力站）为汇。每个叶节点的流量均来自根节点，那么连接于每个叶节点与根节点之间的所有管路均含有该叶节点的流量。根据这一推理思维，可构造算法为：从每一个叶节点出发，分别逐次沿着其父节点的方向搜索，每搜索到一个管路就将该叶节点的流量加到这个管路上，直到寻到根节点。当所有叶节点均把其流量加到了与根节点相连的所有管路上之后，整个网络的流量分布就求出来了。

6. 压力计算步骤

已知参考点的压力及各管路的压降，计算全网的压力分布。根节点为泵和热源所在的节点，常常被定为定压点或参考点，其压力为已知。各管路的流量求出之后，若其结构尺寸已知，各管路的压降即可求出。求各节点压力时，任何一个节点的压力均等于参考点压力加上该点对参考点的压降（或压升）。因此，只需从待求节点向其父节点方向搜索，每寻到一个管路就将该管的压降（或压升）加到参考点压力上，直到寻找到根节点为止，这样各节点的压力分布就求出来了。

7. 总结

上述求解流体网络的方法充分发挥人的逻辑思维能力及推理能力的优势，利用计算机快速运算的功能，实现人机功能完美组合，因此该算法功能强大，比传统的求解流体网络算法更简单、高效。这种方法也可以用于求解其他枝状流体网络问题，如管网管径的确定、系统的扩供等问题。

第 5 章

分布式变频泵技术

5.1 分布式变频泵技术的优势与适用场景

供热系统中各个热力站之间需要进行平衡调控，常规做法是用调节阀进行调控。随着变频调控技术的成熟和变频器价格的降低，变频泵作为调控手段变为可行，这就为热网的调控提供了更多的手段。调节阀是增加阻力，而变频泵是减少阻力，这样就可以灵活设计热网的调控方案。现在水泵的可靠性大幅度提高，变频器的性价比也很高，控制技术、通信技术更加成熟，变频泵技术的应用非常广泛、成熟。

变频泵和电动调节阀一样，可以分布式部署在热网的各个环路，一般部署在热力站。在需要增加阻力时选用合适口径的电动调节阀，而需要减少阻力时可以选用变频泵。这样的热网调控手段就非常灵活了，有了变频泵技术就可以解决局部阻力过大而导致的不热的问题，原来一味地用阀门增加阻力的手段并不能解决的问题用变频泵就迎刃而解了。

因此分布式变频泵技术的应用场景就是集中供热系统的局部不热的热力站，还有就是锅炉房供热系统中全部热力站采用分布式变频泵进行调控。尤其是对于锅炉房供热系统应用分布式变频泵技术更为合适。

5.1.1 锅炉房停电安全

锅炉房停电是非常危险的事情，处理不及时或不当操作会引发水击造成恶性事故。而采用分布式变频泵技术就可以避免，原因是锅炉房停电时，热网的分布式变频泵仍能维持锅炉内的水循环而避免水击问题。

5.1.2 节约循环电耗

分布式变频泵系统可以消除阀门的节流损失，能够节约 30%～50%的热网循环电耗。例如原系统的热网阻力为 30mH_2O，分 3 个环路，每个环路流量为 100t/h，总流量为 300t/h，循环泵的电耗为 30×300/循环泵效率。而分布式变频泵系统的理想状态的循环电耗为 30×100/效率1＋15×100/效率2＋0×100/效率 3。因此，最理想情况下分布式变频泵系统的节电率为 50%。由于分布式变频泵的效率会低于热网循环，再加上最近端的分布式变频泵的扬程不会为 0，因此分布式变频泵的实际节电率会低于 50%，一般不会低于 30%。

5.1.3 调节性好

分布式变频泵可以实现按需取用的调控理念，原来的阀门调节系统为了解决末端的不热问题需要把前端所有分支的阀门都关小，这样的调控难度很大。而分布式变频泵系统可以局部只提高不热分支的泵的频率，调控简单，可以做到哪里不热调哪里。

5.1.4 输送能力强

分布式变频泵可以减少所在分支的阻力，可以降低整体热网的阻力，可以增大总流量，可以局部解决热网的“卡脖子”环路的问题。原来系统为了解决局部的不热环路，需要关小其他环路的阀门，整体流量减小，而分布式变频泵能够局部加大不热环路的流量，因此分布式变频泵能提高热网的整体输送能力。

5.2 集中供热系统末端设置分布式变频泵

1. 工艺原理

集中供热系统末端设置分布式变频泵工艺原理如图 5-1 所示。

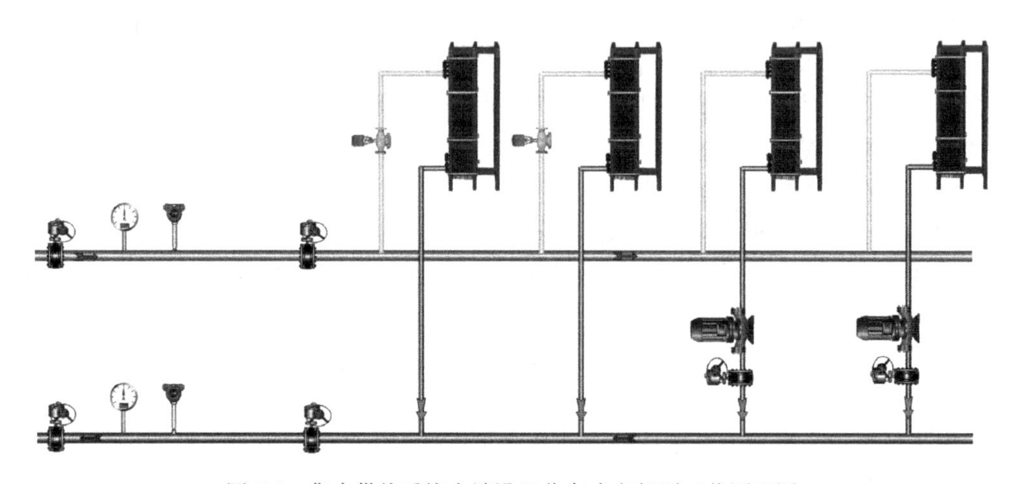

图 5-1 集中供热系统末端设置分布式变频泵工艺原理图

2. 方案描述和应用场景

集中供热系统中，末端热力站或者某些管径细、管线长的热力站，或者存在各种问题隐患的热力站，供热效果不好。需要用增压泵改善供热效果，就形成阀门控制与增压泵控制混合应用的场景。在变频器和自控系统技术不成熟时，这种方案的调控很难，水力平衡很难实现。现在变频器技术非常成熟，性价比也很高，自控技术也非常成熟，这种方案完全可以实现全网自动平衡控制，可靠性也很高。

3. 分布式变频泵的选型与控制

这种方式的分布式变频泵只是用于局部改善个别分支的水力工况，分布式变频泵的额定流量按照 20%余量选取即可，分布的额定扬程需要进行水力计算确定：

$$H = DH_{支} + 5 \sim 10$$

式中 H——分布式变频泵扬程；

$DH_{支}$——分布式变频泵所在支线的阻力损失。

分布式变频泵的控制与其他电动调节阀支路的控制一样，分布式变频泵是减小支路阻力的部件，而电动调节阀是增加支路的阻力。分布式变频泵运行时需要监控分布式变频泵运行是否正常，比如分泵运行频率很高（大于 48Hz）仍然供热效果不好就是一种故障状态，有可能是分布式变频泵入口发生气堵。

5.3　锅炉循环泵+近端热力站阀门控制+远端热力站分布式变频泵

1. 工艺原理

锅炉循环泵+近端热力站阀门控制+远端热力站分布式变频泵工艺原理如图5-2所示。

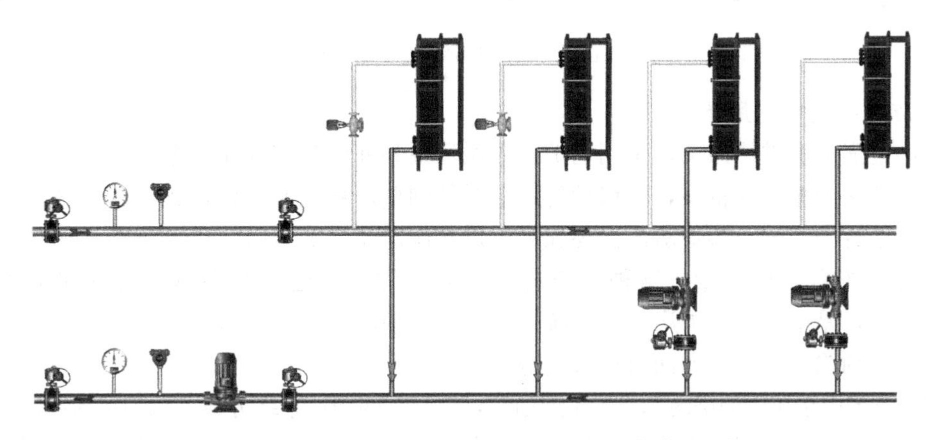

图5-2　锅炉循环泵+近端热力站阀门控制+远端热力站分布式变频泵工艺原理图

2. 方案描述和应用场景

大型锅炉房供热系统会和热电联产集中供热系统一样存在末端热力站不热，或者其他原因引起的热力站不热的问题，如果单纯用阀门调节会导致整体流量不足的问题，而且调节难度很大。采用局部不热的热力站分布式变频泵的方案，能够提高热网整体输配能力，改善供热效果。目前的技术水平完全可以实现全网泵阀联合平衡调控，通过全网平衡控制算法实现水力和热力工况平衡。

该方案与“集中供热系统末端设置分布式变频泵”的方案基本是一样的，区别就在于锅炉循环泵的电耗是供热企业承担的，而且锅炉的额定运行流量是有要求的。锅炉循环泵的运行始终要保持锅炉循环水量达到锅炉的额定循环水量，而热力站的电动调节阀和分布式变频泵的控制需要始终保持均匀分配总流量的状态。随着锅炉投运台数和吨位的变化，调整锅炉循环泵的运行工况，热力站的电动调节阀和分布式变频泵只负责水量的均匀分配。

5.4　锅炉循环泵+热力站分布式变频泵

1. 工艺原理

锅炉循环泵+热力站分布式变频泵工作原理如图5-3所示。

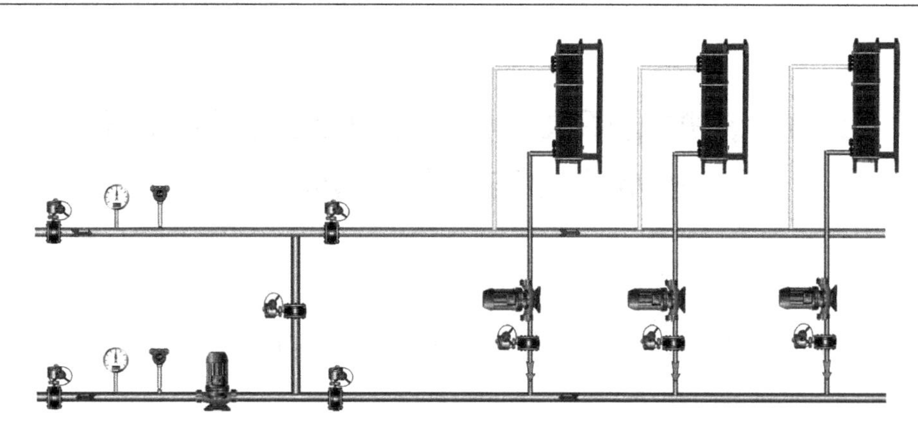

图 5-3 锅炉循环泵+热力站分布式变频泵工艺原理图

2. 方案描述和应用场景

中小型锅炉房供热系统，采用锅炉房内循环泵和外网分布式循环泵双循环系统，有利于实现锅炉房内循环的备用，在锅炉房停电时外网循环系统能够保证锅炉的循环流量，保证锅炉房运行的安全。锅炉房内循环保证锅炉在额定流量下运行，外网分布式循环泵保证各个热力站按需分配流量。这种分布式变频泵的方案，还能够整体节约输配系统电耗30%～50%，是中小型锅炉房供热系统普遍采用的输配方式，在锅炉房运行安全、热网平衡调节、节约输配电耗等方面有很大优势。

这种方案由于在锅炉房内部设置了连通管，把一次网循环系统分成了锅炉房内部循环系统和一次网循环系统 2 个独立的循环系统。锅炉房内部循环系统负责保证锅炉的额定水量，一次网循环系统全部由各个热力站的分布式变频泵实现，一次网循环水量不受锅炉额定水量的限制。

3. 选型设计

➢ 锅炉内部循环泵可以继续使用原有循环泵降低频率运行，如果有备用泵方案可以保留原有备用泵，然后重新选择运行泵的型号，循环泵的额定流量与原泵相同，循环泵的额定扬程按照锅炉的阻力选取。

➢ 分布式变频泵的额定流量按照（建筑面积+实际供热面积)/2 预留 20%的余量确定，这样可以保证分布式变频泵选型不至于过大，也不至于频繁更换型号。

➢ 分布式变频泵的扬程按照水力计算选取：

$$H=(\Delta H_{总}-\Delta H_{支})+5\sim10 \tag{5-1}$$

式中 H——分布式变频泵扬程；

$\Delta H_{总}$——管网总供回水压差；

$\Delta H_{支}$——分布式变频泵所在支线的富余供回水压差。

➢ 分布式变频泵的扬程按照简易方法选取：

$$H=\Delta P\cdot L+5\sim10 \tag{5-2}$$

式中 H——分布式变频泵扬程；

ΔP——比摩阻，由总供回水压差/总供热长度计算得来；

L——分布式变频泵所在热力站距离锅炉房的距离。

4. 运行调控

锅炉房内循环泵按照锅炉投运的台数和吨位确定的额定流量调控，锅炉的供水温度始终维持高温运行，比如始终保持 95℃运行。分布式变频泵控制各个热力站的二次供回水平均温度。这种方式运行时，热力站的分布式变频泵运行频率较小，节约电能。同时，由于外网的流量小于锅炉房内的流量，会有一部分供水通过连通管与回水混合后进入锅炉，这样会提高锅炉的进口温度，有利于提高锅炉的运行效率。

当外网供水温度低于锅炉房总出口温度时，说明锅炉出口温度不够了，需要提高锅炉出口温度设定值，但不能高于锅炉运行和热网运行的安全值。

5.5　连通管循环泵＋热力站分布式变频泵

1. 工艺原理

连通管循环泵＋热力站分布式变频泵工艺原理如图 5-4 所示。

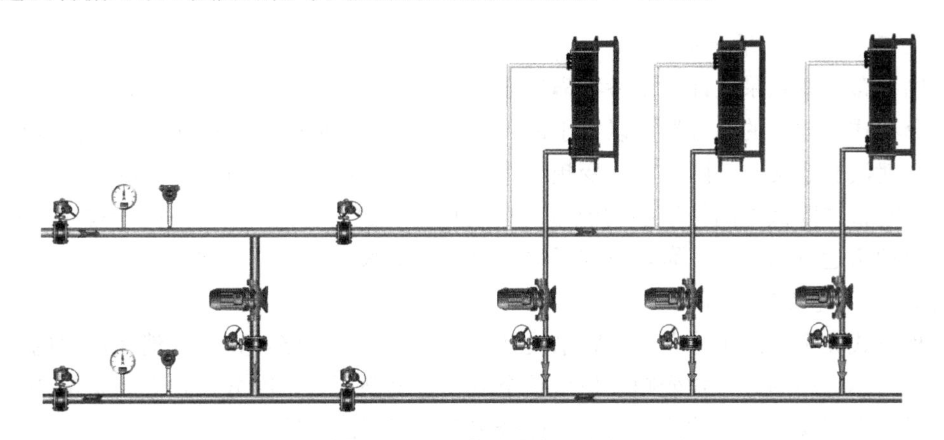

图 5-4　连通管循环泵＋热力站分布式变频泵工艺原理图

2. 方案描述和应用场景

中小型锅炉房供热系统，首选分布式变频泵输配方案。考虑到锅炉房内循环泵的存在意义就是为了保证锅炉达到额定流量运行，可以在供回水连通管上设置混水泵。当外网循环流量小于锅炉额定流量时，调节混水泵增加锅炉循环水量；当外网循环流量大于锅炉额定流量时，整体降低外网分布式变频泵的流量。这样可以避免供回水连通管内存在寄生循环流量，这部分寄生流量是锅炉内循环与外网循环之间的不匹配产生的，会造成一定的电能消耗，不利于节电。

这种方式与“锅炉循环泵＋热力站分布式变频泵”基本一致，不同之处在于该方案取消了锅炉内部的循环泵，为了防止外网运行时流量小于锅炉的额定流量，通过旁通管设置混水泵补充流量。这种旁通管混水泵控制锅炉额定流量的方式比锅炉房内循环泵的方式要更节电。

5.6　连通管阀门控制＋热力站分布式变频泵

1. 工艺原理

连通管阀门控制＋热力站分布式变频泵工艺原理如图 5-5 所示。

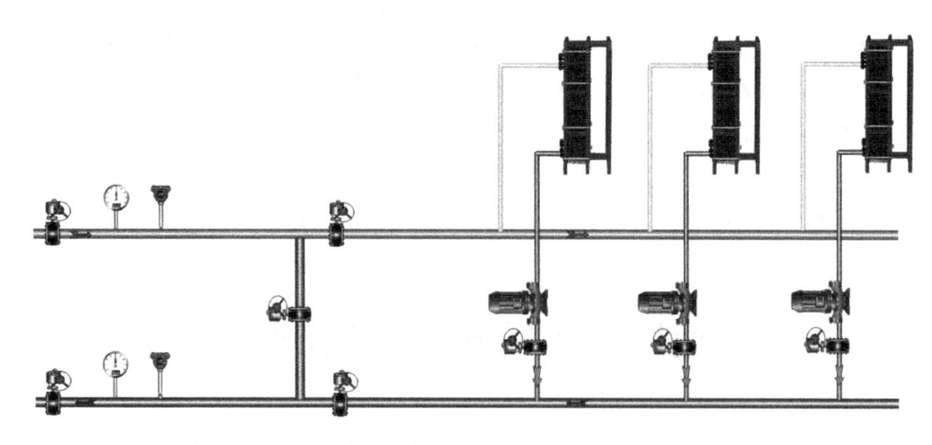

图 5-5　连通管阀门控制＋热力站分布式变频泵工艺原理图

2. 方案描述和应用场景

外网分布式变频泵设计流量参考锅炉额定流量设计，考虑到一定的设计余量，运行时外网的分布式变频泵的总流量可以大于锅炉的额定流量。此时锅炉内循环泵和连通管混水泵的存在就没有意义，外网分布式变频泵按照锅炉的额定流量运行，当外网流量大于锅炉额定流量时整体降低外网循环泵的流量，反之增加。这种方式完全取消了锅炉内循环泵，保证了锅炉房运行的安全可靠，节省了锅炉房内大型水泵的投资（包括水泵、变频器、配电系统等），节电效果更好。

这种方式完全突破了分布式变频泵设计和传统设计的思路，直接取消锅炉房内部循环泵，直接由热力站的分布式变频泵担负整个供热系统循环。外网分布式变频泵保持锅炉的额定流量，同时保持流量的均匀分配，适合定流量运行的系统。

3. 分布式变频泵设计

➢ 分布式变频泵的额定流量按照（建筑面积＋实际供热面积）/2 预留 20%的余量确定，这样可以保证分布式变频泵选型不至于过大，也不至于频繁更换型号。

➢ 分布式变频泵的扬程按照水力计算选取：

$$H = \Delta H_{锅} + (\Delta H_{总} - \Delta H_{支}) + 5 \sim 10 \tag{5-3}$$

式中　H——分布式变频泵扬程；

$\Delta H_{锅}$——锅炉房内部阻力；

$\Delta H_{总}$——管网总供回水压差；

$\Delta H_{支}$——分布式变频泵所在支线的富余供回水压差。

➢ 分布式变频泵的扬程按照简易方法选取：

$$H = \Delta H_{锅} \ \Delta P \cdot L + 5 \sim 10 \tag{5-4}$$

式中　H——分布式变频泵扬程；

$\Delta H_{锅}$——锅炉房内部阻力；

ΔP——比摩阻，由总供回水压差/总供热长度计算得来；

L——分布式变频泵所在热力站距离锅炉房的距离。

4. 运行调控

1）分布式变频泵的控制就是负责把锅炉的额定水量均匀分配，按照如下方法控制：

$$G=(G_{总}/A_{总}+\Delta g)\cdot A \tag{5-5}$$

式中　G——分布式变频泵控制流量的设定值；

$G_{总}$——锅炉总的额定流量；

$A_{总}$——供热系统的总供热面积；

Δg——分布式变频泵流量设定值的修正值；

A——分布式变频泵的供热面积。

2）锅炉的燃烧控制仍然保持锅炉出口高温运行。

3）热力站二次侧需要通过换热器旁通阀或者热力站内循环泵实现气候补偿和节能时钟控制。

第6章

二级循环泵技术

6.1 二级循环泵原理

现在的供热系统规模很大，一次网供热面积几百万平方米、几千万平方米、甚至几亿平方米，如此庞大的一次网在一次侧进行热量调控会引起一次网水力工况的波动，一次网流量、压力的波动会影响一次网的安全。而热负荷的及时调节有利于节能，因此考虑在二次侧进行热量的调控，控制进入板式换热器的流量，调节换热量。可以用换热器旁通阀调节，可以用循环泵变频调节。用循环泵调节时受到热网循环水量的限制，因此需要设置二级循环泵的方案，二级循环泵的目的是把二次网的循环系统分成站内循环和二次网循环，站内循环保证换热量的调控，二次网循环保证用户循环流量。对于有分集水器的情况，每路分支设置单独的循环泵，便于各个分支循环水量的单独控制（见图6-1）。

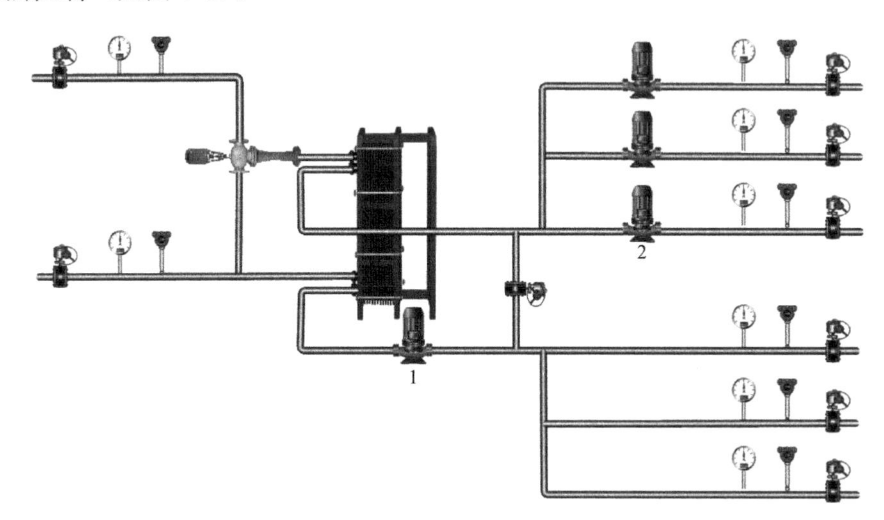

图6-1 二级循环泵及站内分布泵原理图

1—站内循环泵；2—二次网循环泵

6.2 二级循环泵的优点分析

采用二级循环泵方案时，热力站内可以采用小流量大温差的运行参数，站内循环泵不受外网循环流量的限制，可以无限制地进行调节，便于二次网热量的调节，在不改变一次网流量分配的情况下可以自由地调节供热量，可以实时随着室外温度进行气候补偿控制和节能时钟控制。能够最大限度地实现节能控制，同时节约循环泵的电耗。

外网循环泵不需要提供站内循环的动力，只需要提供二次网需要的动力，再根据天气变化实现二次网循环水量的气候补偿控制，有利于节约循环泵的电耗。

因此，二级循环泵的方案能够克服一次网的调节热负荷的局限，把热量的调节与二次网循环水量的调节分开，形成一次网平衡调节实现全网平衡控制、站内循环泵实现热量调节的气候补偿控制和节能时钟控制、二次网循环泵实现二次流量的气候补偿控制的各自独立控制环路。把原来多目标纠缠在一起的受限制的控制环路变为单一目标的独立的多个控制环路，最大限度地实现节能控制与安全控制。

对于热力站内二次网有多路分支的系统，外网循环泵设置在每路分支上，这样就消除了热力站内分水器上各个环路的节流损失，节约循环泵电耗。有利于热力站内分水器上各个环路的平衡调节，可以做到哪里不热调哪里。尤其是各个分支阻力差别大的地方，这种循环方式的节能效果和平衡效果更好。

6.3　二级循环泵的设计

6.3.1　站内循环泵设计

1. 站内循环泵流量的确定

➢ 对于改造的老系统，可以按照实际运行二次流量实测值确定，或者是按照经验的流量指标乘以建筑面积确定。

➢ 对于新建系统，需要按照设计热负荷和设计供回水温度计算流量，然后再按照经验的流量指标乘以建筑面积校核。

2. 站内循环泵扬程的确定

➢ 对于改造的老系统，可以测量实际运行时的循环泵出口压力与二次网供水压力，循环泵扬程就是循环泵出口压力与二次网供水压力的差值。

➢ 对于新建系统，需要计算板式换热器阻力、站内管路附件的阻力，计算完之后最好与相近的其他已经运行的系统的实际运行参数比对校核一下，再确定循环泵的扬程。

6.3.2　外网循环泵设计

1. 外网循环泵流量的确定

➢ 对于改造的老系统，可以按照实际运行二次流量实测值确定，或者按照经验的流量指标乘以建筑面积确定。

➢ 对于新建系统，需要按照设计热负荷和设计供回水温度计算流量，然后再按照经验的流量指标乘以建筑面积校核。

2. 外网循环泵扬程的确定

➢ 对于改造的老系统，可以测量实际运行时的二次网供水压力和二次网回水压力，外网循环泵扬程就是二次网供水压力和二次网回水压力的差值再加 5～10m。

➢ 对于新建系统，需要计算二次网的阻力，计算完之后最好与相近的其他已经运行的系统的实际运行参数比对校核一下，再确定外网循环泵的扬程。

6.3.3 站内分布泵设计

1. 站内分布泵流量的确定

➢ 对于改造的老系统，可以按照实际运行各个支路的二次流量实测值确定，或者是按照经验的流量指标乘以建筑面积确定各个支路的循环流量，每个支路设置一台循环泵。

➢ 对于新建系统，需要按照设计热负荷和设计供回水温度计算各个支路的流量，然后再按照经验的流量指标乘以建筑面积校核，每个支路设置一台循环泵。

2. 站内分布泵扬程的确定

➢ 对于改造的老系统，可以测量实际运行时的二次供回水压差，每个支路的循环泵扬程为实测的二次供回水压差再加5～10m。

➢ 对于新建系统，计算每个支路的供回水阻力，按照各个支路的供回水阻力分别再加5～10m选取各个支路的分布泵的扬程。

6.4 二级循环泵的控制

6.4.1 站内循环泵控制

根据二次供回水温度的平均值与设定值的偏差控制站内循环泵的频率。当实际的二次供回水平均温度高于设定值时，减小站内循环泵频率，反之增加频率。

控制周期为2min，每间隔2min计算一次频率控制值，实现一次站内循环泵频率控制。设置死区，当实际供回水温度平均值与设定值的偏差的绝对值小于0.5℃时不执行控制，这样防止循环泵频率频繁变动。设置饱和，当循环泵每次动作频率大于5Hz时按照5Hz动作，这样防止循环泵频率大幅度变动。

6.4.2 外网循环泵控制

外网循环泵的频率按照室外温度的变化和节能时钟的变化控制，室外温度可以是监控中心下发的调度外温，也可以是实测的本热力站的室外温度经过平滑处理之后的综合处理后外温，节能时钟改变的是室外温度值。

$$F = F_0 \cdot [A - B \cdot (T_w + JNSZ)] \tag{6-1}$$

式中 F——循环泵频率控制值；

F_0——零度外温循环泵频率控制值；

A——循环泵控制曲线截距；

B——循环泵控制曲线斜率；

T_w——室外温度；

$JNSZ$——室外温度的节能时钟修正。

6.4.3 站内分布泵控制

站内分布泵相当于每个支路有各自独立的外网循环泵，各自独立控制互不干扰。站内分布泵安装于各支路供水管道上，各个支路的回水压力一致，各个支路外网循环泵进口压力也一致，各个支路的外网循环泵的出口压力或者叫做各个支路供水压力可以不一致，依据各自的实际支路阻力及用户的水力失调情况而定。

$$F_i = F_{0i} \cdot [A_i - B_i \cdot (T_w + JNSZ)] \tag{6-2}$$

式中　F_i——第 i 支路循环泵频率控制值；

F_{0i}——第 i 支路零度外温循环泵频率控制值；

A_i——第 i 支路循环泵控制曲线截距；

B_i——第 i 支路循环泵控制曲线斜率；

T_w——室外温度；

$JNSZ$——室外温度的节能时钟修正。

第7章

喷射泵输配技术

7.1 喷射泵的产品介绍

喷射泵技术并不是新技术，有着近百年的历史。在供热系统中的应用也有几十年的历史，但是时至今日在供热领域的应用并不广泛。笔者深入研究之后发现，喷射泵技术还是比较复杂的：

➢ 在结构设计方面，内部流道结构复杂，相关联的结构尺寸较多，是多变量寻优的问题，需要进行大量的实验，以获取大量的数据进行结构优化；

➢ 在加工制造方面，加工工艺多，尺寸精度要求高；

➢ 喷射泵的数学模型比较复杂，不同产品结构的数学模型不同。必须基于大量的实验数据才能构建精准的数学模型，而且产品的结构尺寸必须能够严格把控；

➢ 喷射泵的选型设计要求提供系统的整体方案，不像阀门选型那样简单。

7.1.1 喷射泵发展历程

下面简要介绍一下喷射泵发展的几个关键节点，以供参考。

（1）瑞士数学家和物理学家丹尼尔·伯努利在1726年提出伯努利原理，表述为：$P+1/2\rho v^2+\rho gh=C$，这个式子被称为伯努利方程。

（2）意大利物理学家文丘里发现了文丘里效应：受限流动在通过缩小的过流断面时，流体出现流速增大的现象，其流速与过流面积成反比。而由伯努利定律可知，流速的增大伴随流体压力的降低，即常见的文丘里现象。通俗地讲，这种效应是指在高速流动的流体附近会产生低压，从而产生吸附作用。

（3）1931～1940年期间，苏联多家研究机构进行了大量的研究工作，整理了喷射泵的计算方法，创造了一些足够完善的喷射泵的结构。

（4）1960年索柯洛夫的《喷射器》一书出版。

（5）1970年德国的可调式喷射泵投入市场。

（6）1988年安英华、陈希博等翻译了索柯洛夫著的《热化与热力网》一书中对喷射泵在供热系统中的应用有详细的论述。

（7）在苏联技术资料的基础上，许多国内专家也进行了大量的研究工作，包括尊敬的石兆玉老师。

（8）2009年德国喷射泵产品进入中国市场。

（9）2016年笔者参考了前人的大量的技术资料，在我们的工厂里做了大量的实验，潜心钻研了1年时间，开发了调节型喷射泵产品，整理了大量的实验数据，构建了自己的数学模型，编制了自己的选型软件，申请了专利。

（10）2017年我们推广了100余万平方米，包括黑龙江、吉林、辽宁、北京、河北、河南等地均有试点，对产品结构进行升级改进。

（11）2018 年我们推广了 400 余万平方米，积累了丰富的选型经验，总结了许多选型经验，对选型软件进行了不断的改进，持续研发的新的产品。

（12）2019 年至今，我们继续把喷射泵技术分享给更多的人，为我国的供热事业添砖加瓦。

7.1.2　喷射泵的分类

1. 按照喷射泵的应用场景分

➢ 热力站用（*DN* 65～*DN* 250）；

➢ 楼前应用（*DN* 32～*DN* 80）；

➢ 单元入口应用（*DN* 25～*DN* 50）；

➢ 楼层应用（*DN* 25～*DN* 32）；

➢ 用户应用（*DN* 25）。

2. 按照调节方式分

➢ 固定型，喷射泵本身不能调节，需要实现确定好使用工况进行精细化设计；

➢ 手动调节型，配置手动调节装置，能够从 0～100%之间调节喷射流量；

➢ 电动调节型，配置电动调节装置，能够从 0～100%之间调节喷射流量。

3. 按照喷射泵的特性曲线分

➢ 平缓型，喷嘴尺寸小、喉管尺寸大，这样结构的喷射泵的特性曲线（横坐标是混水比，纵坐标是压降比）是平缓型的，适合应用于喷射泵后系统阻力小、设计混水比大的场景；

➢ 陡峭型，喷嘴尺寸大、喉管尺寸小，这样结构的喷射泵的特性曲线（横坐标是混水比，纵坐标是压降比）是陡峭型的，适合应用于喷射泵后系统阻力大、设计混水比小的场景。

4. 按照喷射泵规格分

➢ 标准型；

➢ 扩大型，在标准型的外形尺寸不变的条件下，喷嘴尺寸和喉管尺寸均扩大一个规格。

7.2　喷射泵结构及原理

7.2.1　喷射泵结构介绍

如图 7-1 所示，喷射泵包括调节机构、混合室、喷嘴、混流管、扩散管、测压孔等。调节装置与喷嘴相互配合改变喷嘴流通截面积，决定了喷射泵的喷射流量的大小。混合室的结构是将喷射流体与引射流体混合。混流管内喷射流体与引射流体充分混合。扩散管内截面积逐渐扩大，流速降低、静压升高。

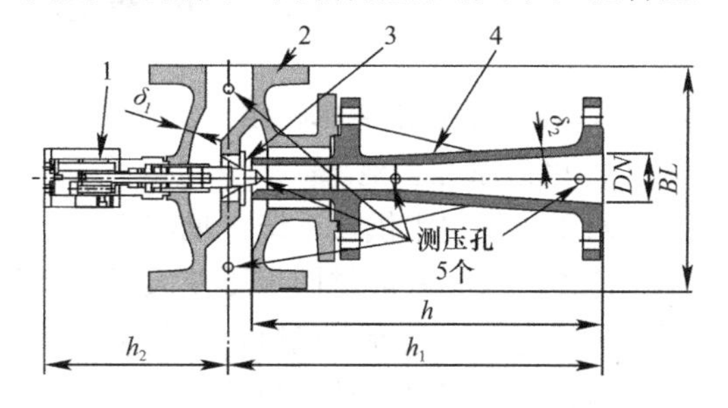

图 7-1　喷射泵结构

1—调节机构；2—混合室；3—喷嘴；4—混流管及扩散管

7.2.2　喷射泵原理

如图 7-2 所示。调节针⑤的移动改变喷嘴①的截面积，将静压转化成动压，在混合喷嘴②处产生低压区，形成对周围流体的吸力，两股流体在喉管③处充分混合后进入扩

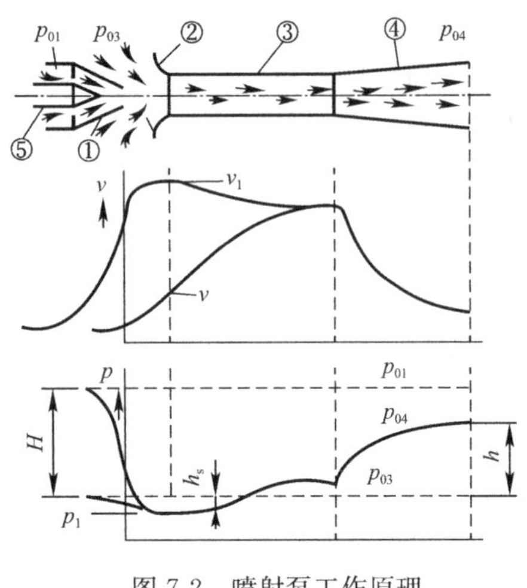

图 7-2　喷射泵工作原理

散管④，随着扩散管截面积的不断扩大，流速逐渐降低，动压转化成静压，压力不断提升，对混合后的流体产生推动力。

7.2.3　喷射泵系统原理

喷射泵的供水接口端连接供水管道的关断阀门的上游侧，回水接口端连接回水管，出水接口端连接供水管道的关断阀门的下游侧。喷射泵系统运行时，供水管与喷射泵并联的关断阀门关闭，连通管阀门打开，管网供水进入喷射泵，从喷嘴喷射而出，产生强大的射流，对回水有强大的抽吸作用，把部分回水抽吸进入混合室，两股流体在混流管内混合成一股流体，再进入扩散管降速升压后流出，此时喷射泵出口压力升高，与回水压力形成压差驱动混合流体在建筑内供热系统中循环。

因此，喷射泵安装于楼栋入口处，能够抽吸部分回水产生混水的效果，实现楼内供热系统大流量循环，管网和热力站系统小流量循环。而这种混水方式与电泵不同，不需要额外接电源，动力来源于热力站的循环泵。图 7-3 为喷射泵系统原理示意图。

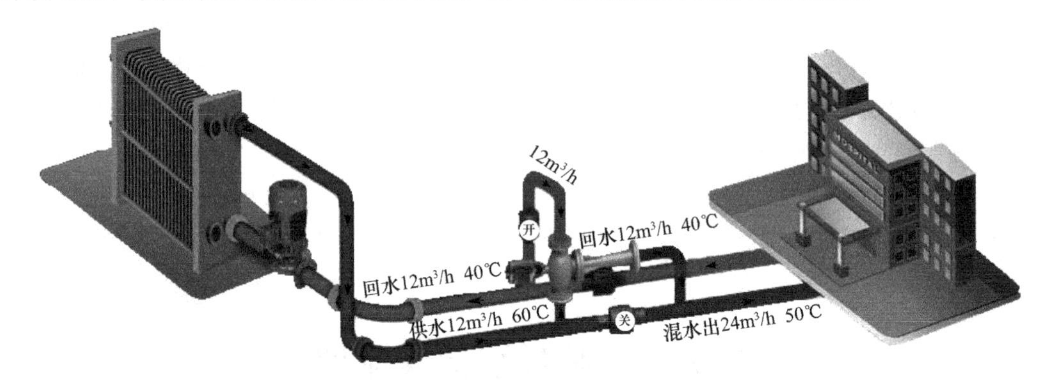

图 7-3　喷射泵系统原理示意图

7.3　喷射泵混水系统应用技术

7.3.1　喷射泵混水机组

1. 喷射泵直供混水

对于直供混水供热系统（见图 7-4），设计混水比为 1 左右，距离热源近端的分支，供回水压差较大，一般供回水压差大于 25mH_2O、供热面积小于 2 万 m^2 的，就可以考虑采用这种喷射泵直供混水机组，安装于混水站内，配置自控系统。这种喷射泵混水机组只需要给自控系统提供电源，简单可靠，占地面积小，电能消耗低。

2. 喷射泵供水增压混水

对于直供混水供热系统（见图 7-5），设计混水比为 1 左右，距离热源中部的分支有一

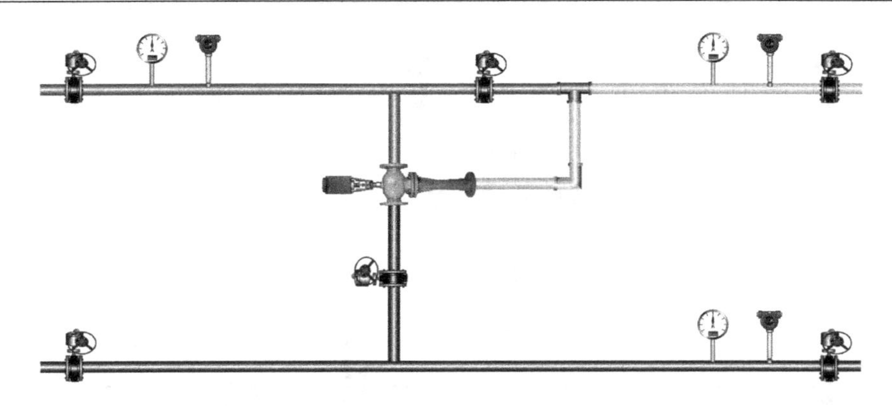

图 7-4　喷射泵直供混水机组

定的供回水压差，一般供回水压差大于 $10mH_2O$，且一次回水压力与二次网建筑的定压点压力相近的，就可以考虑采用这种喷射泵供水增压混水机组，增压泵的流量等于混水后流量，增压泵扬程按照二网的阻力选取，安装于混水站内，配置自控系统。

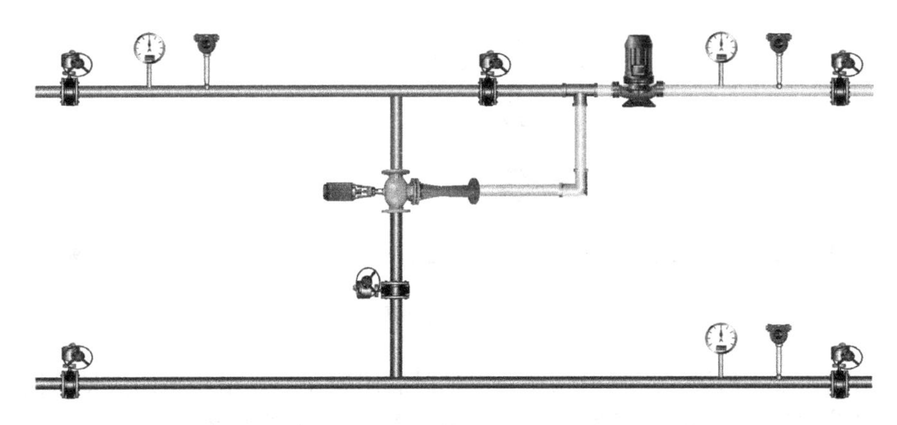

图 7-5　喷射泵供水增压混水机组

3. 喷射泵回水增压混水

对于直供混水供热系统（见图 7-6），设计混水比为 1 左右，距离热源末端的分支，一次回水压力高于二次网建筑的定压点压力 $10mH_2O$，就可以考虑采用这种喷射泵回水增压混水机组，增压泵的流量等于混水后流量，增压泵扬程按照二网的阻力选取，安装于混水站内，配置自控系统。

4. 旁通增压混水

对于直供混水供热系统（见图 7-7），设计混水比为 1 左右，距离热源近端的分支，供回水压差较大，一般供回水压差大于 $10mH_2O$、采用喷射泵直供混水机组动力不足的，可以考虑在旁通管上安装混水增压泵，增压泵的流量为混水流量，增压泵的扬程按照二次网阻力选取，安装于混水站内，配置自控系统。

5. 喷射泵直供混水＋旁通备用增压

对于直供混水供热系统（见图 7-8），设计混水比为 1 左右，距离热源近端的分支，供回水压差较大，一般供回水压差大于 $10mH_2O$、采用喷射泵直供混水机组可能会存在动力不足的，可以考虑在旁通管上安装混水增压泵，增压泵与连通管阀门并联安装，当喷射泵

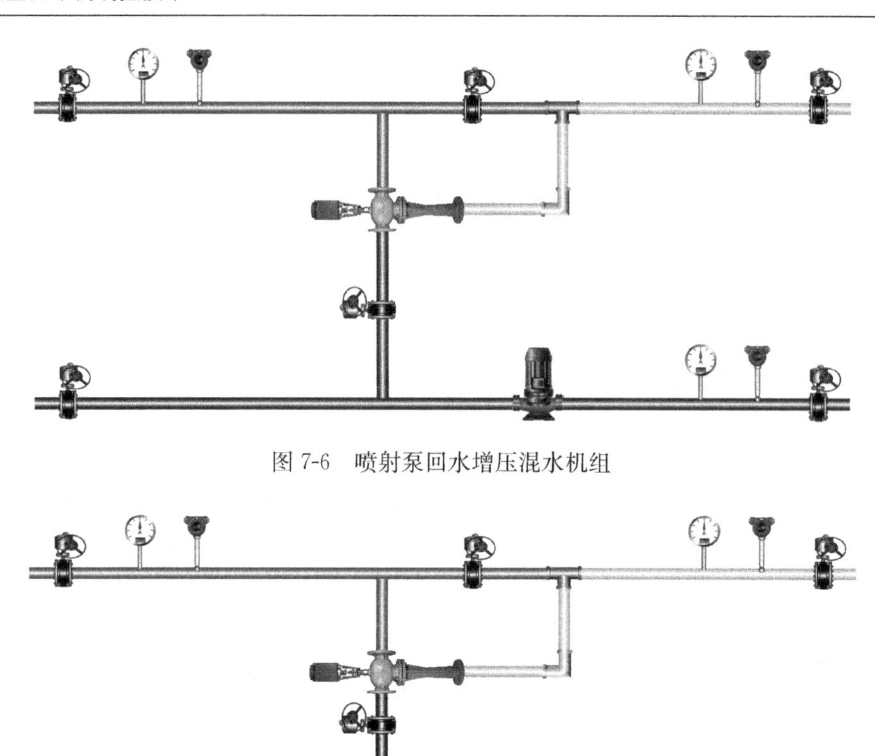

图 7-6　喷射泵回水增压混水机组

图 7-7　喷射泵旁通增压混水机组

动力足够时增压泵不启用，当喷射泵动力不足时启用增压泵。增压泵的流量为混水流量，增压泵的扬程按照二次网阻力选取，安装于混水站内，配置自控系统。

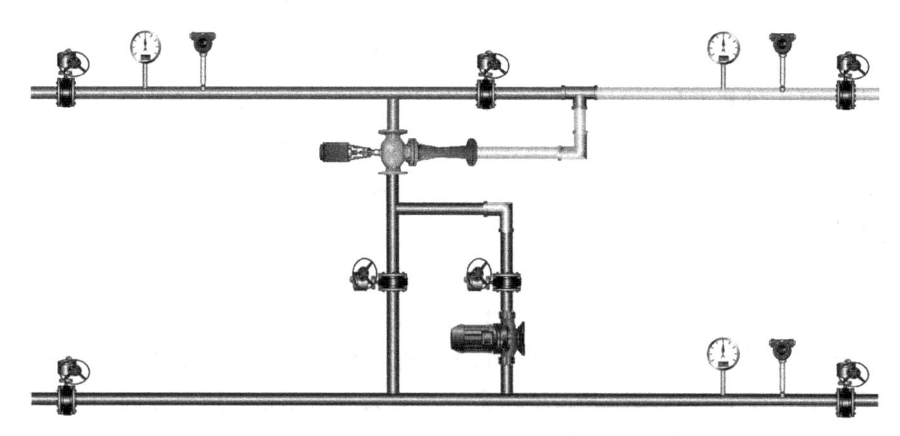

图 7-8　喷射泵直供混水+旁通备用增压混水机组

6. 喷射泵二级混水

这种方案是在热力站内应用喷射泵直供混水技术，在楼栋或者单元入口安装喷射泵（见图 7-9）。可以应用于集中供热系统的近端中小型热力站，需要满足以下条件：

➢ 一次供回水压差大于 25mH_2O；

➢ 小区供热面积小于 8 万 m^2；
➢ 一次回水压力满足二次网建筑物定压点压力需要；
➢ 二次供水压力不超压。

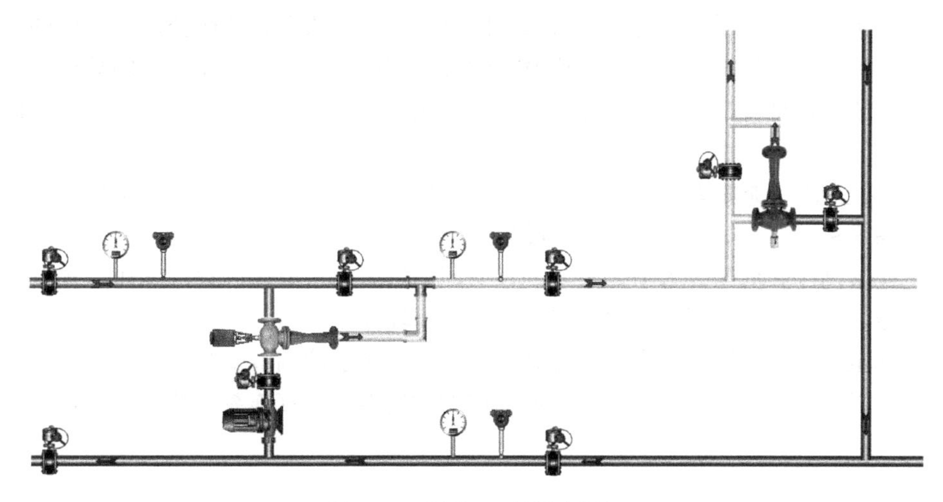

图 7-9　喷射泵二级混水机组

7.3.2　高层直连机组

1. 高层直连机组控制装置

利用高精度平衡阀作为回水定压装置，能够精准控制压力和流量，依据高低区楼层差产生的压差值和高区流量计算出高精度平衡阀的喷嘴直径，进而确定高精度平衡阀的规格和出厂开度（见图 7-10）。供水增压泵选型时，增压泵额定流量是高区流量的 1.2 倍，增压泵扬程比高低区楼层差高 10m，这样留有流量和扬程的富余量，便于增压泵的变频调控。

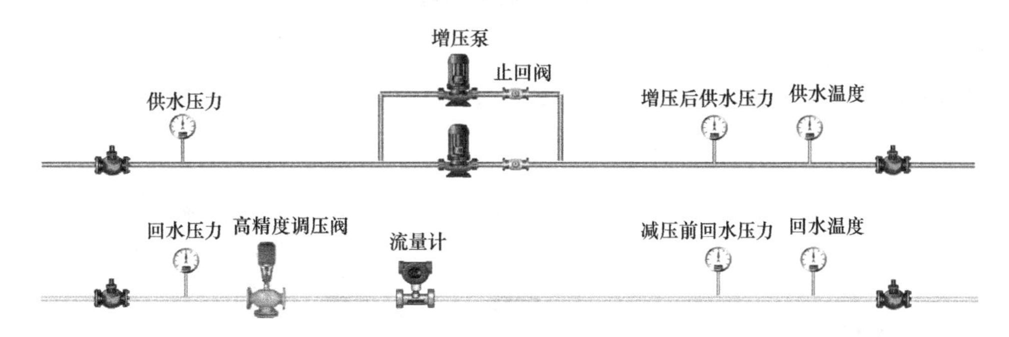

图 7-10　高层直连机组

运行时控制增压泵频率，保证增压泵出口压力值比高区最高点与增压泵出口位置的高差再高 3～5mH_2O；调节高精度平衡阀，保证高区回水温度与低区回水温度一致即可。增压泵控制完全可以由变频器与增压泵出口压力变送器组成简单的闭环控制环路，不需要采用其他复杂的控制系统，甚至可以参考增压泵出口的直观压力表，直接手动调节变频器频率。回水高精度平衡阀完全可以采用手动调节的方式。这种调控方式使得高层直连系统非常简单，有利于后期维护。

2. 高低区直连

当整个小区的低区均采用了喷射泵输配技术时，高层建筑可以采取这种高低区直连方案，高区和低区分别安装喷射泵混水（见图 7-11）。并且利用高低区的回水压差作为动力，引射低区回水，高低区回水混合后进入二次网总回水管。依据高低区楼层差产生的压差值和高区流量的 0.6 倍计算出回水减压喷射泵的喷嘴直径，进而确定喷射泵的规格和出厂开度。供水增压泵选型时，增压泵额定流量是高区流量的 0.6 倍，增压泵扬程比高低区楼层差高 20m。

运行时控制增压泵频率，保证高区喷射泵出口压力值比高区最高点与增压泵出口位置的高差再高 3～5mH_2O，调节回水减压喷射泵开度，保证高区回水温度与低区回水温度一致即可。调节高区和低区混水喷射泵开度，保证高低区混水温度一致。增压泵控制完全可以由变频器与增压泵出口压力变送器组成简单的闭环控制环路，不需要采用其他复杂的控制系统，甚至可以参考增压泵出口的直观压力表，直接手动调节变频器频率。回水减压喷射泵完全可以采用手动调节的方式。这种调控方式使得高层直连系统非常简单，有利于后期维护。

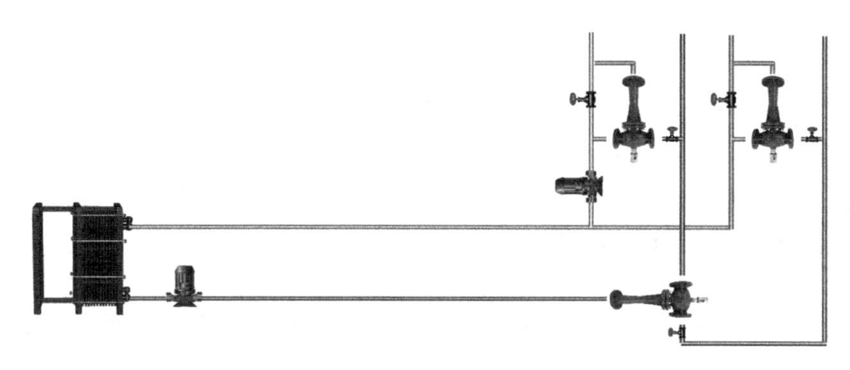

图 7-11　高低区直连机组

3. 高中低区直连

这种高中低直连方案与高低区直连方案类似（见图 7-12），这里不再赘述。

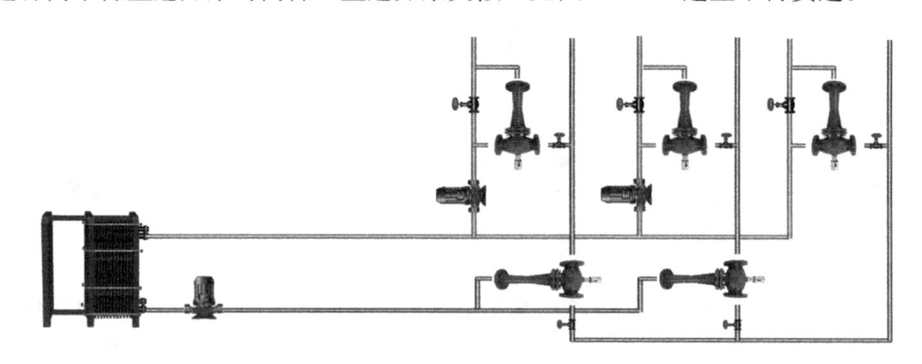

图 7-12　高中低区直连机组

7.3.3　一次混水取代电动调节阀

对于集中供热近端小型换热站，可以采用一次侧供水安装电动喷射泵的方案（见图 7-13），利用一次侧的供回水压差产生混水，这样可以降低进入板式换热器的一次供水压力和一次供水温度。有利于保护板式换热器的密封垫，有利于减缓板式换热器一次侧的结垢问题。另外，喷射泵的调节精度更高，保证近端小型换热站热量的精确调控。

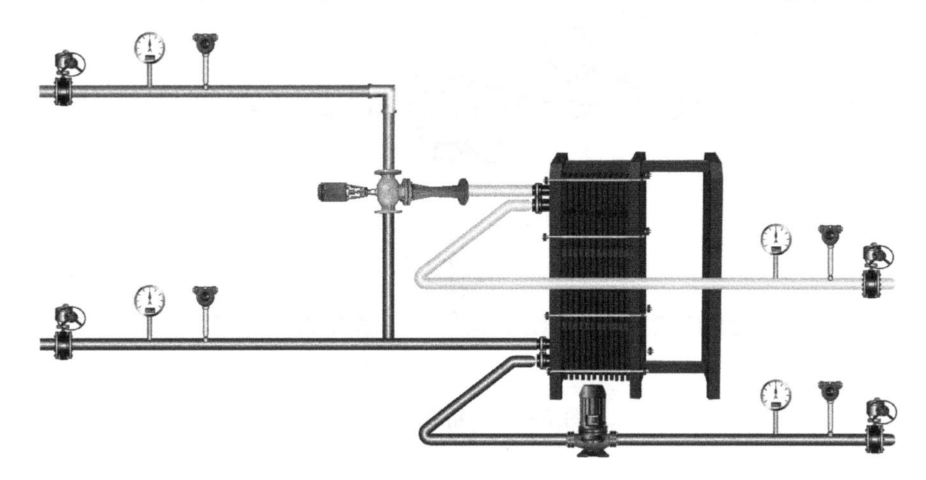

图 7-13　一次混水取代电动调节阀

7.3.4　楼前入口装置

1. 一体化喷射泵入口装置（如图 7-14 所示）

喷射泵系统改造过程中，安装施工是个费时费力的环节，安装费用很高，而且施工环境恶劣，工程质量较差。采用一体化喷射泵入口装置（见图 7-14），可以在工厂预制，质量有保证。现场施工时，把小室里面的管道及附件清除，然后把喷射泵入口装置整体安装上即可。这样可以缩短工期，减少施工费用，保证工程质量。

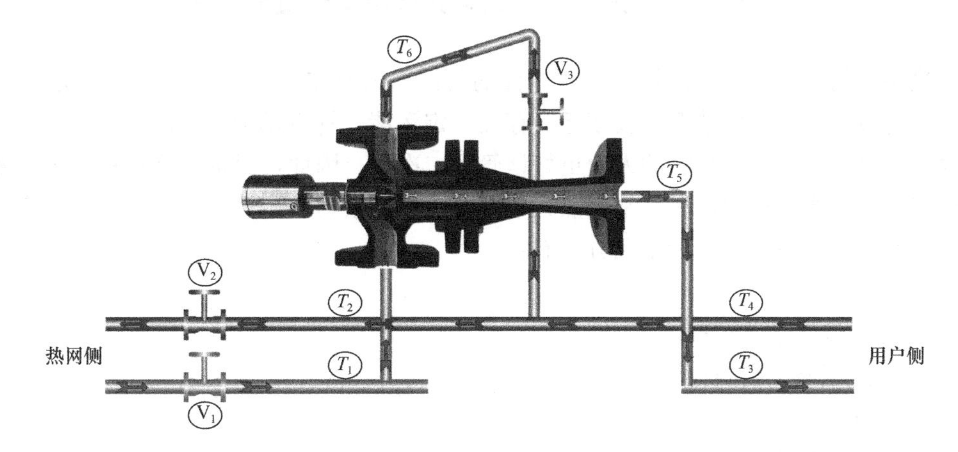

图 7-14　一体化喷射泵入口装置

喷射泵系统正常混水运行时：阀门 V_1、V_2、V_3 全部打开，$T_2=T_4=T_6$，$T_3=T_5=(T_1+T_2)/2+1\sim3$；

喷射泵系统不能正常混水时：阀门 V_3 关闭，开大喷射泵，$T_1=T_3=T_5=T_6$，$T_2>T_4$。

2. 高精度平衡阀

高精度平衡阀入口装置（见图 7-15），具有以下特点：

1）良好的调节精度；

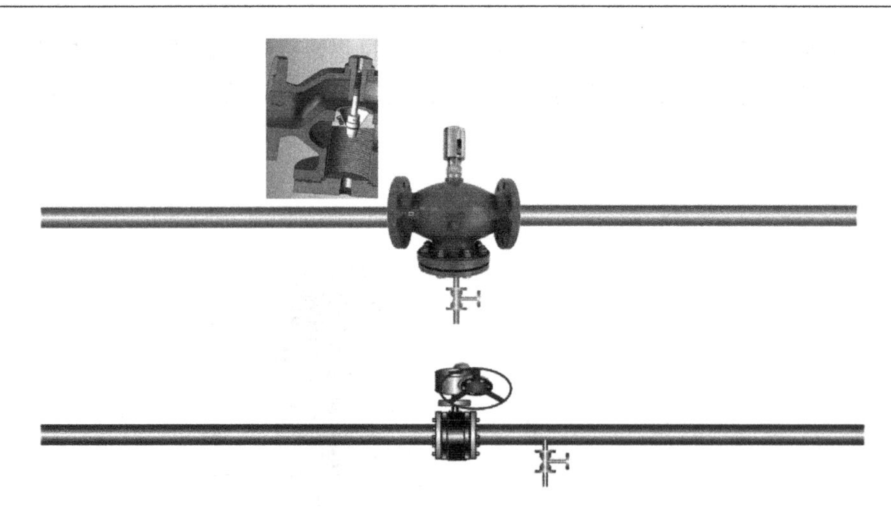

图 7-15　高精度平衡阀

2）良好的关闭能力；

3）具有过滤功能；

4）粗略的流量测量；

5）调控精准；

6）一阀多用，简单、可靠。

7.4　喷射泵二次网平衡改造技术

供热系统的二次网是连接热力站与楼栋的管网，情况非常复杂，存在管网走向不清、施工时不规范、管道内部结垢、长期运行存在一定污堵、管道锈蚀等问题。再加上二次网规模庞大，供热企业没有足够的人力更好地管理二次网。因此，目前二次网的平衡问题是一直困扰供热行业的难题，多年来供热人不断努力，探索尝试了许多方法，研发了各种用于二次网平衡的设备。这些设备和方法有：

- 静态平衡阀；
- 自力式流量平衡阀；
- 自力式压差平衡阀；
- 楼前换热机组；
- 楼前混水机组；
- 楼前或单元入口物联网平衡阀；
- 用户入口物联网平衡阀。

笔者团队在长期的供热运行实践中深刻体会到产品可靠性和使用效果的重要性，因为二次网平衡调节需要每年都调，如果设备可靠性不好，就会影响使用甚至影响正常供热。当前情况下，许多既有建筑是很难提供可靠的电源的，再加上电子器件在恶劣环境中的使用寿命有限，维护工作需要专业工程师，供热企业缺乏这种专业的工程师，因此各种电控方案的实际应用场景受限。静态平衡阀简单可靠、造价低廉，是笔者团队看重的技术方向，但目前静态平衡的调节机构可靠性较差、定位不准确、容易锈蚀、调节特性较差，笔者团队对静态平衡阀的调节特性和执行机构进行了改进，推出了高精度平衡阀，集调节、关断、过滤于一体，如图 7-16 所示。

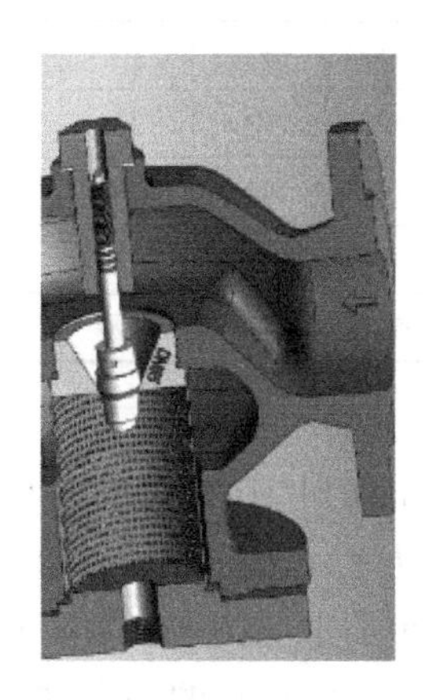

图 7-16　带过滤系统的高精度平衡阀

在高精度平衡阀的基础上，加上一个部件，就成为能够产生混水效果的喷射泵产品，采用喷射泵输配技术可以把二次网分成两个循环系统，喷射泵后是大流量小温差循环系统，喷射泵前是小流量大温差输配系统。由于喷射泵前流量的减小，比如混水为 1 时喷射泵前的流量会减小一半，这样喷射泵前的二次网和热力站内的循环阻力减小为原来的 1/4，这部分电耗减小为原来的 1/8。喷射泵自身的阻力很大，需要消耗一定的电能。因此，当喷射泵前的原系统电耗较大时，喷射泵输配系统才会产生很好的节电效果。同时，喷射泵系统对平衡的改善效果明显，水力稳定性很好。喷射泵输配系统因其具有节电、平衡效果好、水力稳定性好等优点，非常适合应用于二次网的平衡调节。

喷射泵应用于二次网平衡调节有其适用场景：供热半径长、供热管径偏细的场景适合应用喷射泵输配系统提高二次网的输送能力；二次网分支多、建筑物种类繁杂、水力失调严重的场景应用喷射泵输配系统能够改善平衡效果；二次网中存在地板供暖与散热器供暖混供、单管串联系统与双管并联系统混供等场景应用喷射泵输配系统能够提供不同的供热温度等实现更好的水力和热力工况平衡。表 7-1 给出了各种方案的对比。

各类型平衡调节方案对比　　**表 7-1**

序号	方案	设备投资	安装	调试	维护	平衡效果	可靠性	使用寿命	适用场景
1	静态平衡阀	最低	最易	最难	易	差	高	长	
2	自力式流量阀	低	易	难	中	中	中	中	
3	自力式压差阀	低	易	难	中	中	中	中	
4	楼前换热机组	高	难	易	难	好	低	中	方便安装和取电的建筑
5	楼前混水机组	高	难	易	难	好	低	中	方便安装和取电的建筑
6	单元物联网阀	高	难	最易	最难	好	最低	最低	新建多层建筑
7	入户物联网阀	最高	最难	最易	最难	好	最低	最低	新建中高层建筑

续表

序号	方案	设备投资	安装	调试	维护	平衡效果	可靠性	使用寿命	适用场景
8	高精度平衡阀	最低	最易	中	免	中	最高	最长	中小型二次网系统改造
9	楼栋喷射泵	中	中	易	免	好	最高	最长	中大型二次网系统改造
10	单元电动喷射泵	高	难	最易	最难	好	最低	低	新建多层建筑
11	分层电动喷射泵	高	最难	最易	最难	最好	最低	低	新建小户型中高层建筑
12	入户电动喷射泵	最高	最难	最易	最难	最好	最低	最低	新建大户型中高层建筑

7.4.1 基础资料调研

（1）前期的调研工作对于调节型喷射泵的设计选型非常重要。其中循环泵的额定流量、额定扬程、额定功率、运行台数、运行频率、总的建筑面积、总的实供面积等参数，是确定喷射泵设计流量的重要技术参数，必须准确核实。

（2）严寒期热力站实际运行的一次供水温度、一次回水温度、二次供水温度、二次回水温度等参数也必须准确，是确定混水比的重要技术参数。

（3）评估分支、楼栋、单元入口的阻力情况，安装喷射泵的位置应该保证喷射泵混水后的阻力不能太大，近端喷射泵混水后的阻力不应超过 $4mH_2O$（不能超过 2 栋楼），中间部位喷射泵混水后的阻力不应超过 $3mH_2O$（不能超过 1 栋楼），末端喷射泵混水后的阻力不应超过 $2mH_2O$（建筑面积小于 $3000m^2$ 的楼栋或者单元入口）。这意味着，近端允许（但不提倡）考虑分支入口安装喷射泵，中间考虑楼栋入口安装喷射泵，末端需要将喷射泵安装于单元入口。

（4）现场确定喷射泵的安装位置，要考虑管井的尺寸能否放下喷射泵，对于管井狭小的管井要关注一下管井的深度，考虑喷射泵立式安装方案，另外还有管井设备及管道的老化情况、管井的卫生情况等。

（5）确定喷射泵的安装位置后统计喷射泵所控制的建筑物的建筑面积、实际供热面积、建筑物类型（住宅、学校、办公楼）、供暖方式（地板供暖、散热器供暖等）、建筑年代、以往供热效果等情况。

（6）有高层直连系统的情况，一定要提供高层直连设备的工艺流程图及与小区管网的连接方式图。如果可以，还需要提供电费价格、热费价格、燃气费价格等。

如热力站基础资料需要完整填写表 7-2 的数据。

热力站基础资料表 **表 7-2**

序号	项目名称	数值	单位	备注
一	循环泵铭牌参数			
1	循环泵流量	187.00	t/h	
2	循环泵扬程	44.00	m	
3	循环泵功率	37.00	kW	
4	循环泵运行台数	2.00	台	安装 3 台
5	循环泵运行频率	45.00	Hz	

续表

序号	项目名称	数值	单位	备注
6	二次流量	336.60	t/h	不需要填写
二	严寒期运行参数			
7	二次供水压力	0.40	MPa	
8	二次回水压力	0.28	MPa	
9	二次供水温度	45.00	℃	
10	二次回水温度	38.00	℃	
11	一次供水温度	83.00	℃	
12	一次回水温度	42.00	℃	
13	实际运行供回水压差	12.00	mH_2O	不需要填写
三	基本参数			
14	供热面积（建筑面积）	11.19	万 m^2	
15	供热面积（实供面积）	11.19	万 m^2	
16	热力站到最远端用户的距离	650.00	m	
17	单位管沟长度的沿程损失	0.02	mH_2O/m	不需要填写
18	流量系数	3.01	$kg \cdot h/m^2$	不需要填写
19	喷射泵系统设计供回水压差	17.00	mH_2O	不需要填写
20	喷射泵设计混水比	1.00		不需要填写
21	喷射泵设计流量系数	1.50	$kg \cdot h/m^2$	不需要填写
22	楼栋阻力	4.00	mH_2O	不需要填写
23	(热力站阻力＋管网阻力)/楼栋阻力	3.80		不需要填写
24	管网阻力/楼栋阻力	2.00		不需要填写
25	预计节电率	41.17	%	不需要填写
26	水力平衡改善度	67.14	%	不需要填写
27	不热户所占比例	10.00	%	不需要填写
28	最近端楼栋的热量超标率	15.00	%	不需要填写
29	平衡后预计节热率	7.44	%	不需要填写

根据热力站循环泵的额定流量、运行频率、运行台数评估出二次循环流量，再根据实际供热面积和设计混水比，计算喷射泵设计流量系数。根据循环泵的额定扬程评估是否需要更换循环泵。根据实际运行压差和供热半径，计算单位管沟长度的沿程压力损失。

如热力站能耗参数需要完整填写表 7-3 的数据，楼前管井基础资料需要完整填写表 7-4 的数据。

热力站能耗参数表　　表 7-3

序号	热力站名称	建筑面积 (m^2)	实际面积 (m^2)	电价 (元/kWh)	热价 (元/GJ)	耗电量 (kWh)	耗热量 (GJ)	电单耗 (kWh/m^2)	热单耗 (GJ/m^2)
1	百宝 1	50000	40000	0.8	46	45000	18000	1	0.4
2	百宝 2	80000	60000	0.8	46	60000	25000	0.8571	0.3571

楼前管井基础资料表　　表 7-4

楼栋及单元名称	分区	建筑面积 (m^2)	实供面积 (m^2)	供暖类型	供热效果描述
百宝楼 1 号	低区	1308.43	1308.43	散热器供暖	
百宝楼 2 号	低区	1308.43	1308.43	散热器供暖	
百宝楼 3 号	低区	2070.48	2070.48	散热器供暖	
百宝楼 4 号	低区	2070.48	2070.48	散热器供暖	
百宝楼 5 号	低区	2643.42	2643.42	散热器供暖	
百宝楼 6 号	低区	1324.23	1324.23	散热器供暖	不热
百宝楼 7 号	低区	1324.23	1324.23	散热器供暖	不热
百宝楼 8 号	低区	1324.23	1324.23	散热器供暖	不热
百宝楼 9 号	低区	1324.23	1324.23	散热器供暖	不热
百宝楼 10 号	低区	1324.23	1324.23	散热器供暖	不热

还需要填写：管道直径、安装空间（长宽高）、建筑年代、供热方式（单管串联还是双管并联）、楼层数、立管数量等。

7.4.2 二次网系统水力计算

二次网系统的水力计算是正确选用调节设备规格型号的根本依据，不能正确选型，任何设备都无法达到理想的调节效果，然而二次网的水力计算非常困难，很难准确完成。对于喷射泵系统，不需要非常准确的水力计算，只需要粗略的水力计算即可，这是因为喷射泵系统的二次网流量减半、阻力减为原来的 1/4，因此水力计算的偏差对于喷射泵的选型和调节影响较小。喷射泵系统对于楼内阻力的大小很敏感，需要评估出楼内供热系统的阻力范围，因此需要对二次网中楼栋的阻力进行水力计算。

二次网水力计算的方法分为估算法和精算法。精算法，就是按照管网拓扑结构、管径、管长、局部阻力等进行的详细的水力计算，这种方法很难，因为基础资料很难收集准确，计算过程复杂。这里重点介绍估算法，简单实用能够满足需要，因为喷射泵系统管网的阻力损失比原系统大幅度减小了。

（1）根据实际运行的供回水压力计算二次网的沿程损失；

（2）根据管网的长度和楼栋的高度，计算单位长度的沿程损失；

（3）根据楼栋的高度和单位长度沿程损失，计算楼栋的压力损失；

（4）根据每栋楼到热力站的距离和单位长度沿程损失，计算每栋楼的沿程损失；

（5）根据楼栋的压力损失，计算热力站设计供回水压差；

（6）根据每栋楼的沿程损失和热力站设计供回水压差，计算喷射泵的设计压差。

7.4.3 喷射泵系统平衡效果分析

喷射泵输配系统能够减小管网的流量，如果混水比为 1 的话，管网流量可以降为原来的 1/2，因此管网的压力损失将为原来的 1/4，可以大幅度减小因为管网沿程阻力而产生的失调问题。另外，喷射泵的自身阻力很大，喷射泵两端的压差变化对喷射泵的流量影响较小。

如图 7-17 分析表明，循环泵的扬程大部分在热力站内部和二次网的沿程损失掉了，真正为最末端楼栋提供的资用压头很小。上述例子中循环泵扬程 20m，站内损失 8m，二次网沿程损失 8m，末端楼栋资用压头 4m，输配系统的输配效率仅为 20%。最近楼栋与最远楼栋的超流百分比：[$(12/4)^{0.5}-1$] ×100%=73.2%。另外，从该水压图分析可以看出整个二次网的供回水压差都比较小，如果喷射泵的设计压差按照 15mH$_2$O 设计时，会得出该系统没有一处适合安装喷射泵，更不用说全网所有楼栋或者单元入口安装喷射泵了，于是很容易得出喷射泵系统不适合用于二次网平衡的结论。

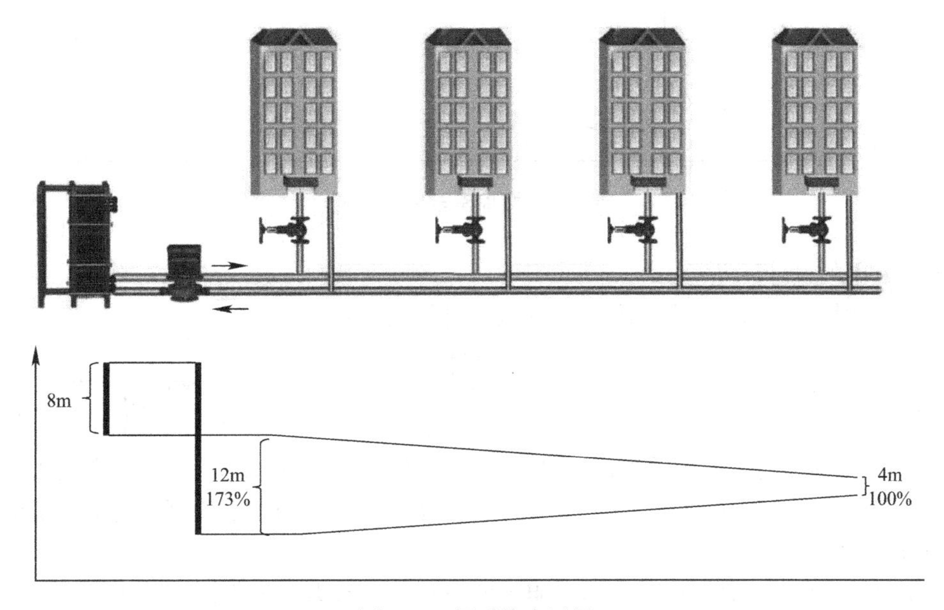

图 7-17　原系统水压图

原系统楼栋入口最大流量与最小流量偏差计算公式：

$$最大流量与最小流量偏差=\sqrt{1+\frac{管网阻力}{楼栋阻力}}-1 \tag{7-1}$$

式 (7-1) 描述的是二次网中楼栋之间的水力工况失调的情况，管网阻力越大，二次网楼栋之间的水力工况失调越严重。

如图 7-18 分析表明，循环泵的扬程大部分作用到喷射泵上，热力站内和二次管网压力损失很小。上述例子中循环泵扬程为 20m，站内损失 2m，二次网沿程损失 2m，输配系统的输配效率为 40%。最近楼栋与最远楼栋的超流百分比：[$(18/16)^{0.5}-1$] ×100%=6%。

从该水压图分析可以看出，整个二次网的供回水压差都比较大，如果喷射泵的设计压差按照 15mH$_2$O 设计，会得出该系统所有楼栋或者单元入口均适合安装喷射泵，于是可以得出喷射泵系统适合用于二次网平衡的结论。因此，喷射泵在二次网中用于改善水力平衡是可行的，喷射泵输配系统可以大幅度减小站内阻力和二次网沿程阻力，从而可以获得

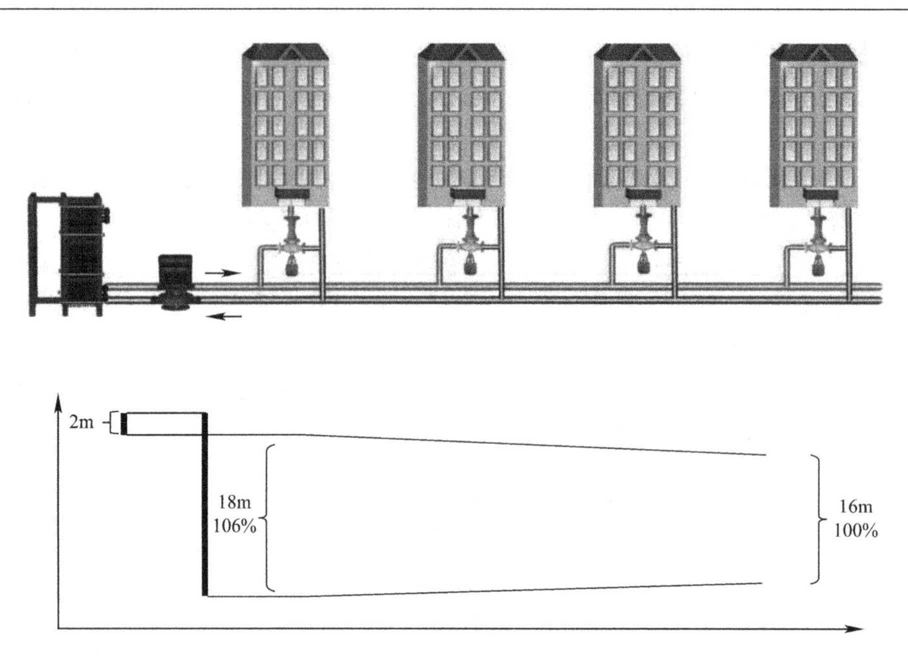

图 7-18　喷射泵系统水压图

足够喷射泵用的设计压差。

原系统楼栋入口最大流量与最小流量偏差计算公式：

$$喷射泵系统水力失调度=\sqrt{1+\frac{\frac{管网阻力}{4}}{4\times 楼栋阻力}}-1=\sqrt{1+\frac{管网阻力}{16\times 楼栋阻力}}-1 \quad (7\text{-}2)$$

式（7-2）描述的是二次网中楼栋之间的水力工况失调的情况，管网阻力越大，二次网楼栋之间的水力工况失调越严重。但是喷射泵系统大幅度弱化了管网阻力对楼栋间水力工况失调的影响。

图 7-19 表明，随着管网阻力/楼栋阻力的值越大，水力工况失调度越大。常规供热输配系统的水力工况失调度比喷射泵输配系统的更大。

从式（7-2）中可以看出，影响管网水力平衡工况的因素是管网的沿程阻力/楼栋入口阻力，该值越大，水力失调越严重，喷射泵系统对平衡的改善效果越好。管网沿程阻力的大小与管网的管径和管长以及管道内壁光滑程度等有关，因此大型小区供热系统、小区管网管径设计偏细的小区、运行时间长的老旧小区的管网沿程阻力一般偏大，这类小区供热系统适合采用喷射泵系统改善水力平衡工况。

综上所述，单元入口之间水力平衡的影响因素是：管网的沿程阻力/单元入口阻力。用户之间的水力平衡的影响因素是：管网的沿程阻力/用户入口阻力。可以看出，单元入口之间的失调情况比楼栋入口之间的严重，用户入口之间的失调情况比单元入口之间严重。因此，喷射泵安装位置越接近用户端，对水力工况的改善效果越好。但是考虑到喷射泵的成本以及相应的安装成本等因素，需要具体项目具体分析确定最佳的喷射泵安装位置。

分层安装喷射泵应该是最佳位置，原因是分层安装时喷射泵的价格较低，每个喷射泵的供热面积较大，彻底消除了垂直失调和二次网水平失调的影响，安装、调节方便。分层安装喷射泵具有最高的性价比。

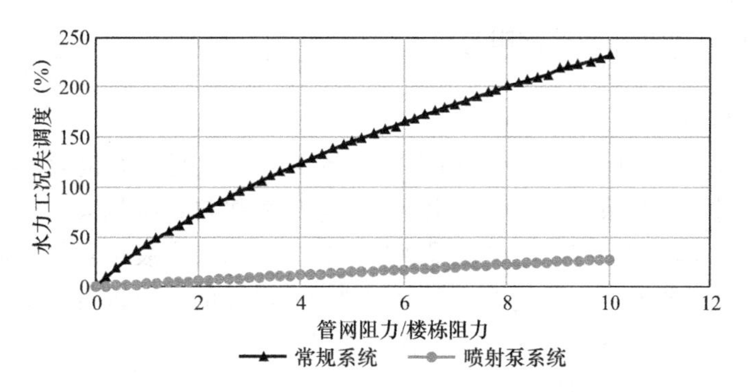

图 7-19　喷射泵改善平衡效果分析曲线图

水力失调会导致热力失调，热力失调会导致部分用户不热和部分用户过热，部分用户过热会导致热量的浪费。改善水力平衡工况具有改善不热户供热效果和节约热量的效果。具体项目的节热率是不同的，与不热户所占比重情况（A）、水力失调情况（B）和最近端用户的实际超供情况（C）3 个因素相关。考虑到流量超过一定值之后对散热量的影响减弱，将流量超过倍数定为 1.5，即流量超过最远端流量 1.5 倍之后再增大流量对热量消耗的影响达到饱和。

$$\text{节热率}(\%) = (1-0.33B)\cdot(1-A)\cdot C \tag{7-3}$$

式中　B——最近的楼栋流量与最远的楼栋流量的比值；

A——不热楼栋占整个二次网的百分比；

C——最近楼栋热量超标百分比，一般按照最近楼栋的平均室内温度超过标准值估算，每高 1℃按照 5%左右估算。

7.4.4　喷射泵系统节电效果分析

喷射泵本身是一个阻力非常大的设备，存在很大的节流损失，一般认为喷射泵系统会增加电耗。而实际上大部分场景下喷射泵输配系统不但不增加电耗，反而会节约循环泵电耗，甚至节电率高达 30%以上。喷射泵产生节约循环泵电耗的主要原因是减少了热力站和二次网的流量，在混水比为 1 的情况下会使热力站和二次网的流量减半，这样的话会把循环泵消耗在热力站和二次网的电耗减小为原来的 1/8，当这部分节电量大于喷射泵自身的节流损失时，就会节电。喷射泵自身的节流损失比较固定，一般情况下喷射泵自身的节流损失与喷射泵后供热系统的电能消耗是相当的，因此需要对比喷射泵后供热系统的电能消耗与热力站内和二次网电能消耗的情况来确定喷射泵系统是否节电。为此给出相应的计算公式。

喷射泵节电量计算公式：

$$\text{喷射泵系统的节电率} = 1-\frac{G_{\text{喷}}\times H_{\text{喷}}}{G_{\text{原}}\times H_{\text{原}}} = 1-\frac{\frac{G_{\text{原}}}{2}\times\left(\frac{\text{热力站阻力}}{4}+\frac{\text{管网阻力}}{4}+4\times\text{楼栋阻力}\right)}{G_{\text{原}}\times(\text{热力站阻力}+\text{管网阻力}+\text{楼栋阻力})}$$

$$= 1-\frac{\frac{\text{热力站阻力}}{4}+\frac{\text{管网阻力}}{4}+4\times\text{楼栋阻力}}{2\times(\text{热力站阻力}+\text{管网阻力}+\text{楼栋阻力})}$$

$$= 1-\frac{\frac{\text{热力站阻力}+\text{管网阻力}}{\text{楼栋阻力}}+16}{8\times\left(\frac{\text{热力站阻力}+\text{管网阻力}}{\text{楼栋阻力}}+1\right)}$$

$$令\ \frac{热力站阻力+管网阻力}{楼栋阻力}=C,则喷射泵的节电率=1-\frac{C+16}{8C+8} \quad (7\text{-}4)$$

当 $C \geqslant 8/7$ 时，喷射泵系统节电！

从图 7-20 可以直观地看出，热力站内阻力越大、二次网阻力越大、喷射泵后供热系统阻力越小，喷射泵输配系统的节电效果越好。意味着供热系统越大，喷射泵安装位置越接近用户端，喷射泵输配系统的节电效果越好。但是喷射泵安装位置越接近末端，投资越大、工程难度越大、调节工作量越大，因此需要结合具体的项目进行技术经济比较。喷射泵输配系统不是简单的设备选型和安装工程，而是需要具体技术经济比较的节能方案，喷射泵输配系统有其适用的应用场景。

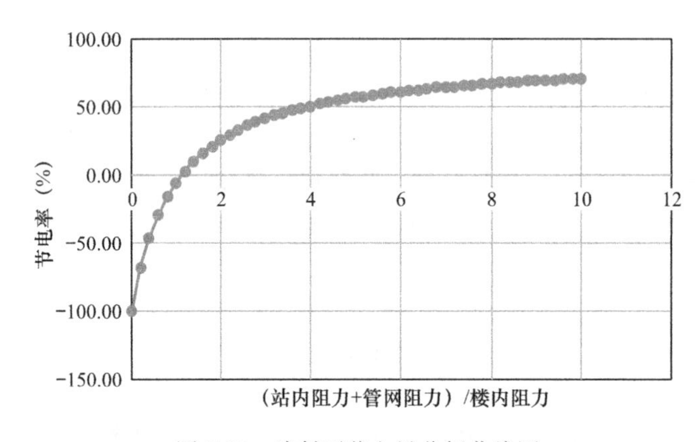

图 7-20　喷射泵节电量分析曲线图

7.4.5　喷射泵选型设计

喷射泵不能简单地按照供热管径选取，需要经过水力计算和选型计算。喷射泵规格选型过小会有流量不足的风险，而喷射泵选型过大会有混水效果变差的风险。而且喷射泵的选型需要与安装位置相对应，喷射泵出厂开度预先设定好后会基本实现水力工况的平衡，再根据实际运行工况进行微调即可。选型步骤如下：

（1）核实清楚建筑面积和实际供热面积。

（2）确定喷射泵设计混水比，喷射泵设计混水比取 0.6～1.2，一般情况下设计混水比为 1。

（3）根据实际运行流量确定喷射泵设计选型流量系数为：

实际运行流量/实际供热面积/（1+设计混水比）

（4）确定喷射泵的安装位置：现场踏勘楼前管井、单元管井、楼内管道间等位置，评估安装空间、是否会被干扰、周边环境是否存在安全隐患。对于单体楼栋太大（超过 10000m^2），楼栋单元立管数量太多（超过 4 根）的情况，楼栋安装方案需要慎重。

（5）对喷射泵后供热系统进行水力计算：采用精确水力计算方法或者粗略估算的方法，计算拟安装喷射泵后面供热系统的资用压差。

（6）对二次网和热力站内进行水力计算：采用精确水力计算方法或者粗略估算的方法，计算热力站压降，计算每台喷射泵的设计压差。

（7）对喷射泵输配系统进行水力工况平衡分析：计算管网阻力/楼栋阻力的值，该值大于 2 时，喷射泵系统对平衡的改善效果很好。

（8）对喷射泵输配系统进行节电率分析：计算（热力站内阻力＋管网阻力)/楼栋阻力的值，该值大于 3 时，喷射泵系统的节电率会超过 30％，采用喷射泵系统的性价比会很好。

（9）确定喷射泵的设计压差：通过水力计算，得出每台喷射泵得设计压差。

（10）喷射泵选型判据分析：根据喷射泵设计压差和喷射泵后供热系统的资用压差，计算喷射泵选型判据值。当该值较小时，喷射泵的混水效果会很差，此时考虑采用高精度平衡阀。

（11）喷射泵规格选型计算：根据喷射泵的设计压差、喷射泵喷嘴处设计流量，可以计算出喷嘴的尺寸、喉管的尺寸、喷射泵规格尺寸，根据计算出的喷射泵规格尺寸选取喷射泵的规格，计算出喷射泵的开度，喷射泵开度处于 65％～75％之间为最宜。

7.4.6　喷射泵系统安装

喷射泵系统必须正确安装，否则喷射泵不能正常工作（见图 7-21）。喷射泵体积较大，而且是 3 个接口法兰，安装难度要比阀门大得多，安装施工成本也比较高，需要有经过专业培训的技术人员现场指导安装。喷射泵的安装是确保项目成功的关键一环。

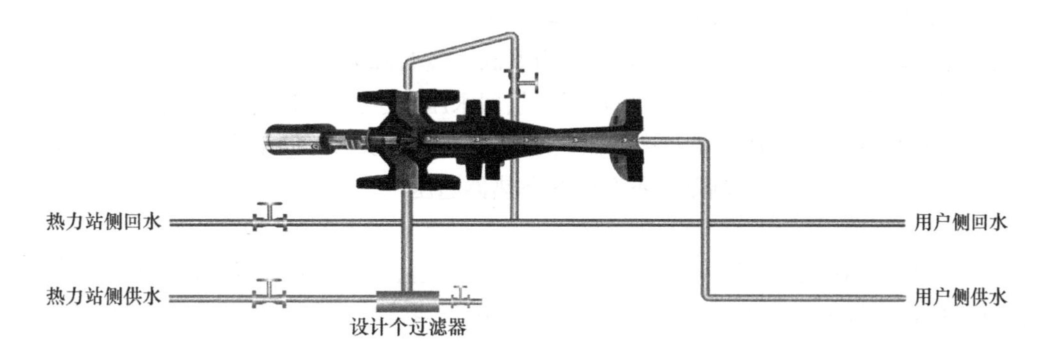

图 7-21　喷射泵系统安装示意图

喷射泵安装注意事项：

（1）安装环境的选择：要在居民不易触碰的地方，防止老百姓随意操作喷射泵系统。喷射泵安装位置应在地下室、专用热力小室内或热力管道井内，不宜安装在楼道内。

（2）安装工作宜在正式供暖前 15d 完成，给予调试和操作人员充分的时间进行前期调试，保证供暖按期进行。

（3）供回水连通阀应该能够关严，建议选用焊接球阀。在喷射泵混水工作不正常时，需要把联通阀关闭，然后把喷射泵当高精度平衡阀使用。

（4）单个供热系统应全部安装喷射泵，严禁有不装、漏装现象，否则会导致更严重的水力失调。

（5）设备到场后须进行清点，确认安装地点与设备型号一一对应。

（6）喷射泵的安装具有方向性，有箭头标记的接口连接供水管道上游，扩散管出口接供水管道下游，另一个接口连接供回水联通管。必须严格安装这种方式连接，不能接错，否则喷射泵将无法正常工作。

(7) 在供热立管安装时，喷射泵有可能会集气，气体过多会阻碍喷射泵进水流量。注意联通管坡向问题，回水接口点要低于供水接口点。

(8) 如果安装需要增加弯头等阻力部件进行连接，优先考虑减少供回水联通管的阻力和减少喷射泵用户侧系统阻力。

7.4.7 喷射泵系统调试

1. 喷射泵的投运

喷射泵系统的投运分两种情况：供热系统正式运行前的投运和供热系统正式运行过程中的投运。

(1) 供热系统正式运行前的投运

1) 将所有喷射泵的供回水联通阀全关，其余所有阀门全开，检查喷射泵的安装是否正确，调节行程是否正确。

2) 注水时要慢，并且及时排气。

3) 正式供热前需要冷运行1～2d，注意排气。

(2) 供热系统正式运行过程中的投运

1) 将现有循环泵频率除以1.2～1.5，先降频运行。

2) 由近端开始切换。

3) 开启联通管阀门，缓慢操作，注意喷射泵混水工作是否正常，并且做好记录。

4) 注意热力站供回水压力变化，当压力升高时及时降频。

5) 切换完成后，调整循环泵频率，保证供回水压差达到设计值（15m）。

6) 此时散热器的压力不高，只会比回水压力高5m以内。如果供水管的承压能力够的话，此时循环泵的频率控制基本不会引起散热器超压。

2. 喷射泵的调试

喷射泵平衡调试之前需要准备好活扳手、六角钥匙、手电筒、测温枪、黑胶带等。做好排气工作，做好不热户的污堵清除工作。除了喷射泵之外的所有调节装置要么拆除、要么全部开到最大。

调节型喷射泵的调节行程：*DN*32～*DN*80为20mm，*DN*100～*DN*125为40mm。根据实际供热建筑面积，在出厂时已经预先设定好了开度，供热系统基本能够达到较为平衡的状态。设计时每个喷射泵都预留了调节余量，确保在进行现场微调时都具有调节空间。

一般情况下出厂时的预设开度会在65%～80%之间，对于*DN*32～*DN*80之间的喷射泵，出厂时喷射泵开度刻度会在13～16mm之间，实际运行时微调可以按照每偏差2℃调节1mm开度刻度。调节时需要事先选取几个典型代表位置的喷射泵测量回水温度，选取其中的中间值位置的喷射泵回水温度作为参考值，然后由近及远按照喷射泵的回水温度一致的原则进行平衡调节。比参考值高的，每高2℃关小1mm开度刻度；比参考值低的，每低2℃开大1mm开度刻度；做好每个喷射泵每次调节的开度和回水温度记录，可以根据自己的习惯设计表格形式，需要记录的内容包括喷射泵的当前开度、当前回水温度、当前混水温度、拟调节的喷射泵开度，喷射泵工作是否正常。

每一次调节时只对喷射泵回水温度与参考值的偏差大于1℃的情况进行下一次调

节，而对于偏差小于1℃的喷射泵就不需要再调了。回水温度调节基本一致之后，需要结合用户的室内测温反馈情况对个别喷射泵进行再次调节，虽然回水温度足够高但是用户反馈不满意的需要个别单独加大供热量，此时就不能受回水温度一致的限制了。

调试过程中需要排查喷射泵的混水状况，对于不能正常混水的喷射泵要关闭供回水联通管的阀门，仍然按照回水温度一致法进行平衡调节。如果喷射泵全开还不能满足供热要求，则要开大供水主管道的阀门进行调节。

有自控系统时，要么切换到手动状态，保持一次侧电动调节阀开度（分布式变频泵频率）不变，要么重新设置温度控制曲线。温控曲线的设定方法如下：

（1）根据运行参数的历史记录，选取2个不同室外温度情况下的二次侧供水温度、二次回水温度；

（2）根据2点确定一条直线的方法，计算供、回水温度供热曲线的截距和斜率；

（3）喷射泵系统的回水温度控制曲线和原系统是一致的；

（4）喷射泵系统的供水温度确定方法：喷射泵系统供水温度=(1+混水比)·(原系统供水温度-原系统回水温度)；

（5）喷射泵系统的供水温度控制曲线确定方法：根据2个不同室外温度情况下的喷射泵系统供水温度，按照2点确定一条直线的方法，计算喷射泵系统供水温度控制曲线截距和斜率；

（6）确定温度控制曲线时，室外温度高于5℃以上时，回水温度、供水温度、喷射泵系统供水温度均与5℃室外温度时对应的值相同。低于设计室外温度时，回水温度、供水温度、喷射泵系统供水温度均与设计室外温度时对应的值相同。

7.4.8 喷射泵应用经验总结

笔者团队推广应用了约1500万m^2供热面积的喷射泵二次网平衡技术，取得了很好的应用效果，解决了许多疑难问题，比如管道直径过细、供热半径过大、存在混供、二次网系统过大不好调节等，应用喷射泵技术后都能得到很好解决。但是在应用过程中有许多经验教训需要总结：

1. 是否适合应用喷射泵

并不是所有的二次网系统都适合应用喷射泵技术，考虑到喷射泵输配系统的造价较高，应用喷射泵技术的收益一定要大于投入才是可行的。喷射泵输配系统的节电率大于30%以上、水力平衡改善率大于50%的场景考虑应用喷射泵技术。另外，喷射泵安装位置之后的供热系统的阻力不宜超过4mH_2O，因为阻力过大之后需要提供给喷射泵更大的压差，压降比是4～5，就是说每增加1mH_2O的阻力，需要增加提供给喷射泵的压差4～5mH_2O。

2. 喷射泵安装位置

喷射泵宜安装在距离散热末端最近的位置，因为喷射泵安装越靠近末端改善平衡的效果越好、节电率越高。优先顺序依次为：用户入口、楼层入口、单元入口、楼栋入口。需要特别强调的是，在保留原系统的安装条件下，喷射泵的安装位置应该避开容易被无关人员操作的地方，因为喷射泵输配系统是个系统工程，一旦被人乱操作之后，整个平衡系统就失去了喷射泵的技术优势。

3. 整个系统全部安装喷射泵

整个二次网系统需要全部安装喷射泵，不能漏装、不能装错，漏装和装错率不应超过10%。也不宜部分安装喷射泵、部分安装平衡阀，会影响整体节能效果，也会不利于喷射泵系统建立工况。要么全部安装喷射泵，要么全部安装平衡阀，不宜混装。

4. 喷射泵选型规格需要经过计算

过大的喷射泵选型会影响混水效果，过小的喷射泵选型会导致流量不足影响供热效果。选型后的喷射泵开度宜控制在65%～75%之间，调节后的喷射泵开度宜控制在65%～85%之间。

5. 喷射泵调节需要按照一定规则进行

喷射泵出厂时已经根据现场调研情况进行了预设定，现场基础数据越准确，出厂的预设定开度越接近实际情况。当出现实际工况偏差时，比如供热温度过低，不能一次性把喷射泵开度调到最大或者采用原系统直通的方式，会打乱喷射泵系统的整体工况。需要按照回水温度每偏差2℃调1mm喷射泵行程的规则进行精细化的微调。这样一般调节2～3次就可以获得满意的平衡效果。

6. 喷射泵噪声问题

一般情况下喷射泵没有噪声，在热力站供回水压差过大、喷射泵开度过大的情况下会有噪声出现，此时需要关闭喷射泵的连通管阀门，然后调节喷射泵开度。针对噪声问题，我们在产品结构上也做了改进，改进后的喷射泵出现噪声的概率会更低。

7. 喷射泵堵塞问题

一般情况下喷射泵不会出现堵塞问题，因为最狭小的喷嘴位置恰好是流速非常高的位置，污物很难沉积。如果出现堵塞问题，可以反复开大关小调节针进行疏通。

8. 混供系统喷射泵的选型

地板供暖与散热器供暖混供的情况比较普遍，如果按照散热器供暖的温度供热，地板供暖用户供热会过量，不经济；如果按照地板供暖的温度供热，散热器供暖用户会不热。喷射泵技术能够解决这个问题，考虑到在一个系统中地板供暖与散热器供暖的供水温度是一样的，而相同供热效果时地板供暖的回水温度比散热器供暖低很多，因此在流量分配上散热器供暖的流量要大于地板供暖，喷射泵选型的结果是散热器供暖的大于地板供暖，实际运行调节时地板供暖的开度小、混水比大，散热器供暖的开度大、混水比小。这与常规理解的不一样，这种混供系统平衡调节后的结果是散热器供暖高温大流量运行，地板供暖是低温小流量运行。

9. 供热系统管径偏细

有些回迁楼或者保障房系统，二次网的主管道偏细、楼内立管细、户型多、户型小，存在严重的户间不平衡问题。这种情况在楼栋或单元入口安装喷射泵解决不了户间不平衡问题。最好是每户安装户用喷射泵，由于户型小、户型多，安装户用喷射泵的投资太大，分层安装喷射泵的方案是最佳选择。

10. 主管径细又长

有些供热系统的供热半径很长，有些供热系统的主管道偏细，而楼内系统正常。这时在楼栋或者单元入口安装喷射泵的方案是最佳选择，此时解决了水平失调问题就能够解决垂直失调的问题。

11. 单管串联供热系统

单管串联供热系统的主要问题是垂直失调问题，需要大流量运行才能解决。对于这种系统节电是次要的，提高系统循环水量是主要的；节能是次要的，改善底层用户的供热效果是主要的。

12. 喷射泵系统排气问题

有些供热系统反映喷射泵系统容易集气，误认为喷射泵会产气。喷射泵不会产气，气是系统里面没有排干净的。喷射泵系统由于连通管的存在，楼内气体不容易进入主管道带走，一直在楼内形成聚集。解决的方法是，出现集气的楼栋或者单元入口，关闭连通管阀门开大喷射泵，或者切回原系统，这样会把楼内的气快速拉进主管道带走。这样的操作还有清洗楼内供热系统的效果。

7.4.9　喷射泵系统评估

1. 节电率评估（与前一个季对比法）

(1) 基准耗电量指标 d_0

$$d_0 = D/A \tag{7-5}$$

式中　d_0——基准耗电量指标；

D——技改之前一个供暖季的总耗电量；

A——技改之前一个供暖季的实际供热建筑面积。

(2) 修正后的基准耗电量指标 d_i

$$d_i = d_0 \times (t_{nset} - t_{wi})/(t_{nset} - t_{w0}) \tag{7-6}$$

式中　d_i——技改之后第 i 个供暖季的修正后的基准耗电量指标；

d_0——基准耗电量指标；

t_{nset}——双方约定的标准室内温度；

t_{w0}——技改之前一个供暖季的平均室外温度（依据当地气象台的数据）；

t_{wi}——技改之后第 i 个供暖季的平均室外温度（依据当地气象台的数据）。

(3) 节电量 dD_i

$$dD_i = d_i \cdot A_i - D_i \tag{7-7}$$

式中　dD_i——技改之后第 i 个供暖季的节电量；

D_i——技改之后第 i 个供暖季的实际耗电量；

d_i——技改之后第 i 个供暖季的修正后的基准耗电量指标；

A_i——技改之后第 i 个供暖季的实际供热建筑面积。

(4) 节电收益=节电量·电量单价。电量单价以当个供暖季的实际电价为准。

2. 节热率评估（与前一个季对比法）

(1) 基准耗热量指标 q_0

$$q_0 = Q/A \tag{7-8}$$

式中　q_0——基准耗热量指标；

Q——技改之前一个供暖季的总耗热量；

A——技改之前一个供暖季的实际供热建筑面积。

(2) 修正后的基准耗热量指标 q_i

$$q_i = q_0 \cdot (t_{nset} - t_{wi})/(t_{nset} - t_{w0}) \tag{7-9}$$

式中 q_i——技改之后第 i 个供暖季的修正后的基准耗热量指标；

q_0——基准耗热量指标；

t_{nset}——双方约定的标准室内温度，一般取 20℃；

t_{w0}——技改之前一个供暖季的平均室外温度（依据当地气象台的数据）；

t_{wi}——技改之后第 i 个供暖季的平均室外温度（依据当地气象台的数据）。

（3）节热量 dQ_i

$$dQ_i = q_i \cdot A_i - Q_i \tag{7-10}$$

式中 dQ_i——技改之后第 i 个供暖季的节热量；

Q_i——技改之后第 i 个供暖季的实际供热量；

q_i——技改之后第 i 个供暖季的修正后的基准耗热量指标；

A_i——技改之后第 i 个供暖季的实际供热建筑面积。

（4）节能收益＝节热量·热量单价。热量单价以当个供暖季的政府制定的价格为准。

3. 节能率评估（新旧方案对比法）

（1）对比检测方案

1）对比检测时间

原系统、新系统各测试 5d。供热初期原系统运行稳定后开始测试，原系统测试完成后切换到新系统运行稳定后开始测试。

2）检测人员

甲乙双方每个站各派 1～2 人完成检测工作。

3）对比检测内容

能耗检测：检测记录新、旧系统各自运行 5d 的耗热量和循环泵耗电量。

室温检测：

①检测户数：远、中、近端各检测 5 户。具体检测户的门牌号及户数根据实际情况，由甲乙双方协商确定。

②对比户数：由于室温检测与热用户密切相关，可能有部分检测热用户粗心大意，则会造成温度自记仪丢失或挪位，检测户的室温数据会不完整或出现较大偏差；另外，可能有部分检测户存在私改供暖设施等不符合供暖规范的行为，则这部分检测户的数据需剔除。故以检 5 比 3 的原则进行对比。

（2）对比检测仪表

1）能耗检测仪表

①在换热站内安装热量表，用于计量耗热量数据；

②循环泵耗电量以专用功率表（有效期内）检测数据为准。

2）室温检测仪表

用双方认可的室温检测仪表进行检测。

（3）对比计算方法

供热系统节能改造能耗对比，需在下列条件下进行：

1）用户达标室温 $t_{n标}$ 均以 18℃计算；

2）对比期室外平均温度以同一气象网站当地天气后报（或气象台）出具的数据为准；

3）一次热源基本一致，即在相同室外环境下，给原系统和新系统提供的一次网运行参数（温度、压力等）基本一致；

4）新旧系统能耗数据需在同一标准下进行对比：设计室外平均温度：____℃；标准供暖期天数：____天。

（4）节能收益计算方法

依据双方认可的新旧系统能耗数据，将能耗数据折算到同一标准下进行对比，对比的结果即为当年的节能量。节能量乘以当年平均能源价格，即为当年节能效益额。

1）度日数计算

标准度日数为：$D_{d标} = H_{标} \times [t_{n标} - T_{w标}]$。其中，$H_{标}$为标准供暖期天数，$T_{w标}$为设计室外平均温度。

对比天数 $H_{检}$ 为 3d，对比期室外平均温度为 $T_{w检}$，则：

原系统对比期度日数为 $D_{d原检} = 3 \times (t_{n标} - T_{w原检})$；

新系统对比期度日数为 $D_{d新检} = 3 \times (t_{n标} - T_{w新检})$。

2）节能量计算方法

①节电计算方法

（A）循环泵耗电量 W

将新、旧系统对比期的实测耗电量折算到实际供暖天数上的耗电量，则：

$$W_{原折耗} = H_{标} \times W_{原检} / H_{检}$$

$$W_{新折耗} = H_{标} \times W_{新检} / H_{检}$$

（B）年节电量 ΔW 节电

$$\Delta W_{节电} = W_{原折耗} - W_{新折耗}$$

（C）年节电率 η 节电

$$\eta_{节电} = \Delta W_{节电} / W_{原折耗} \times 100\%$$

②节热计算方法

（A）实际耗热量

将新、旧系统对比期实测耗热量 $Q_{检}$ 折算到标准度日数下的耗热量 $Q_{折耗}$，则：

$$Q_{原折耗} = Q_{原检} \times D_{d标} / D_{d原检}$$

$$Q_{新折耗} = Q_{新检} \times D_{d标} / D_{d新检}$$

（B）年节热量 $\Delta Q_{节热}$

$$\Delta Q_{节热} = Q_{原折耗} - Q_{新折耗}$$

（C）年节热率 $\eta_{节热}$

$$\eta_{节热} = \Delta Q_{节热} / Q_{原折耗} \times 100\%$$

③节能收益计算方法

（A）直接节能收益

$$节能收益 = \Delta W_{节电} \times 当年平均电价 + \Delta Q_{节热} \times 当年平均热价。$$

（B）间接节能收益

间接节能收益＝政府各项节能奖励款之和＋CO_2 减排收益＋降低排放费用。

测试及计算数据可参考表 7-5。

测试及计算数据表 **表 7-5**

序号	项目	符号	单位	数据来源	原系统实验结果	新系统实验结果
1	室内测试平均温度	t_{nave}	℃	实测		
2	室内测试最高温度	t_{nmax}	℃	实测		
3	室内测试最低温度	t_{nmin}	℃	实测		
4	一次测平均供水温度	T_{1g}	℃	实测		
5	一次测平均回水温度	T_{1h}	℃	实测		
6	一次平均瞬时流量	F_1	m^3/h	实测		
7	耗热量	$Q_{检}$	GJ	实测		
8	二次供水累计流量	D	m^3	实测		
9	二次供水平均瞬时流量	F_2	m^3/h	实测		
10	二次平均供水温度	T_{2g}	℃	实测		
11	二次平均回水温度	T_{2h}	℃	实测		
12	二次供水压力	P_{2g}	MPa	实测		
13	二次回水压力	P_{2h}	MPa	实测		
14	循环泵出口压力	p_{xhb}	MPa	实测		
15	室内设计温度	$t_{n标}$	℃	查表	18	
16	设计室外平均温度	$T_{w标}$	℃	查表		
17	标准供暖期天数	$H_{标}$	天	查表		
18	供暖期标准度日数	$D_{d标}$	℃·d	$D_{d标}=H_{标}\times(t_{n标}-T_{w标})$		
19	室外环境平均温度	$T_{w检}$	℃	从气象台获取		
20	度日数	$D_{d检}$	℃·d	$(t_{n标}-T_{w检})\times3$		
21	年耗热量	$Q_{折耗}$	GJ	$Q_{检}\times D_{d标}/D_{d检}$		
22	年节热量	$\Delta Q_{节热}$	GJ	$Q_{原折耗}-Q_{新折耗}$		
23	年节热率	$\eta_{节热}$	%	$\Delta Q_{节热}/Q_{原折耗}\times100\%$		
24	平均耗电功率	P	kW	实测		
25	耗电量	$W_{检}$	kWh	实测		
26	年耗电量	$W_{折耗}$	kWh	$H_{标}\times W_{检}/H_{检}$		
27	年节电率	$\eta_{节电}$	%	$\Delta W_{节电}/W_{原折耗}\times100\%$		
28	年节电量	$\Delta W_{节电}$	kWh	$W_{原折耗}-W_{新折耗}$		

7.5 新建小区热网喷射泵输配系统设计

7.5.1 新建小区热网喷射泵安装位置优化

楼栋或者单元入口的平衡调节只能解决二次网的水平失调问题，而楼内立管阻力引起的垂直失调问题依旧存在，分层或者分户安装喷射泵，可以同时解决楼栋之间的水平失调和楼内用户之间的垂直失调问题。对于每层用户数量较多、户型面积较小的系统，分户安装喷射泵的投入较大，适合采用分层安装喷射泵的方案，此时每层的用户间的失调问题基本不会太大，如果有户间的失调问题，可以用阀门进行户间平衡，户间平衡调完之后再整体调节一下分层喷射泵即可。这样的性价比较高。

分层安装 $DN25$ 的喷射泵，可以是手动调节的也可以是电动调节的。分层安装喷射泵方案是喷射泵安装位置的最佳方案，能够把喷射泵的优势全部发挥出来，节电效果最好，平衡效果最好，安装调试方便，设备投入成本较低。尤其是手动调节方案使用寿命长，维护简单，可靠性好。

新建小区的入住率较低，每年入住率变化较大，如果喷射泵安装在楼栋或者单元入口的话，每年的调节工作量较大。如果分层安装喷射泵或者分户安装喷射泵就可以避开入住率变化的问题。因此，新建小区宜选用分层安装喷射泵或者分户安装喷射泵的方案。考虑到喷射泵数量众多，调节工作量大，宜采用电动调节方案。楼栋或者单元入口采用高精度平衡阀，集调节、关断、过滤于一体。

7.5.2　新建小区热网喷射泵设计

（1）根据新建建筑的户型，确定采用分户安装喷射泵还是分层安装喷射泵，对于大户型建筑（比如每户建筑面积超过 $100m^2$ 以上的），采用分户安装，对于小户型建筑采用分层安装喷射泵。

（2）中间户采用喷射泵方式，边、顶、底用户采用调节阀方式。

（3）喷射泵的设计混水比取1。

（4）喷射泵设计压差取 $6mH_2O$。

（5）按照喷射泵的设计压差、设计混水比、供暖末端循环流量计算喷射泵喷嘴直径，进而确定喷射泵规格型号，计算喷射泵出厂开度。

（6）楼内立管和二次管网的管径仍然按照供暖末端循环流量选取，不建议进行缩小管径。

（7）热力站循环泵额定流量按照采暖末端循环流量总和×0.6选取。

（8）热力站循环泵额定扬程按照热网水力计算后选取：

$$H = \Delta P_{沿程} + \Delta P_{站内} + \Delta P_{喷射泵} + 2 \sim 5 \tag{7-11}$$

式中　H——循环泵额定扬程；

$\Delta P_{沿程}$——管网沿程压降，包括二次沿程压降和楼内立管压降；

$\Delta P_{站内}$——站内压降；

$\Delta P_{喷射泵}$——喷射泵的设计压差，这里取 $6mH_2O$。

7.5.3　新建小区热网喷射泵安装

1. 用户入口安装喷射泵（见图7-22）

喷射泵安装到用户入口有如下优点：

（1）平衡到户，能够精细化平衡调节到每一个用户；

（2）节约循环泵电耗50%以上；

（3）边、顶、底用户或者孤岛用户，因其热负荷较大，除了需要加大流量之外，还需要比中间正常用户更高的供水温度，只需要把这部分特殊用户的供回水连通阀关闭，就可以让这些用户高温大流量运行。让少量的关键的特殊用户供热满意了，就会使得所有用户

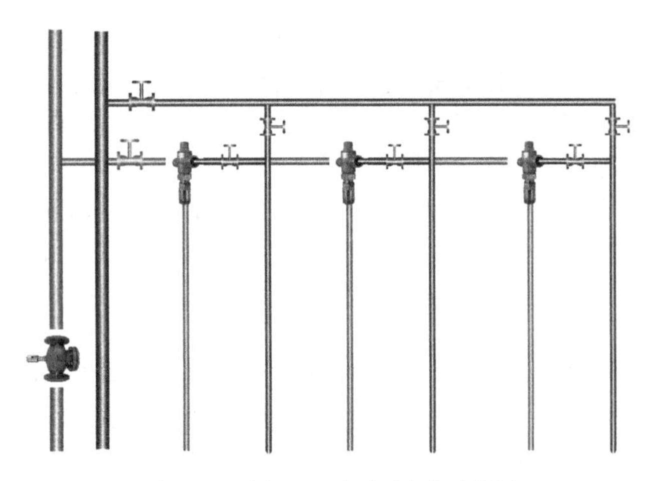

图 7-22 用户入口喷射泵安装示意图

都满意，更加节能。

2. 分楼层安装喷射泵（见图 7-23）

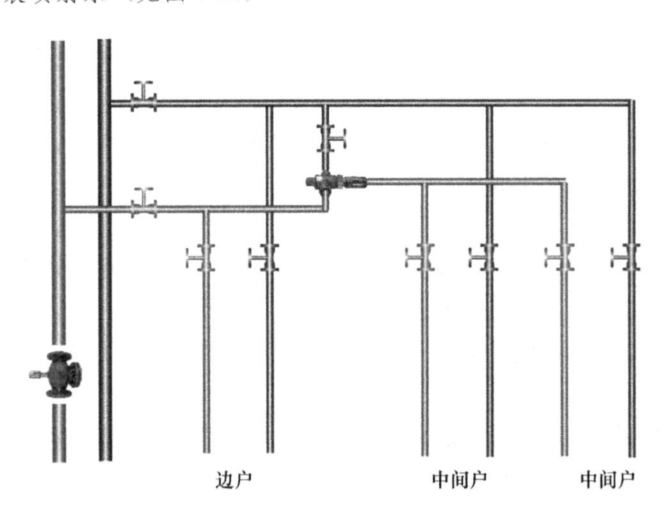

图 7-23 分楼层喷射泵安装示意图

喷射泵分层安装，边、顶、底用户直接从主管接出，中间用户共用 1 台喷射泵，把边、顶、底和中间用户的供热温度区分开来，让边、顶、底用户的供水温度更高、循环流量更大。中间户之间的不平衡只需要平衡这几户就可以了，这几户平衡调节的过程中对其他楼层的用户不影响。这种分层安装喷射泵的方案比分户安装喷射泵的初投资更低，具有更高的性价比。

7.5.4 新建小区热网喷射泵调试

（1）按照每户或者每层的回水温度调节喷射泵或者调节阀；

（2）按照楼栋入口的回水温度调节楼栋入口的高精度平衡阀；

（3）如果采用手动喷射泵方案，热力站控制需要按照气候补偿和节能时钟控制二次供水温度和循环泵频率；

（4）如果采用电动喷射泵的方案，楼栋控制装置既能保证每户的回水温度一致，还能按照气候补偿和节能时钟控制。这种最接近于末端的控制能够快速适应热负荷的变化。此时，热力站只需要保持二次供水温度恒定，保持二次供水压力恒定即可。

7.6　喷射泵典型应用案例

笔者团队从 2016 年开始研发调节型喷射泵，截至 2020 年年底已经推广应用了约 1500 万 m^2 供热面积。遍布从黑龙江到河南的广泛的供热区域，积累了许多宝贵的实际应用经验，其中有些场景特别适合应用喷射泵技术和产品，例如：热网管径细、供热半径长、输送能力不足的小区热网；地板供暖与散热器供暖混供的小区；单管串联供热系统存在水平失调和垂直失调的小区；热源出口供回水压差大、供热规模小的热力站等。

7.6.1　输送能力不足

沈阳市某小区最初设计的管网供热面积 5 万 m^2 左右，在小区管网主管道直径没变的情况下，在末端又接进来 4 万多 m^2，共计 9.5 万 m^2。运行时末端用户室内温度无法达标，导致用户上访、要求退费。2017 年该小区采用喷射泵输配方案，降低了小区管网和热力站的流量，保持楼内供热系统仍然按照大流量运行，这样就扩大了小区热网的输送能力，使得该小区供热效果均衡，末端用户也热了，用户满意。

7.6.2　地板供暖与散热器供暖混供

如长春某小区 12.6 万 m^2（商业与住宅混供），商业还是散热器供暖供热效果不好。喷射泵改造之后，循环泵由原来的 37kW 降至 22kW，解决了商业用户的供暖问题，供热质量明显提高。此外还有辽宁省某项目约 200 万 m^2、北京市某项目 20 万 m^2 等。

7.6.3　利用一次网富余压差实现循环泵零电耗

应用于距离热源近端的换热站，如黑龙江省某林场换热站，供热面积 5 万平 m^2，经喷射供热系统改造后，利用首站循环泵压头，通过喷射泵将一次网热水与用户回水在楼前管道井中混合，加大用户循环水量，使用户受热均匀，改善水力工况，直接取消二次网循环泵（22kW）。

7.6.4　单管串联解决垂直失调

单管串联供热系统除了存在水平失调之外，还存在垂直失调，流量越大垂直失调越小。因此，单管串联供热系统应用喷射泵输配方案不仅能够解决水平失调的问题，还能缓解垂直失调问题。下面以北京某小区为例，详细介绍喷射泵的应用案例，该案例楼栋面积及供热效果如表 7-6 所示。

1. 项目调研

(1) 能耗数据

平均气单耗 9m^3/m^2，气单价 2.72 元/ m^3，电单耗 1.43kWh/m^2，电单价 1 元/kWh，供热面积 111895m^2。

(2) 热力站数据

3 台循环泵，额定流量 187t/h，额定扬程 44m，额定功率 37kW，运行 2 台循环泵，严寒期运行频率 47Hz。

楼栋面积及供热效果表 **表 7-6**

楼号	入户井室	面积（m^2）	备注
1号楼	1单元楼前	2779.25	
1号楼	4单元楼前		
2号楼	3单元南面	2100.36	
2号楼	2单元楼前		
3号楼	2单元楼前	2142.66	
4号楼	1、2单元中间	2140.35	
4号楼	3、4单元中间		
5号楼	2单元楼后	2251.35	
5号楼	4单元楼后		
6号楼	2单元楼后	1498.44	
6号楼	4单元楼后		
7号楼	2单元楼前	1811.84	不热
8号楼	2单元楼前	3004.7	
9号楼	2单元楼后	6102.72	不热
9号楼	4单元楼后		
10号楼	2单元楼前	2974.82	不热
11号楼	2单元楼前	7700.28	不热
11号楼	4单元楼前		
11号楼	6单元楼前		
12号楼	2单元楼前	3442.2	
12号楼	4单元楼前		
13号楼	2单元楼前	3839.76	
13号楼	4单元楼前		
14号楼	2单元楼前	2671.68	
14号楼	4单元楼前		
15号楼	2单元楼后	3839.76	不热
15号楼	4单元楼后		
16号楼	2单元楼前	3841.08	不热
16号楼	4单元楼前		
36号楼	1单元楼前	2616.86	
36号楼	3单元楼前		不热
老干部活动中心	前面	600	
大学生公寓	热力站	212.25	
幼儿园	幼儿园西南侧	2951.57	
物业	幼儿园西南侧	1589.87	

续表

楼号	入户井室	面积（m^2）	备注
东里14号楼	楼北侧	1697.14	
东里13号楼	楼北侧	1697.14	不热
东里12号楼	楼北侧	1697.14	
东里11号楼	楼北侧	1697.14	不热
东里10号楼	楼北侧	1697.14	
居委会	9号楼6单元前面	288.26	
东里9号楼	9号楼1、2单元楼后	5626.8	
	9号楼5、6单元楼后		
东里8号楼	8号楼5、6单元楼前	5457.36	不热
	8号楼1、2单元楼前		
东里7号楼	7号楼北侧中间	1697.14	
东里6号楼	6号楼2单元楼前	5653.44	
东里6号楼	6号楼5单元楼前		
东里5号楼	5号楼北侧楼后	2770.64	不热
东里1号楼	1号楼4、5单元楼前	4140.96	
	1号楼1、2单元楼前		
东里2号楼	2号楼3、4单元楼前	2643.42	
东里3号楼	3号楼6单元楼前	3972.68	不热
东里3号楼	3号楼4单元楼前		
东里3号楼	3号楼2单元楼前		
东里4号楼	4号楼6单元楼前	3972.68	不热
东里4号楼	4号楼4单元楼前		
东里4号楼	4号楼2单元楼前		

2. 项目分析

（1）水力工况失调分析

依据现场探勘，估测供热半径较长，管网阻力/楼内阻力为5左右，原系统的水力失调度最大可达到145%，喷射泵系统的水力失调度最大可以达到14.6%。现场进行精细化调节之后，调节型喷射泵的水力失调度可以控制在5%以内，水力失调度的改善可以达到140%，节热空间估算为11.7%。

（2）部分楼栋供热效果不好

该项目中存在7号、9号、10号、11号、15号、16号，36号，东里13号、11号、8号、5号、3号、4号等多个楼供热效果不好的问题（见表7-6），通过调节型喷射泵改造可以解决这个问题，改善这些不热户的供热效果。

3. 选型表（见表 7-7）

设备选型表 表 7-7

序号	楼栋及单元名称	建筑面积（m^2）	喷嘴设计流量（m^3/h）	生产喷射泵规格	出厂行程（%）
1	36 号楼-1	1308.43	1.96	*DN*40	67.60
2	36 号楼-2	1308.43	1.96	*DN*40	67.60
3	东里 1 号楼-1	2070.48	3.11	*DN*50	68.56
4	东里 1 号楼-2	2070.48	3.11	*DN*50	68.56
5	东里 2 号楼	2643.42	3.97	*DN*50	74.35
6	东里 3 号楼-1，有污水浸泡	1324.23	1.99	*DN*40	81.43
7	东里 3 号楼-2，有污水浸泡	1324.23	1.99	*DN*40	81.43
8	东里 3 号楼-3，有污水浸泡	1324.23	1.99	*DN*40	81.43
9	东里 4 号楼-1，井小	1324.23	1.99	*DN*40	81.43
10	东里 4 号楼-2，井小	1324.23	1.99	*DN*40	81.43
11	东里 4 号楼-3，井小	1324.23	1.99	*DN*40	81.43
12	东里 5 号楼	2770.64	4.16	*DN*65	78.28
13	东里 6 号楼-1	2826.72	4.24	*DN*65	65.65
14	东里 6 号楼-2	2826.72	4.24	*DN*65	65.65
15	东里 7 号楼	1697.14	2.55	*DN*50	64.34
16	东里 8 号楼-1	2728.68	4.09	*DN*65	77.91
17	东里 8 号楼-2	2728.68	4.09	*DN*65	77.91
18	东里 9 号楼-1，管道太乱，现场核实	2813.40	4.22	*DN*65	65.55
19	东里 9 号楼-2，管道太乱，现场核实	2813.40	4.22	*DN*65	65.55
20	东里 10 号楼	1697.14	2.55	*DN*50	64.34
21	东里 11 号楼	1697.14	2.55	*DN*50	77.21
22	东里 12 号楼	1697.14	2.55	*DN*50	64.34
23	东里 13 号楼	1697.14	2.55	*DN*50	77.21
24	东里 14 号楼	1697.14	2.55	*DN*50	64.34
25	1 号楼-1	1389.63	2.08	*DN*40	68.93
26	1 号楼-2	1389.63	2.08	*DN*40	68.93
27	2 号楼-1	1050.18	1.58	*DN*40	63.06
28	2 号楼-2	1050.18	1.58	*DN*40	63.06
29	3 号楼	2142.66	3.21	*DN*50	69.33
30	4 号楼-1，一个井	1070.18	1.61	*DN*40	63.43
31	4 号楼-2，一个井	1070.18	1.61	*DN*40	63.43
32	5 号楼-1	1125.68	1.69	*DN*40	64.44
33	5 号楼-2	1125.68	1.69	*DN*40	64.44

续表

序号	楼栋及单元名称	建筑面积 (m^2)	喷嘴设计流量 (m^3/h)	生产喷射泵规格	出厂行程（%）
34	6 号楼-1	1099.77	1.65	*DN*40	63.97
35	6 号楼-2	1099.77	1.65	*DN*40	63.97
36	7 号楼，井太小，在大门口	2234.64	3.35	*DN*50	84.35
37	8 号楼	3004.70	4.51	*DN* 65	66.94
38	9 号楼-1	3051.36	4.58	*DN*65	80.73
39	9 号楼-2	3051.36	4.58	*DN*65	80.73
40	10 号楼	3652.07	5.48	*DN*65	85.62
41	11 号楼-1	2566.76	3.85	*DN*50	88.34
42	11 号楼-2	2566.76	3.85	*DN*50	88.34
43	11 号楼-3	2566.76	3.85	*DN*50	88.34
44	12 号楼-1	1721.10	2.58	*DN*50	64.63
45	12 号楼-2	1721.10	2.58	*DN*50	64.63
46	13 号楼-1	1919.88	2.88	*DN*50	66.91
47	13 号楼-2	1919.88	2.88	*DN*50	66.91
48	14 号楼-1	1335.84	2.00	*DN*40	68.05
49	14 号楼-2	1335.84	2.00	*DN*40	68.05
50	15 号楼-1，一层单独走一路	1919.88	2.88	*DN*50	80.29
51	15 号楼-2，一层单独走一路	1919.88	2.88	*DN*50	80.29
52	16 号楼-1，一层单独走一路	1920.54	2.88	*DN*50	80.30
53	16 号楼-2，一层单独走一路	1920.54	2.88	*DN*50	80.30
54	东里 9 号楼前平房	159.30	0.24		
55	平房 2 号楼	22.00	0.03		
56	平房 3 号楼	22.00	0.03		
57	平房 4 号楼	22.00	0.03		
58	平房 5 号楼	22.00	0.03		
59	平房 6 号楼	22.00	0.03		
60	平房 7 号楼	21.73	0.03		
61	平房 8 号楼	22.00	0.03		
62	平房 9 号楼	28.00	0.04		
63	平房 10 号楼	39.54	0.06		
64	平房 11 号楼	20.93	0.03		
65	独立建筑-门城物业 6	134.33	0.20		
66	独立建筑-办公室	60.00	0.09		
67	独立建筑-活动室	327.00	0.49	*DN*32	50.97
68	独立建筑-二建	1923.80	2.89	*DN*50	66.95

续表

序号	楼栋及单元名称	建筑面积 (m^2)	喷嘴设计流量 (m^3/h)	生产喷射泵规格	出厂行程（%）
69	独立建筑-幼儿园	2951.57	4.43	*DN*65	66.56
70	独立建筑-物业 7	381.00	0.57	*DN*32	53.12
71	独立建筑-老干部楼	600.00	0.90	*DN*32	60.55
72	独立建筑-物业 8	1172.03	1.76	*DN*40	65.26
73	独立建筑- 8 号会馆	2402.87	3.60	*DN*50	72.01
74	独立建筑-活动室	60.00	0.09		
75	独立建筑-某机关	212.25	0.32		
76	独立建筑-居委会	288.26	0.43	*DN*32	49.32

考虑到安装、调节等成本因素，其中供热面积小于 250m² 的小建筑分支不安装喷射泵。

4. 设备安装

喷射泵安装示意图如图 7-24 所示。

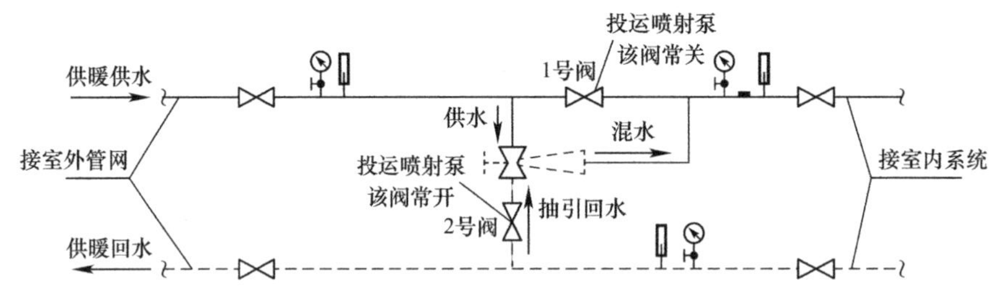

图 7-24　喷射泵安装示意图

5. 用户室温测量分析

12 月 22 日，对 9 号、10 号楼与东里 3 号、9 号、11 号、12 号、13 号、14 号楼所有单元的一、三、六层进行入户测温（共计 28 个单元，168 户，实际入户测温 53 户），如图 7-25 所示。

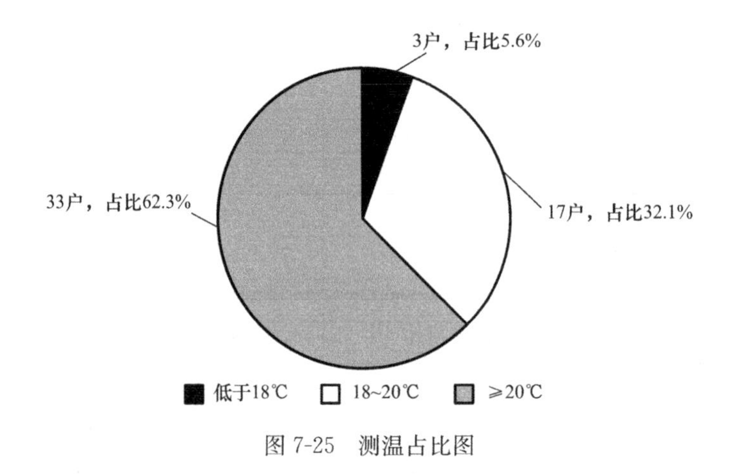

图 7-25　测温占比图

其中室温低于18℃的三户，分别为9-3-102（卧室17.9℃，客厅17.9℃）与东里3-3-101（客厅18.4℃，卧室17.3℃）、13-1-603（客厅17℃），但是散热器进水温度属于正常，原因是用户房间围护结构较差，热负荷偏大，散热器偏小。

6. 喷射泵效果评估

（1）供热效果评价：该小区为上一供暖季的供暖热点小区，投诉率相对较高。通过安装喷射泵改造后，投诉率明显下降。上一个供暖季投诉253件，改造后投诉162件，投诉率下降36%。12月4日喷射泵平衡调节完成之后，工单数量较少，且据班组反映，多为住户屋内温度达标仍报修情况。原来多栋楼存在不热户的问题基本解决，用户满意度提高。

（2）节电量评估：2020～2021年供暖季11月7日～12月9日热力站耗电量31864kWh，同期去年耗电量为41494kWh，耗电量降低了23.2%。12月4日才开始的节能调试，12月4日之后每天用电量约为960kWh，去年同期约为1600kWh，一天节电率约为40%。

（3）节热量评估：该小区存在大量的不热户，改善用户供热效果是采用喷射泵的主要目的，节热量没有详细测算。

第8章 智慧供热技术

供热成本越来越高，水电热成本是供热运行的主要构成，降低供热成本主要靠运行调节。供热运行调节是保障供热安全、改善供热效果、控制供热成本的关键环节。

自控系统是供热运行调控的主要手段，而自控集成商很少懂供热运行，供热运行人员也很少懂自控。往往是由专业的自控公司为供热企业建设自控系统，供热企业自己只是使用者，不能在实际应用过程中持续快速地进行系统迭代升级。随着时间的推移，许多供热企业的自控系统不但不能及时升级迭代，反而因缺乏专业的维护而使得原来的功能衰减甚至荒废。

供热运行调节是专业化程度很高的工作，需要供热运行调节的专家参与，优秀的供热运行专家参与供热运行调节能够创造非常大的经济和社会效益，但是供热行业专家很少参与运行，因此真正的供热运行专家非常稀缺，能够参与到实际运行调节中供热专家就更稀缺。另一方面，供热专家也需要在实际工作中不断积累经验才能成为更有价值的专家。

供热企业普遍缺少专业技术人才，尤其是中小型供热企业。多数供热企业经济效益差，能耗偏高，缺少技改资金和好的技术，更缺少优秀的人才。还有很多理论水平很高的学者深入不到供热一线，才能得不到发挥，能力也得不到提升。

基于云平台的供热运行专家系统，通过接管自控系统来接管供热企业的生产运行，在超越供热企业边界的更高维度上整合人才、技术、产品、资金等要素资源，全面提升供热运行水平，实现节能降耗、提质增效。

8.1 智慧供热的含义

智慧供热必然基于云平台、大数据、移动互联网、人工智能能等先进技术成果，但这并不是智慧供热的全部。智慧供热首先应该是改善甚至再造供热系统的工艺流程，利用先进的供热设备和供热技术，使得供热系统简单、可靠、高效、节能；接着是实现自动化，实现节能控制和安全保护自动化；然后是运行调度专家支持，整合行业专家团队，利用云平台面向行业提供智库服务，全面提升供热行业的运行调度水平；再然后是基于专家智慧和机理模型的专家系统，用算法接管专家智慧；最后是利用人工智能技术补充专家系统的短板和不足。

因此，智慧供热的含义是整个供热系统提质增效、升级换代的全部内容，而不是单一的互联网化，更不是简单地实现数据采集和存储。而其根基应该是供热技术和供热设备的升级。供热系统工艺流程的升级。智慧供热首先应该是供热人的事情，是供热人先“智慧”起来，然后才是利用云计算、大数据、物联网、移动互联网、AI 等先进技术为供热系统插上翅膀。没有深度结合供热系统的智慧供热技术意义不大，架构在现有原始的粗放的供热系统之上的智慧供热也如同沙滩上起的高楼。

8.2　智慧供热与传统供热的关系

智慧供热是传统供热技术的智慧化，就是把互联网技术应用到供热技术之中，需要懂互联网技术的人才、懂供热自动化控制技术的人才以及懂供热技术的人才之间紧密合作。整个供热智慧化的过程中需要一个核心工程师存在，能够很好地组织协调各个方面的技术人才相互配合。

在建设智慧供热系统之前，首先需要对供热系统的工艺流程进行梳理，重点是对供热系统的调控环节进行优化，这些调控环节包括：

（1）热源出口参数的优化调度；

（2）室外温度的标准化采集点气象参数采集和平衡处理；

（3）热力站一次侧电动调节阀或分布式变频泵控制；

（4）热力站二次侧换热器旁通电动调节阀或者站内循环泵气候补偿和节能时钟控制；

（5）热力站循环泵气候补偿和节能时钟控制；

（6）楼栋或单元入口的平衡调节；

（7）户用喷射泵或者户用电动调节阀的全楼平衡控制。

在实时智慧供热系统升级之前，需要先把供热系统各个调节环节最优化的调控方案确定好，然后进行供热流程的优化改造。

8.3　智慧供热云平台的构成

智慧供热平台由供热工艺系统、控制系统执行器和仪表、控制器、通信转换模块、本地操控显示的触摸屏、通信网关、物联网云平台、组态软件、供热企业云平台（展示中心、数据中心、计算中心、专家调度中心）、各种微服务、微应用等多个层次构成，如图 8-1 所示。

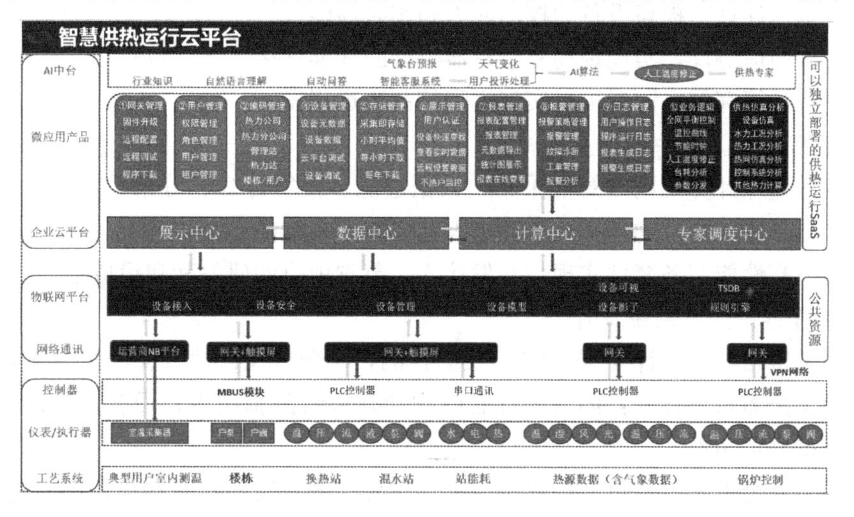

图 8-1　云平台总体框架图

8.4 智慧供热云平台简介

8.4.1 智慧供热云平台的网关设备

网关是连接物联网云平台与供热系统控制装置之间的桥梁，负责与供热系统控制装置通信，同时负责与物联网云平台通信。虽然它看上去只是一个硬件设备，却是把供热控制系统与物联网系统建立联系的重要一环。网关供货商需要对传统控制设备的通信协议非常熟悉，同时需要对与物联网云平台的通信协议非常熟悉，而且硬件设备的可靠性高、价格低廉。网关的部署数量会非常大，价格低廉和可靠性高是能否推广应用的关键因素。

WG581系列工业智能网关是一款单网口，支持4G/3G/WiFi等各种网络接入方式，支持各种工控协议解析，支持MQTT上行协议，支持网关信息采集管理，支持设备和变量的定义和远程部署，支持自定义方式的数据采集和数据控制和支持防火墙等功能为一体的嵌入式工业级智能网关。

WG581系列工业智能网关采集各种工控设备（PLC、采集器、仪器仪表和传感器）的数据，并通过MQTT物联网协议经由4G/3G/WiFi/有线因特网传送到用户自定义的云平台上。它适合作为大规模分布式设备的接入节点，内嵌协议分析器可以通过协议分析把现场设备的数据先收集到网关节点计算分析，再通过MQTT协议传输到云端平台，方便客户的应用系统实现数据采集和远程控制。同时具有各种网关管理、部署、应用等高级功能；多种网络接入、易于部署和完善的管理及应用功能协助工业客户构建工业4.0服务系统。具体特性如下：

1. 丰富接口、易于部署

支持4G、3G、PPPOE、WiFi网络，为不同的应用场合提供不同的接入方案。

2. 万物互联、高效接入

内嵌协议分析器，支持主流工控协议和定制化特有协议；通过策略规则计算和应用部署分发实现本地计算，提高设备的控制能力和实时性能。

内嵌数据通信协议，实现现场复杂机器类型的标准化接入，不仅可以实现数据汇聚到数据中心进行计算存储，同时可以实现远程控制和远程发布。

3. 构建高性能、高并发应用系统

支持各种边缘计算规则（智能采集、数据过滤、报警计算、分组策略等），并将数据标准化后降低云服务中心的压力，从而极大地提高了系统的稳健性和高并发性。同时，支持接入第三方高性能服务套件实现高并发接入，节省项目的研发和建设成本。

4. 高可靠性嵌入式系统设计

（1）网关链路检测设计：支持链路实时检测，实现掉线自动重拨，保持链路长连接。

（2）网关故障自愈设计：内嵌硬件看门狗和软件看门狗技术，设备运行故障自修复，保障设备维持高可用性。

（3）网关安全卫士：通过系统安全卫士，实时检测系统的状态和应用的状态，对系统的不安全和不稳定节点进行预防和恢复。

5. 强大的安全功能

(1) 数据传输安全 ：支持 L2TP、PPTP、IPSec VPN、Open VPN、CA 证书保障数据安全传输。

(2) 网络防护安全：强大的防火墙功能，可以根据客户的需求定制全方位的防护策略，比如支持 SPI 全状态检测、Secure Shell (SSH)、入侵保护 (禁 Ping)、DDoS 防御、攻击防御、IP-MAC 绑定等防墙功能，保障网络不受外界攻击。

(3) 所有节点提供身份验证和端到端加密服务，这些节点包括设备端和各个云服务，物联网套件还提供了设备级的权限粒度服务，这个服务保证设备或者应用程序只有具有相应的访问权限才能操作某些资源。

6. 开放式嵌入式平台、支持定制化开发

高性能 CPU 的计算能力可以胜任各种复杂计算；丰富的系统资源适合开发各种复杂的应用。采用开放式平台设计理念，可以针对特定的应用场景和应用需求让客户自行开发相应的 App 并加载到网关系统中。

8.4.2　物联网云平台

目前物联网云平台主要有三种：大型互联网公司开发的通用的物联网云平台、大型设备制造商开发的物联网云平台、大厂出来的创业公司开发的物联网云平台。供热行业本身是一个专业性很强的具体应用场景，而供热行业的企业普遍规模较小，不具有自主研发物联网云平台的能力，因此供热行业的物联网云平台应该与通用的物联网云平台合作（我们选择阿里云物联网平台）。

1. 产品简介

阿里云物联网平台为设备提供安全可靠的连接通信能力，向下连接海量设备，支撑设备数据采集上云；向上提供云端 API，服务端通过调用云端 API 将指令下发至设备端，实现远程控制（见图 8-2）。

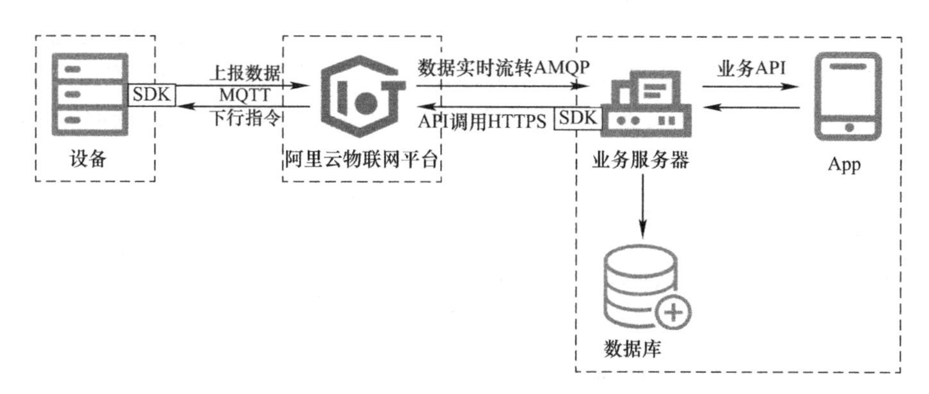

图 8-2　物联网平台消息通信流程图

2. 产品功能

(1) 设备接入：物联网平台支持海量设备连接上云，设备与云端通过 IoT Hub 进行稳定可靠地双向通信。

(2) 设备开发：提供设备端 SDK、驱动等，帮助不同设备、网关轻松接入阿里云。

(3) 设备接入引导：提供蜂窝（2G、3G、4G、5G）、NB-IoT、LoRaWAN、WiFi 等

不同网络设备接入方案。

(4) 提供 MQTT、CoAP、HTTP、HTTPS 等多种协议的设备端 SDK，既满足长连接的实时性需求，也满足短连接的低功耗需求。

(5) SDK 不同语言或平台功能汇总：开源多种平台设备端代码，提供跨平台移植指导，赋能企业基于多种平台做设备接入。

(6) 设备管理：物联网平台提供完整的设备生命周期管理功能，支持设备注册、功能定义、数据解析、在线调试、远程配置、OTA 升级、实时监控、设备分组、设备删除等功能，功能特性如下：

1) 提供设备物模型，简化应用开发；

2) 提供设备上下线变更通知服务，方便实时获取设备状态；

3) 提供数据存储能力，方便用户海量设备数据的存储及实时访问；

4) 支持 OTA 升级，赋能设备远程升级；

5) 提供设备影子缓存机制，将设备与应用解耦，解决不稳定无线网络下的通信不可靠痛点。

(7) 安全能力：物联网平台提供多重防护，有效保障设备和云端数据的安全。

1) 身份认证提供芯片级安全存储方案（ID^2）及设备密钥安全管理机制，防止设备密钥被破解。安全级别很高。提供一机一密的设备认证机制，降低设备被攻破的安全风险。适合有能力批量预分配设备证书（ProductKey、DeviceName 和 DeviceSecret），将设备证书信息烧录到每个设备的芯片。安全级别高。提供一型一密的设备认证机制。设备预烧产品证书（ProductKey 和 ProductSecret），认证时动态获取设备证书（包括 ProductKey、DeviceName 和 DeviceSecret）。适合批量生产时无法将设备证书烧录每个设备的情况。安全级别普通。提供 X.509 证书的设备认证机制，支持基于 MQTT 协议直连的设备使用 X.509 证书进行认证。安全级别很高。

2) 通信安全支持 TLS（MQTT、HTTPS）、DTLS（CoAP）数据传输通道，保证数据的机密性和完整性，适用于硬件资源充足、对功耗不是很敏感的设备。安全级别高。支持设备权限管理机制，保障设备与云端安全通信。支持设备级别的通信资源（Topic 等）隔离，防止设备越权等问题。

(8) 规则引擎：物联网平台规则引擎包含以下功能：

1) 服务端订阅：订阅某产品下所有设备的某个或多个类型消息，服务端可以通过 AMQP 客户端或消息服务（MNS）客户端获取订阅的消息。

2) 云产品流转：物联网平台根据用户配置的数据流转规则，将指定 Topic 消息的指定字段流转到目的地，进行存储和计算处理。

3. 产品架构图

阿里云物联网平台架构如图 8-3 所示。

4. 产品优势

企业基于物联网，通过运营设备数据实现效益提升已是行业趋势和业内共识。然而，企业在物联网系统的建设过程中往往会遇到各类阻碍。针对此类严重制约企业物联网发展的问题，阿里云物联网平台相比企业自建 MQTT 集群、MQTT 服务器具有不可比拟的优势。下面从能力、费用两方面将自建 MQTT 集群与阿里云物联网平台进行对比。

图 8-3　物联网平台产品构架图

（1）更强大的能力：自建 MQTT 集群与阿里云物联网平台的能力差异如表 8-1 所示。

MQTT 集群与阿里云物联网平台的能力差异表　　表 8-1

项目	阿里云物联网平台	自建 MQTT 集群
性价比	可选多种付费模式：按量付费、包年包月； 随业务规模增长，可无感扩容	预付费，需一次性投入购买 IaaS 资源； 随着业务规模增长，需要不断扩容
设备接入	提供设备端 SDK，快速连接设备上云，效率高。同时支持全球设备接入、异构网络设备接入、多环境下设备接入和多协议设备接入。 亿级设备规模，自动扩展，保证连接稳定性，设备消息到平台处理时长在 50ms 以内	需要搭建基础设施，联合嵌入式开发人员与云端开发人员共同开发。开发工作量大、效率低。 架构上难以支撑百万级的设备规模，设备并发连接很多时难以保证平台的稳定性，同时大量设备上下线会导致平台雪崩
并发性	百万并发能力，架构可水平扩展。核心消息处理系统采用无状态架构，无单点依赖，消息发送失败可自动重试	架构上难以支持万级的消息规模，消息上下行并发会给系统带来巨大的冲击。无法做到削峰填谷，影响高峰时正常业务运行
安全性	等保 2.0 版（三级等保），提供多重防护，保障设备数据安全： 接入层使用高防 IP 防止 DDoS 攻击； 设备认证保障设备安全与唯一性； 设备数据传输链路支持 TLS 加密，保障数据不被篡改； 核心密钥和数据加密存储防窃取； 云盾护航和权限校验保障云端安全； 平台安全由阿里云安全团队防护	需要额外开发、部署各种安全措施，保障设备数据安全是个极大挑战； 如果缺少安全专业人才，安全意识不强，出现安全问题无法第一时间解决，造成的影响比较大
可用性	去中心化，无单点依赖。拥有多数据中心支持。 承诺服务可用性达到 99.9%，未达到可按标准理赔。 故障处理 1min 发现、5min 定位、20min 解决	如果迁移过程中出现死机，需自行发现并解决，再完成迁移，迁移时服务会中断，可用性无法保障； 可用性没有明确的量化标准，发生问题需要技术和运维团队介入排查，时间不能保证，损失自行承担

续表

项目	阿里云物联网平台	自建 MQTT 集群
易用性	开通即用，提供控制台、设备 SDK、云端 SDK 配合使用； 一站式设备管理、实时监控设备场景、无缝连接阿里云产品，可灵活简便地搭建复杂物联网应用； 支持物模型，无需自定义数据格式，解决数据结构化的问题，便于做数据分析和可视化； 完善的监控和告警配置，可及时感知到平台和业务的异常状况； 数据开放、API 开放，打通设备到平台到业务服务器的数据链路	需要购买服务器搭建负载均衡分布式架构，花费大量人力物力开发“接入＋计算＋存储”一整套物联网系统； 无控制台，前后端都需要自行搭建，设备连接状态、生命周期管理以及远程运维的实现很复杂
设备出海	全球 8 个地域，分布在亚洲、欧洲、北美洲，设备可在全球范围内就近接入； 使用阿里云域名加速能力，减少设备跨海通信延时； 数据安全合规通过 GDPR 认证	海外部署成本高，难以运维，设备访问延时高，同时要考虑安全合规问题
服务端同步调用	支持 RRPC 同步响应	不支持
私有协议数据解析	支持云上脚本托管，实现自定义协议解析	不支持，需要业务服务器处理
数据流转	通过规则引擎配置，支持多种云产品流转	不支持，需要研发编码实现
设备影子	支持	
OTA 升级	支持多维度设备 OTA 升级方式	
日志服务	支持日志查询，海量日志存储	
实时监控	支持实时监控运维图表展示，支持阈值报警、事件报警	

(2) 更低的费用：假设企业有 1 万台设备，每个设备每天在线 16h，平均每个设备 5min1 条消息，单消息报文大小 512 B 到 1 KB 之间，分别使用自建 MQTT 集群、阿里云物联网平台产生的费用如表 8-2 所示。

自建 MQTT 集群、阿里云物联网平台产生的费用表　　表 8-2

项目	阿里云物联网平台	自建 MQTT 集群（基于阿里云 ECS）
云资源费用	购买设备数为 1 万个、消息上下行 TPS 为 100 条/s，规则引擎 TPS 为 100 条/s、最小规格时序数据存储的实例即可； 总费用：6815 元/a	至少需要 2 台 ECS 实例做互备容灾：2 台 4 核 CPU、8GB 内存、40GB 存储空间的 ECS 实例费用为 7915 元/a； 关系型数据库 RDS：最小规格，1 核 CPU、1 GB 内存、20GB 存储空间的 RDS 实例费用为 1584 元/a； 负载均衡 SLB：最小规格，1 Mbps 带宽的 SLB 实例费用为 352 元/a； 总费用：9851 元/a
人力费用	无	假设 1 个负责平台研发和运维工程师月薪 8000 元，占用该工程师 20%的工作量，则人员成本为 8000×12×20% ＝ 19200 元/a （不考虑奖金和五险一金成本）

8.5　智慧供热控制设备标准化

8.5.1　户用喷射泵介绍

户用喷射泵具有入户混水的效果，可以实现户内循环系统大流量，户外热网输配系统小流量。同时户用喷射泵的入户阻力大幅度提高，而输配热网的线路压损大幅度降低，能够有效改善平衡效果，提高系统的水力稳定性，大幅度降低循环泵电耗。为户用喷射泵配置电动调节执行器，能够实现更加精细化的平衡调节，实现均匀供热到户的目的。

对于新建建筑宜按照每户安装喷射泵设计，宜采用电动喷射泵，组成楼栋喷射泵控制系统。户用电动喷射泵由喷射泵泵体、电动执行器、供回水温度传感器构成。高度集成，方便安装。具体技术参数为：

1. 有线通信方案执行器技术参数

（1）电源电压：DC12V（支持宽电压 9～15V）。

（2）额定功率：6W。

（3）有线通信：MBUS（有效传输距离≤1000m）。

（4）传感器：进回水温度采集，分辨率 0.065℃。

（5）执行器 0～270°旋转，顺时针为关，逆时针为开。执行器 0°对应喷射泵全关；270°对应喷射泵全开。喷射泵开度数字控制，控制精度<1%。

（6）防护等级：IP65。

2. 无线通信方案执行器技术参数

（1）供电方式：电池供电。

（2）无线通信：NB-IoT。

（3）传感器：进回水温度采集，分辨率 0.065℃。

（4）执行器 0～270°旋转，顺时针为关，逆时针为开。执行器 0°对应喷射泵全关；270°对应喷射泵全开。喷射泵开度数字控制，控制精度<1%。

（5）防护等级：IP65。

3. 有线无线双模通信方案执行器技术参数

（1）电源电压：DC12V（支持宽电压 9～15V）。

（2）额定功率：6W。

（3）有线通信：MBUS（有效传输距离≤1000m）。

（4）无线通信：NB-IoT。

（5）传感器：进回水温度采集，分辨率 0.065℃。

（6）执行器 0～270°旋转，顺时针为关，逆时针为开。执行器 0°对应喷射泵全关；270°对应喷射泵全开。喷射泵开度数字控制，控制精度<1%。

（7）防护等级：IP65。

4. 喷射泵泵体技术参数

（1）连接方式：外螺纹连接。

(2) 阀体材质：黄铜。

(3) 阀芯材质：不锈钢 304。

(4) 适用介质：水。

(5) 介质温度：<130℃。

(6) 环境温度：标准－20～60℃。

(7) 安装方式：水平安装阀头向上（喷射泵的电动执行器必须朝上)。

(8) 流量特性：等百分比。

(9) 开度范围：0～100%。

(10) 阀权度：0.5～0.9。

5. 电动喷射泵控制

(1) 自由控制喷射泵开度，按照控制平台下发的喷射泵开度指令动作。

(2) 停电时保持喷射泵开度不动。

(3) 重新上电后喷射泵开度不动，接到上电后的第一次指令后喷射泵先关到零位然后再开到指定开度，之后按照指令动作。

(4) 喷射泵遇到卡阻后自动停止。

8.5.2 楼栋控制装置

1. 工艺流程

楼栋控制装置通过 MBUS 总线采集控制户用电动喷射泵，可以本地自动平衡控制，也可以本地人工通过触摸屏控制户用电动喷射泵。楼栋控制装置通过网关与云平台通信，云平台采集楼栋控制装置的数据，向楼栋控制装置下发指令设定参数（见图 8-4)。

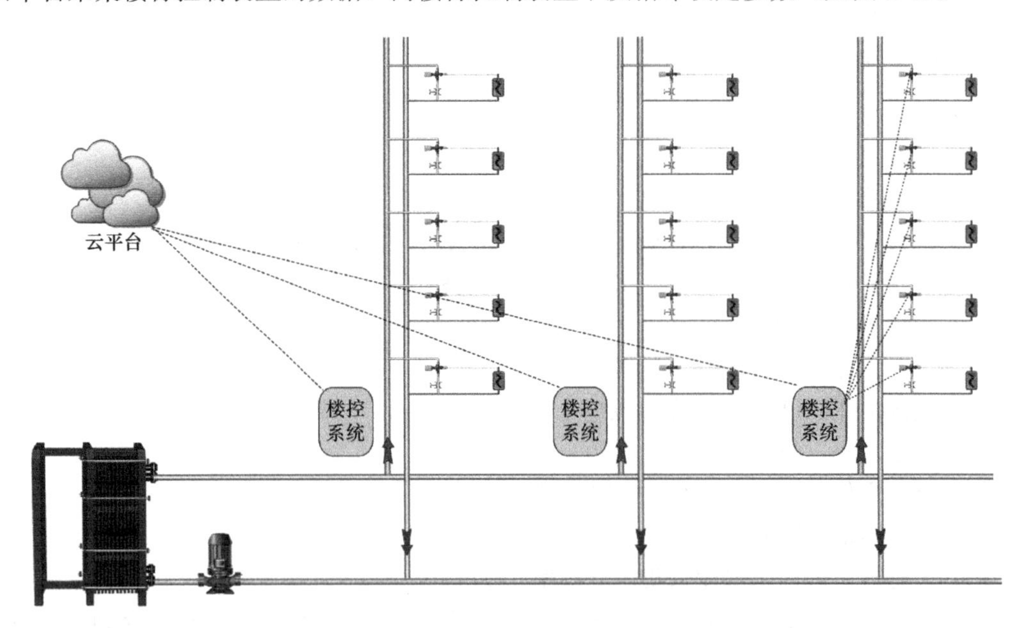

图 8-4 楼栋控制装置工艺流程图

2. 楼栋控制装置设计

户用电动喷射泵的楼栋控制装置的核心部件选用触摸屏，因为触摸屏是市场上广泛应用的成熟产品，性价比高、可靠性好、通用性强、容易购买和替换。触摸屏能够就地显示、就地操控，具有丰富的外部接口，方便与外部设备通信。触摸屏可以做逻辑运算编程，支持控制算法。MBUS 模块实现多个户用电动喷射泵与触摸屏之间的通信连接，透明传输。触摸屏与户用电动喷射泵之间的通信协议采用定制开发的专有驱动程序。触摸屏与网关之间采用标准的 MODBUS RTU 通信协议。网关与云平台采用 MQTT 协议。整个楼栋控制装置硬件全部采用标准的成熟产品集成，软件采用通用的通信协议，具有很好的开放性。把所有这些设备集合到一个小控制箱中，标准化设计，批量生产（见图 8-5）。

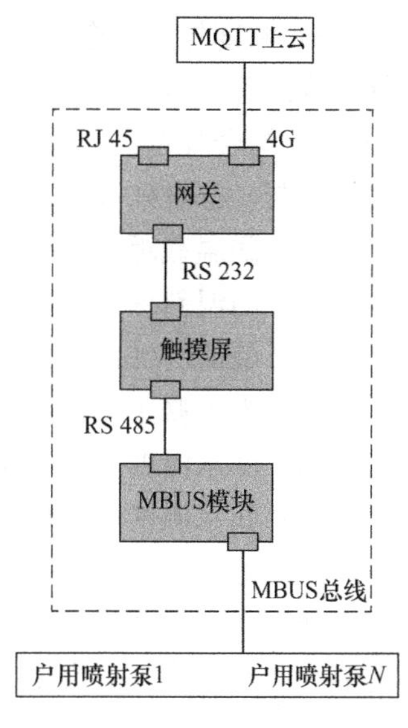

图 8-5　楼栋控制装置数据图

3. 控制环路及控制算法

楼栋控制装置可以是只负责户与户之间的平衡控制，热力站控制系统完成热力站的一次侧和二次侧温度和流量的控制。两者相互独立，各自完成自己的控制任务。

楼栋控制装置也可以完成户与户之间的回水温度平衡控制，同时通过云平台设置回水温度设定值完成热力站二次系统的温度和流量控制，此时热力站控制系统可以只负责完成一次侧的水力工况控制和连锁保护控制。楼栋控制装置的控制逻辑如图 8-6 所示：

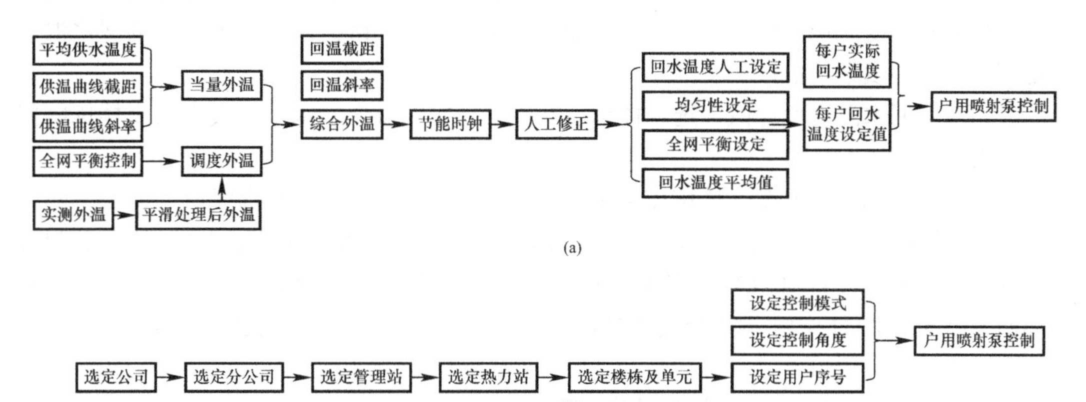

图 8-6　自动控制逻辑图

（a）自动控制逻辑；（b）手动控制逻辑

（1）自动控制逻辑

1）平均供水温度：楼栋控制装置采集的所有用户供水温度，去掉不合理的数值之后的平均值；

2）供温曲线截距：该楼栋的供热水温度控制曲线的 0℃外温时的供水温度设定值；

3）供温曲线斜率：该楼栋供水温度曲线随室外温度变化的斜率；

4）当量外温=（供温曲线截距－平均供水温度）/供温曲线斜率；

5）全网平衡控制：整个供热系统的平衡控制；

6）实测外温：标准室外温度采集点实际测量的室外温度值；

7）平滑处理后外温：对实际测量的室外温度经过平滑处理算法计算得到外温值；

8）调度外温：全网平衡控制算法确定的统一下发到全网的室外温度值，作为全网运行调度的总参考；

9）综合外温：楼栋控制装置根据控制模式变化可以选择按照不同的室外温度进行该楼的控制，综合外温就是对比当量外温和调度外温中的数值较大者；

10）回温截距：该楼栋的回热水温度控制曲线的0℃外温时的回水温度设定值；

11）回温斜率：该楼栋回水温度曲线随室外温度变化的斜率；

12）节能时钟：该楼栋随着时间的变化，对回水温度设定值的修正值；

13）人工修正：该楼栋回水温度设定值的人为干预调整值；

14）回水温度人工设定值：该楼栋回水温度设定值的人工直接设定值；

15）回水温度平均值：楼栋控制装置采集的所有用户回水温度，去掉不合理的数值之后的平均值；

16）回水温度人工设定：这是楼栋控制模式的一种，该控制模式下楼栋的回水温度设定值＝回水温度人工设定值；

17）均匀性设定：这是楼栋控制模式的一种，该控制模式下楼栋的回水温度设定值＝回温截距－回温斜率×当量外温；

18）全网平衡设定：这是楼栋控制模式的一种，该控制模式下楼栋的回水温度设定值＝回温截距－回温斜率×调度外温＋节能时钟修正＋人工修正；

19）回水温度平均值设定：这是楼栋控制模式的一种，该控制模式下楼栋的回水温度设定值＝回水温度平均值；

20）每户回水温度设定值：选定楼栋控制模式之后，每户回水温度设定值＝楼栋的回水温度设定值；

21）每户实际回水温度：楼栋控制装置采集到的每户的实际回水温度；

22）户用喷射泵控制值：计算每户实际回水温度和每户回水温度设定值的偏差，如果该偏差的绝对值小于0.5℃则保持户用喷射泵开度不动；如果该偏差的绝对值大于0.5℃，每户实际回水温度高于每户回水温度设定值时，喷射泵开角关小1°，反之喷射泵开角开大1°。

（2）手动控制逻辑

1）选定公司：户用喷射泵所属的供热公司；

2）选定分公司：户用喷射泵所属的供热分公司；

3）选定管理站：户用喷射泵所属的供热管理站；

4）选定热力站：户用喷射泵所属的热力站；

5）选定楼栋或单元：户用喷射泵所属的楼栋或单元；

6）选定用户序号：户用喷射泵控制的用户在楼栋或者单元中的序号；

7）设定控制模式：分为手动控制模式和自动控制模式；

8）手动控制模式：人工通过触摸屏或者云平台设置户用喷射泵开度；

9）自动控制模式：根据回水温度设定值自动控制户用喷射泵的开度；

10）设定控制角度：在手动控制模式下，人工直接设定户用喷射泵的控制角度，0～270°。

（3）控制模式切换

序号为0时，自动轮询控制每个喷射泵。序号大于0时，手动控制对应序号的喷射泵。默认为自动，10分钟自动恢复为自动模式。

（4）楼栋控制装置变量（见表8-3）

楼栋控制装置变量表　　**表8-3**

序号	变量名称描述	寄存器地址	数据类型	备注	变量名	物通云地址
1	序号	40001	整型	需要控制的变量	NUM	40000
2	喷射泵控制模式	40002	整型	需要控制的变量	MODE_NUM	40001
3	回水温度设定模式	40003	整型	需要控制的变量	MODE_TH	40002
4	喷射泵控制值	40005	浮点型	需要控制的变量	VK_NUM	40004
5	喷射泵供水温度	40007	浮点型	只采集的变量	TG_NUM	40006
6	喷射泵回水温度	40009	浮点型	只采集的变量	TH_NUM	40008
7	喷射泵角度	40011	浮点型	只采集的变量	VF_NUM	40010
8	全楼平均供水温度	40013	浮点型	只采集的变量	TGPJ	40012
9	全楼平均回水温度	40015	浮点型	只采集的变量	THPJ	40014
10	回水温度设定值修正	40017	浮点型	需要控制的变量	DTH	40016
11	回水温度远程设定值	40019	浮点型	需要控制的变量	THSET	40018
12	回水温度设定值	40021	浮点型	只采集的变量	TH_SET	40020
13	回水曲线截距	40023	浮点型	需要控制的变量	TH_JIEJU	40022
14	回水曲线斜率	40025	浮点型	需要控制的变量	TH_XIELV	40024
15	供水曲线截距	40027	浮点型	需要控制的变量	TG_JIEJU	40026
16	供水曲线斜率	40029	浮点型	需要控制的变量	TG_XIELV	40028
17	调度外温	40031	浮点型	需要控制的变量	TWDD	40030
18	当量外温	40033	浮点型	只采集的变量	TWDL	40032
19	节能时钟修正	40035	浮点型	只采集的变量	JNSZ	40034
20	节能幅度	40037	浮点型	需要控制的变量	JNFD	40036
21	调度室内温度	40039	浮点型	需要控制的变量	TNDD	40038
22	实测室内温度	40041	浮点型	需要控制的变量	TNSC	40040
23	轮询控制标识		整型		Num_cycle	
24	通信测试变量		整型		通信测试变量	
25	从机角度		浮点型		从机角度	
26	进水温度		浮点型		进水温度	
27	回水温度		浮点型		回水温度	
28	阀门角度		浮点型		阀门角度	
29	从机表号		字符串		从机表号	
30	MODE_VK001		整型		MODE_VK001	
31	MODE_VK002		整型		MODE_VK002	
127	……		……		……	
128	MODE_VK099		整型		MODE_VK099	

续表

序号	变量名称描述	寄存器地址	数据类型	备注	变量名	物通云地址
129	MODE_VK100		整型		MODE_VK100	
130	VK001		浮点数		VK001	
131	VK002		浮点数		VK002	
227	……				……	
228	VK099		浮点数		VK099	
229	VK100		浮点数		VK100	
230	TG001		浮点数		TG001	
231	TG002		浮点数		TG002	
327	……				……	
328	TG099		浮点数		TG099	
329	TG100		浮点数		TG100	
330	TH001		浮点数		TH001	
331	TH002		浮点数		TH002	
427	……				……	
428	TH099		浮点数		TH099	
429	TH100		浮点数		TH100	
430	VF001		浮点数		VF001	
431	VF002		浮点数		VF002	
527	……				……	
528	VF099		浮点数		VF099	
529	VF100		浮点数		VF100	

(5) 触摸屏控制程序

1) 每分钟轮询采集控制一台户用喷射泵

```
Num_cycle = Num_cycle + 1
if Num_cycle>100 then Num_cycle = 0
if Num_cycle = 1 then
  从机标号 = "00000001"
  从机角度 = VK001
  ! SetDevice(户泵,6,"Read(从机标号,从机角度,进水温度,回水温度,阀门角度)")
  IF 通讯测试变量 = 0 THEN
      TG001 = 进水温度
      TH001 = 回水温度
      VF001 = 阀门角度
  ENDIF
Endif
if Num_cycle = 2 then
```

```
  从机标号 = "00000002"
  从机角度 = VK002
  ! SetDevice(户泵,6,"Read(从机标号,从机角度,进水温度,回水温度,阀门角度)")
  IF 通信测试变量 = 0 THEN
      TG002 = 进水温度
      TH002 = 回水温度
      VF002 = 阀门角度
  ENDIF
Endif
……
if Num_cycle = 99 then
  从机标号 = "00000063"
  从机角度 = VK099
  ! SetDevice(户泵,6,"Read(从机标号,从机角度,进水温度,回水温度,阀门角度)")
  IF 通信测试变量 = 0 THEN
      TG099 = 进水温度
      TH099 = 回水温度
      VF099 = 阀门角度
  ENDIF
Endif
if Num_cycle = 100 then
  从机标号 = "00000064"
  从机角度 = VK100
  ! SetDevice(户泵,6,"Read(从机标号,从机角度,进水温度,回水温度,阀门角度)")
  IF 通信测试变量 = 0 THEN
      TG100 = 进水温度
      TH100 = 回水温度
      VF100 = 阀门角度
  ENDIF
Endif
```

2) 每20s按照选定的户用喷射泵序号采集和控制户用喷射泵

```
if NUM = 1 then
  MODE_VK001 = MODE_NUM
  从机标号 = "00000001"
  从机角度 = VK_NUM
  ! SetDevice(户泵,6,"Read(从机标号,从机角度,进水温度,回水温度,阀门角度)")
  TG_NUM = 进水温度
  TH_NUM = 回水温度
  VF_NUM = 阀门角度
```

```
    TG001 = TG_NUM
    TH001 = TH_NUM
    VF001 = VF_NUM
    VK001 = VK_NUM
  Endif
  if NUM = 2 then
    MODE_VK002 = MODE_NUM
    从机标号 = "00000002"
    从机角度 = VK_NUM
    ! SetDevice(户泵,6,"Read(从机标号,从机角度,进水温度,回水温度,阀门角度)")
    TG_NUM = 进水温度
    TH_NUM = 回水温度
    VF_NUM = 阀门角度
    TG002 = TG_NUM
    TH002 = TH_NUM
    VF002 = VF_NUM
    VK002 = VK_NUM
  Endif
  ……
  if NUM = 99 then
    MODE_VK099 = MODE_NUM
    从机标号 = "00000063"
    从机角度 = VK_NUM
    ! SetDevice(户泵,6,"Read(从机标号,从机角度,进水温度,回水温度,阀门角度)")
    TG_NUM = 进水温度
    TH_NUM = 回水温度
    VF_NUM = 阀门角度
    TG099 = TG_NUM
    TH099 = TH_NUM
    VF099 = VF_NUM
    VK099 = VK_NUM
  Endif
  if NUM = 100 then
    MODE_VK100 = MODE_NUM
  从机标号 = "00000064"
  从机角度 = VK_NUM
    ! SetDevice(户泵,6,"Read(从机标号,从机角度,进水温度,回水温度,阀门角度)")
    TG_NUM = 进水温度
    TH_NUM = 回水温度
```

```
  VF_NUM = 阀门角度
  TG100 = TG_NUM
  TH100 = TH_NUM
  VF100 = VF_NUM
  VK100 = VK_NUM
Endif
```

3）每10min自动控制户用喷射泵的开度

```
NUM = 0
IF MODE_VK001>50 THEN
IF TG001-TGPJ<-3 OR TG001-TH001>3 THEN
  IF (TH001-TH_SET)>0.5 AND (TH001-TH_SET)<40 AND (TGPJ-TH001)>3 THEN
    VK001 = VK001-1
  ENDIF
  IF (TH_SET-TH001)>0.5 AND (TH_SET-TH001)<20 THEN
    VK001 = VK001 + 1
  ENDIF
ENDIF
ENDIF

IF MODE_VK002>50 THEN
IF TG002-TGPJ<-3 OR TG002-TH002>3 THEN
  IF (TH002-TH_SET)>0.5 AND (TH002-TH_SET)<40 AND (TGPJ-TH002)>3 THEN
    VK002 = VK002-1
  ENDIF
  IF (TH_SET-TH002)>0.5 AND (TH_SET-TH002)<20 THEN
    VK002 = VK002 + 1
  ENDIF
ENDIF
ENDIF
……
IF MODE_VK099>50 THEN
IF TG099-TGPJ<-3 OR TG099-TH099>3 THEN
  IF (TH099-TH_SET)>0.5 AND (TH099-TH_SET)<40  AND (TGPJ-TH099)>3 THEN
    VK099 = VK099-1
  ENDIF
  IF (TH_SET-TH099)>0.5 AND (TH_SET-TH099)<20 THEN
    VK099 = VK099 + 1
  ENDIF
ENDIF
```

```
ENDIF

IF MODE_VK100>50 THEN
IF TG100-TGPJ<-3 OR TG100-TH100>3 THEN
  IF (TH100-TH_SET)>0.5 AND (TH100-TH_SET)<40  AND (TGPJ-TH100)>3 THEN
    VK100 = VK100-1
  ENDIF
  IF (TH_SET-TH100)>0.5 AND (TH_SET-TH100)<20 THEN
    VK100 = VK100 + 1
  ENDIF
ENDIF
ENDIF
```

4）实测的室内温度变化时计算一次温控曲线

```
a = TGPJ + THPJ-2 * TNSC + 0.01
b = 95 + 70-2 * 18
c = 1 + 0.22
d = (18 + 10)/(0.001 + TNSC-TWDD)
e = (95-70)/(0.001 + TGPJ-THPJ)
f0 = (0.001 + TNDD-0)/(18 + 10)
f10 = (0.001 + TNDD + 10)/(18 + 10)

nx = (a/b)^c * d
gx = (a/b)^c * e

tg0 = TNDD + b/2 * (nx * f0)^(1/c) + 0.5 * nx/gx * (95-70) * f0
th0 = TNDD + b/2 * (nx * f0)^(1/c)-0.5 * nx/gx * (95-70) * f0

tg10 = TNDD + b/2 * (nx * f10)^(1/c) + 0.5 * nx/gx * (95-70) * f10
th10 = TNDD + b/2 * (nx * f10)^(1/c)-0.5 * nx/gx * (95-70) * f10

TG_JIEJU = tg0
TG_XIELV = (tg10-tg0)/10.0
TH_JIEJU = th0
TH_XIELV = (th10-th0)/10.0
```

5）每6s处理一次采集到的数据

①把采集到的数据存放到数组中

```
TGG[1] = TG001
TGG[2] = TG002
……
```

```
TGG[99] = TG099
TGG[100] = TG100

THZ[1] = TH001
THZ[2] = TH002
……
THZ[99] = TH099
THZ[100] = TH100
```

②根据采集到的合格的户用喷射泵供回水温度计算整栋楼的平均供水温度和平均回水温度

```
m = 0
i = 1
TGZ = 0
WHILE i< = 100
  if TGG[i]>18 and TGG[i]<85 and (TGG[i]-THZ[i])>2 then
    m = m + 1
    TGZ = TGZ + TGG[i]
    if m>0 then
      TGPJ = TGZ/m
    endif
    endif
    i = i + 1
ENDWHILE

n = 0
i = 1
THT = 0
WHILE i< = 100
if THZ[i]>18 and THZ[i]<85 then
  n = n + 1
    THT = THT + THZ[i]
      if n>0 then
      THPJ = THT/n
    endif
    endif
    i = i + 1
ENDWHILE
```

③根据触摸屏系统时钟的变化设置节能时钟

```
IF $Hour = 0 THEN
```

```
    JNSZ = JNFD
  ENDIF
  IF $ Hour = 1 THEN
    JNSZ = JNFD
  ENDIF
  IF $ Hour = 2 THEN
    JNSZ = JNFD
  ENDIF
  IF $ Hour = 3 THEN
    JNSZ = JNFD
  ENDIF
  IF $ Hour = 4 THEN
    JNSZ = JNFD/2
  ENDIF
  IF $ Hour = 5 THEN
    JNSZ = 0
  ENDIF
  IF $ Hour = 6 THEN
    JNSZ = 0
  ENDIF
  IF $ Hour = 7 THEN
    JNSZ = 0
  ENDIF
  IF $ Hour = 8 THEN
    JNSZ = 0
  ENDIF
  IF $ Hour = 9 THEN
        JNSZ = JNFD/3
  ENDIF
  IF $ Hour = 10 THEN
    JNSZ = JNFD * 2/3
  ENDIF
  IF $ Hour = 11 THEN
    JNSZ = JNFD
  ENDIF
  IF $ Hour = 12 THEN
    JNSZ = JNFD * 4/3
  ENDIF
  IF $ Hour = 13 THEN
```

```
  JNSZ = JNFD * 3/2
ENDIF
IF $ Hour = 14 THEN
  JNSZ = JNFD * 3/2
ENDIF
IF $ Hour = 15 THEN
  JNSZ = JNFD * 4/3
ENDIF
IF $ Hour = 16 THEN
  JNSZ = JNFD
ENDIF
IF $ Hour = 17 THEN
  JNSZ = JNFD/2
ENDIF
IF $ Hour = 18 THEN
  JNSZ = 0
ENDIF
IF $ Hour = 19 THEN
  JNSZ = 0
ENDIF
IF $ Hour = 20 THEN
  JNSZ = 0
ENDIF
IF $ Hour = 21 THEN
  JNSZ = JNFD/2
ENDIF
IF $ Hour = 22 THEN
  JNSZ = JNFD
ENDIF
IF $ Hour = 23 THEN
  JNSZ = JNFD
ENDIF
```

④根据整栋楼户用喷射泵供水温度的平均值计算当量外温

```
TWDL = (TG_JIEJU-TGPJ)/TG_XIELV
```

⑤回水温度远程人工控制模式

```
IF MODE_TH<30 THEN
  TH_SET = THSET
ENDIF
```

⑥按照调度外温设定的回水温度控制模式

```
IF MODE_TH> = 30 and MODE_TH<50 THEN
  TH_SET = TH_JIEJU-TH_XIELV * (TWDD + JNSZ) + DTH
ENDIF
```

⑦按照当量外温设定的回水温度控制模式

```
IF MODE_TH> = 50 and MODE_TH<70 THEN
  TH_SET = TH_JIEJU-TH_XIELV * (TWDL + JNSZ) + DTH
ENDIF
```

⑧按照调度外温和当量外温综合设定的回水温度控制模式

```
IF MODE_TH> = 70 and MODE_TH<90 THEN
  IF TWDD> = TWDL THEN
      TH_SET = TH_JIEJU-TH_XIELV * (TWDD + JNSZ) + DTH
  ENDIF
  IF TWDD<TWDL THEN
      TH_SET = TH_JIEJU-TH_XIELV * (TWDL + JNSZ) + DTH
  ENDIF
ENDIF
```

⑨按照整栋楼户用喷射泵平均回水温度设定的回水温度控制模式

```
IF MODE_TH> = 90 THEN
  TH_SET = THPJ
ENDIF
```

⑩回水温度设定值的上下限保护

```
if TH_SET<18 then TH_SET = 18
if TH_SET>60 then TH_SET = 60
```

⑪户用喷射泵的远程人工控制模式

```
IF MODE_NUM = 22 THEN
  MODE_VK001 = 22
  MODE_VK002 = 22
  ……
  MODE_VK099 = 22
  MODE_VK100 = 22
ENDIF
```

⑫户用喷射泵的自动温度控制模式

```
IF MODE_NUM = 88 THEN
  MODE_VK001 = 88
  MODE_VK002 = 88
  ……
  MODE_VK099 = 88
  MODE_VK100 = 88
ENDIF
```

⑬户用喷射泵的强制初始化控制模式

```
IF VK_NUM = 270 THEN
  VK001 = 216
  VK002 = 216
  ……
  VK099 = 216
  VK100 = 216
ENDIF
```

⑭户用喷射泵处于自动控制模式时，喷射泵开度控制上下限保护

```
IF MODE_VK001＞50 THEN
  IF VK001＞256 THEN
      VK001 = 256
  ENDIF
  IF VK001＜90 THEN
      VK001 = 90
  ENDIF
ENDIF
IF MODE_VK002＞50 THEN
  IF VK002＞256 THEN
      VK002 = 256
  ENDIF
  IF VK002＜90 THEN
      VK002 = 90
  ENDIF
ENDIF
……
IF MODE_VK099＞50 THEN
  IF VK099＞256 THEN
      VK099 = 256
  ENDIF
  IF VK099＜90 THEN
      VK099 = 90
  ENDIF
ENDIF
IF MODE_VK100＞50 THEN
  IF VK100＞256 THEN
      VK100 = 256
  ENDIF
  IFVK100＜90 THEN
```

```
        VK100 = 90
    ENDIF
ENDIF
```

⑮触摸屏数据的掉电保护设置

```
! SaveSingleDataInit(DTH)
! SaveSingleDataInit(NUM)
! SaveSingleDataInit(MODE_NUM)
! SaveSingleDataInit(MODE_TH)
! SaveSingleDataInit(VK_NUM)
! SaveSingleDataInit(THSET)
! SaveSingleDataInit(TG_NUM)
! SaveSingleDataInit(TH_NUM)
! SaveSingleDataInit(VF_NUM)
! SaveSingleDataInit(TGPJ)
! SaveSingleDataInit(THPJ)
! SaveSingleDataInit(TH_SET)
! SaveSingleDataInit(TG_JIEJU)
! SaveSingleDataInit(TG_XIELV)
! SaveSingleDataInit(TH_JIEJU)
! SaveSingleDataInit(TH_XIELV)
! SaveSingleDataInit(TWDD)
! SaveSingleDataInit(TWDL)
! SaveSingleDataInit(JNSZ)
! SaveSingleDataInit(JNFD)

! SaveSingleDataInit(MODE_VK001)
……
! SaveSingleDataInit(MODE_VK100)

! SaveSingleDataInit(VK001)
……
! SaveSingleDataInit(VK100)

! SaveSingleDataInit(TG001)
……
! SaveSingleDataInit(TG100)

! SaveSingleDataInit(TH001)
……
```

```
! SaveSingleDataInit(TH100)

! SaveSingleDataInit(VF001)
……
! SaveSingleDataInit(VF100)
```

（6）楼栋控制装置管理关系如表 8-4 所示。

楼栋控制装置管理的关系数据库表　　**表 8-4**

域名	类型	字符串长度	备注
xuhao	double		序号
building	varchar	255	楼栋名称
site	varchar	255	热力站名称
managesite	varchar	255	管理站名称
branchcompany	varchar	255	分公司名称
company	varchar	255	公司名称
city	varchar	255	所属城市

8.5.3　换热站控制装置

换热站是供热系统中最常见、最关键的调控环节，换热站控制是热网控制系统的最主要部分。标准化的换热站控制装置是热网控制系统上云平台的基础性工作。

1. 工艺流程及测点布置

换热站控制装置基于 PLC 控制系统，采集换热站的一次供温、一次回温、一次供压、一次回压、二次供温、二次回温、二次供压、二次回压、水箱液位、二次流量、补水泵频率、室外温度等运行参数的实时变化，采集水表、电表、热表等能耗参数（见图 8-7）。

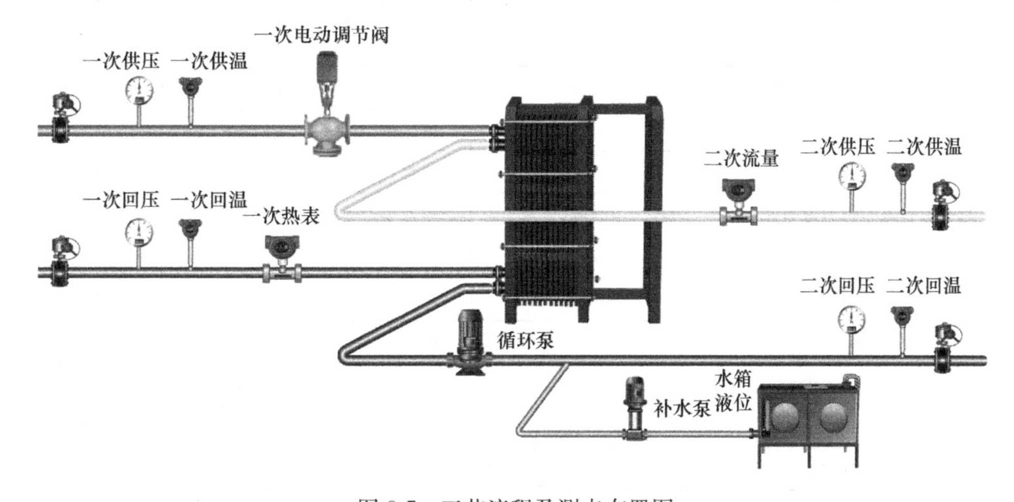

图 8-7　工艺流程及测点布置图

换热站控制装置基于 PLC 控制系统完成补水泵、循环泵的连锁保护控制功能，完成循环泵的气候补偿和节能时钟控制，完成一次电动调节阀的控制，通过一次电动调节阀控制二次供回水平均温度。根据采集供热参数生成二次供温故障码、二次回温故障码、二次回压故障码、水箱液位故障码、供热效果故障码、换热效果故障码、热表故障码、水表故障码、电表故障码等，评估换热站的运行状态。

PLC 控制系统配置点表如下：

（1）模拟量输入 AI≥12；

（2）模拟量输出 AO≥3；

（3）开关量输入 DI≥6；

（4）开关量输出 DO≥6；

（5）串口通信接口 RS485≥1；

（6）以太网通信接口 RJ45≥1；

（7）系统时钟。

2. 变量表（见表 8-5）

换热站控制装置变量表　　表 8-5

序号	变量名称	触摸屏寄存器地址	数据类型	网关寄存器地址	备注
1	温度控制模式	400013	整型	400012	设定变量
2	阀门控制模式	400014	整型	400013	设定变量
3	循环泵控制模式	400015	整型	400014	设定变量
4	人工温度远程设定	400041	浮点型	400040	设定变量
5	阀门远程设定	400043	浮点型	400042	设定变量
6	循环泵远程设定	400045	浮点型	400044	设定变量
7	温度设定值	400047	浮点型	400046	读取变量
8	阀门控制设定值	400049	浮点型	400048	读取变量
9	循环泵控制设定值	400051	浮点型	400050	读取变量
10	温控曲线截距	400053	浮点型	400052	设定变量
11	温控曲线斜率	400055	浮点型	400054	设定变量
12	循环泵曲线截距	400057	浮点型	400056	设定变量
13	循环泵曲线斜率	400059	浮点型	400058	设定变量
14	调度外温	400061	浮点型	400060	设定变量
15	节能时钟温度修正	400063	浮点型	400062	设定变量
16	人工温度修正	400065	浮点型	400064	设定变量
17	循环泵最大频率	400067	浮点型	400066	设定变量
18	二次回水压力设定值	400069	浮点型	400068	设定变量
19	二次供水温度	400071	浮点型	400070	读取变量
20	二次供水压力	400073	浮点型	400072	读取变量
21	二次回水温度	400075	浮点型	400074	读取变量
22	二次回水压力	400077	浮点型	400076	读取变量
23	水箱液位	400079	浮点型	400078	读取变量
24	二次流量	400081	浮点型	400080	读取变量
25	补水泵频率反馈	400083	浮点型	400082	读取变量

续表

序号	变量名称	触摸屏寄存器地址	数据类型	网关寄存器地址	备注
26	室外温度	400085	浮点型	400084	读取变量
27	一次供水温度	400087	浮点型	400086	读取变量
28	一次供水压力	400089	浮点型	400088	读取变量
29	一次回水温度	400091	浮点型	400090	读取变量
30	一次回水压力	400093	浮点型	400092	读取变量
31	实际室内温度	400095	浮点型	400094	设定变量
32	实际室外温度	400097	浮点型	400096	设定变量
33	调度室内温度	400099	浮点型	400098	设定变量
34	供温截距	400101	浮点型	400100	读取变量
35	供温斜率	400103	浮点型	400102	读取变量
36	回温截距	400105	浮点型	400104	读取变量
37	回温斜率	400107	浮点型	400106	读取变量
38	当量外温	400109	浮点型	400108	读取变量
39	白天节能幅度	400111	浮点型	400110	设定变量
40	夜间节能幅度	400113	浮点型	400112	设定变量
41	最高室外温度	400115	浮点型	400114	设定变量
42	最低室外温度	400117	浮点型	400116	设定变量
43	最低循环泵系数	400119	浮点型	400118	设定变量
44	供热面积	400121	浮点型	400120	设定变量
45	折零热指标	400123	浮点型	400122	设定变量
46	计划折零热指标	400125	浮点型	400124	设定变量
47	实际热指标	400127	浮点型	400126	读取变量
48	调度热指标	400129	浮点型	400128	读取变量
49	累计节热量	400131	浮点型	400130	读取变量
50	单位面积累计节热量	400133	浮点型	400132	读取变量
51	热表瞬时流量	400135	浮点型	400134	读取变量
52	热表供水温度	400137	浮点型	400136	读取变量
53	热表回水温度	400139	浮点型	400138	读取变量
54	热表瞬时热量	400141	浮点型	400140	读取变量
55	热表累计热量	400143	浮点型	400142	读取变量
56	电表累计电量	400145	浮点型	400144	读取变量
57	水表累计水量	400147	浮点型	400146	读取变量
58	故障码 _ 二次供水温度	400149	整型	400148	读取变量
59	故障码 _ 二次回水温度	400150	整型	400149	读取变量
60	故障码 _ 二次回水压力	400151	整型	400150	读取变量
61	故障码 _ 水箱液位	400152	整型	400151	读取变量

续表

序号	变量名称	触摸屏寄存器地址	数据类型	网关寄存器地址	备注
62	故障码_供热效果	400153	整型	400152	读取变量
63	故障码_换热效果	400154	整型	400153	读取变量
64	故障码_热表	400155	整型	400154	读取变量
65	故障码_水表	400156	整型	400155	读取变量
66	故障码_电表	400157	整型	400156	读取变量

3. 控制环路设计及控制算法

(1) 数据采集及量程转化

```
(*-----------------------模拟量参数采集-------------------------*)
T1G:= scale(AI1, 0.0,27648.0, 0.0,150.0);(一次供温)
T1H:= scale(AI2, 0.0,27648.0, 0.0,150.0);(一次回温)
T2G:= scale(AI3, 0.0,27648.0, 0.0,150.0);(二次供温)
T2H:= scale(AI4, 0.0,27648.0, 0.0,150.0);(二次回温)
P1G:= scale(AI5, 0.0,27648.0, 0.0,1.6);(一次供压)
P1H:= scale(AI6, 0.0,27648.0, 0.0,1.6);(一次回压)
P2G:= scale(AI7, 0.0,27648.0, 0.0,1.6);(二次供压)
P2H:= scale(AI8, 0.0,27648.0, 0.0,1.6);(二次回压)
LSX:= scale(AI9, 0.0,27648.0, 0.0,100.0);(水箱液位)
FLOW:= scale(AI10, 0.0,27648.0, 0.0,500.0);(二次流量)
BSBF:= scale(AI11, 0.0,27648.0, 0.0,50.0);(补水泵频率反馈)
TW:= scale(AI12, 0.0,27648.0, -50.0,50.0);(室外温度)
(*-----------------------开关量输入参数采集-------------------------*)
I1:= BOOL_TO_INT(DI1);
I2:= BOOL_TO_INT(DI2);
I3:= BOOL_TO_INT(DI3);
I4:= BOOL_TO_INT(DI4);
I5:= BOOL_TO_INT(DI5);
I6:= BOOL_TO_INT(DI6);
(*-----------------------开关量输出参数采集-------------------------*)
O1:= BOOL_TO_INT(DO1);(补水泵启停控制)
O2:= BOOL_TO_INT(DO2);(循环泵启停控制)
O3:= BOOL_TO_INT(DO3);(电磁阀开关控制)
O4:= BOOL_TO_INT(DO4);
O5:= BOOL_TO_INT(DO5);
O6:= BOOL_TO_INT(DO6);
```

(2) 联锁保护

```
(*----------泄水电磁阀、补水泵、循环泵联锁保护控制---------------------*)
```

```
p2h_hig：= p2h_set + err_max;(二次回水压力的高限值)
p2h_hhig：= p2h_set + 2 * err_max;(二次回水压力的高高限值)
p2h_low：= p2h_set-3 * err_max;(二次回水压力低限值)
IF p2h_low< = 0.15 THEN
          p2h_low：= 0.15;
END_IF
p2h_llow：= p2h_set-6 * err_max;(二次回水压力低低限值)
IF p2h_llow<0.10 THEN
          p2h_llow：= 0.10;
END_IF
p2g_set：= p2h_set + 0.2;(二次供水压力设定值)
p2g_hig：= p2g_set + err_max;(二次供水压力高限值)

Timer1(IN：= TRUE,PT：= T#1S);
IF Timer1.Q THEN
    IF lsx<0.2 OR p2h>p2h_hig THEN
      num_bsb：= num_bsb + 1;
          IF num_bsb>100 THEN
                num_bsb：= 100;
          END_IF
          IF num_bsb>10 THEN
                do_bsb：= TRUE;
          END_IF
    END_IF(持续 10s 水箱液位低于 0.2m 或者二次回水压力超过高限时停补水泵)
    IF lsx>0.5 AND p2h<p2h_set THEN
          do_bsb：= FALSE;
          num_bsb：= 0;
    END_IF(水箱液位高于 0.5m 且二次回水压力低于设定值时,启动补水泵)
    IF p2h<p2h_llow OR p2g>p2g_hig THEN
          num_xhb：= num_xhb + 1;
          IF num_xhb>100 THEN
                num_xhb：= 100;
          END_IF
          IF num_xhb>10 THEN
                do_xhb：= TRUE;
          END_IF
    END_IF(持续 10s 二次回水压力低于低低限或者二次供压超过高限时停循环泵)
    IF p2h>p2h_low  AND  p2g<p2g_set THEN
          do_xhb：= FALSE;
```

```
          num_xhb：=0；
      END_IF(二次回水压力高于低限且二次供压低于设定值时启动循环泵)
    IF   p2h>p2h_hhig THEN
          num_dcf：=num_dcf+1；
          IF num_dcf>100 THEN
                  num_dcf：=100；
          END_IF
          IF num_dcf>10 THEN
                  do_dcf：=TRUE；
          END_IF
      END_IF(持续 10s 二次回水压力高于高高限时开启泄水电磁阀泄水)
      IF   p2h<p2h_hig THEN
            do_dcf：=FALSE；
            num_dcf：=0；
      END_IF(二次回水压力低于高限时关闭泄水电磁阀)
  Timer1(IN：=FALSE)；
  END_IF

  lsbh_xhb_bsb_dcf1(
          p2g：=P2G，
          p2h：=P2H，
          lsx：=LSX，
          p2h_set：=P2H_SET，
          err_max：=0.02)；
  DO1：=lsbh_xhb_bsb_dcf1.do_bsb；(控制补水泵启停)
  DO2：=lsbh_xhb_bsb_dcf1.do_xhb；(控制循环泵启停)
  DO3：=lsbh_xhb_bsb_dcf1.do_dcf；(控制泄水电磁阀开关，考虑到电磁阀的可靠性，一
般系统不采用)
```

(3) 温度控制模式及温度设定值

```
  F MODE_T=0 THEN
          T_SET：=45.0；
  END_IF(默认初始模式下二次供回水平均温度设定值为 45℃)
  IF MODE_T>0 AND MODE_T<50 THEN
          T_SET：=TSET_RG；
  END_IF(人工温度设定模式，二次供回水平均温度设定值等于二次供回水平均温度人工
远程设定值)

  IF MODE_T>=50 THEN
          IF   JIEJU_T<28 THEN
```

```
            JIEJU_T: = 28.0;
        END_IF
        IF  JIEJU_T>60THEN
            JIEJU_T: = 60.0;
        END_IF
        IF XIELV_T<0 THEN
             XIELV_T: = 0;
        END_IF
        IF XIELV_T>1.5 THEN
              XIELV_T: = 1.5;
        END_IF
        T_SET: = JIEJU_T-XIELV_T * (TWDD + DTSET_SZ) + DTSET_RG;
    END_IF(温度自动设定模式下,二次供回水平均温度设定值是由温控曲线截距、温控曲线斜率、调度外温、节能时钟修正、人工温度修正等自动计算出来)
    IF  T_SET<28 THEN
        T_SET: = 28.0;
    END_IF(二次供回水平均温度设定值的最低值保护)
    IF  T_SET>75 THEN
        T_SET: = 75.0;
    END_IF(二次供回水平均温度设定值的最高值保护)
```

(4) 一次电动调节阀控制

```
    IF mode_v = 0 THEN
      v_set: = 30.0;
    END_IF(默认初始模式下一次电动调节阀的为 30%)
    IF mode_v>0 AND mode_v< = 50 THEN
      v_set: = vset;
    END_IF(人工阀门开度设定模式,阀门控制值等于阀门开度人工远程设定值)
    IF mode_v>50 THEN
      v_set: = vset;
     time1(IN: = TRUE,PT: = T#120S);
     IF time1.Q THEN
          dtem: = t_tjv-tset_tjv;(计算实际二次供回水平均温度与其设定值的差值)
          ddtem: = dtem-dtem_old;(计算此次偏差与上一次偏差的偏差值)
          dtem_old: = dtem;
          IF dtem>0.5 OR dtem<-0.5 THEN(实际温度与设定值的偏差绝对值小于 0.5 时阀门不动)
              lin: = kp * ddtem + ki * dtem;
              IF  lin>5 THEN
                  lin: = 5;
```

```
                END_IF
                IF lin<-5 THEN
                   lin:=-5;
                END_IF
                v_set:=v_set-lin;(计算出的阀门控制开度幅度超过5%以上时,按
照5%控制)
                IF v_set>98.0 THEN
                       v_set:=98.0;
                END_IF
                IF v_set<0.0 THEN
                       v_set:=0.0;
                END_IF
            END_IF
        time1(IN:=FALSE);
        END_IF
    END_IF(阀门自动控制模式下,每2min自动控制一次阀门开度)

    PI_t_tjv1(
            mode_v:=MODE_V,
            vset:=VSET,
        kp:=1.6,
        ki:=0.8,
        tset_tjv:=T_SET,
        t_tjv:=(T2G+T2H)/2);
    V_SET:=PI_t_tjv1.v_set;
    VSET:=V_SET;
    AO1:=REAL_TO_INT(scale(V_SET, 0.0,100.0, 0.0,27648.0));(模拟量输出控制一次
电动调节阀)
```

(5) 循环泵控制

```
    IF MODE_XHB=0 THEN
            XHB_SET:=30;
    END_IF(默认初始模式下,循环泵控制频率为30Hz)
    IF MODE_XHB>0 AND MODE_XHB<50 THEN
            XHB_SET:=XHBSET;
    END_IF(循环泵人工控制模式下,循环泵控制值等循环泵控制人工远程设定值)
    IF MODE_XHB>=50 THEN
            IF XHBSET_MAX>50.0 THEN
                    XHBSET_MAX:=50.0;
            END_IF
```

IF XHBSET_MAX<30.0 THEN

XHBSET_MAX：= 30.0；

END_IF

XHB_SET：= XHBSET_MAX * (0.88-0.012 * TWDD)；(循环泵控制值计算公式)

XHBSET：= XHB_SET；

END_IF(循环泵自动控制模式下，循环泵控制值是由循环泵最大频率、循环泵控制曲线截距、循环泵控制曲线斜率、调度外温等自动计算出来)

IF XHB_SET>50 THEN

XHB_SET：= 50；

END_IF

IF XHB_SET<30 THEN

XHB_SET：= 30；

END_IF

AO3：= REAL_TO_INT(scale(XHB_SET, 0.0,50.0, 0.0,27648.0))；(模拟量输出控制循环泵)

AO4：= REAL_TO_INT(scale(XHB_SET, 0.0,50.0, 0.0,27648.0))；(模拟量输出控制循环泵)

4. 换热站控制装置设计

换热站控制装置以 PLC 为核心设备，采集热力站内温度、压力、液位、流量等仪表数据，控制电动调节阀和水泵的动作（见图 8-8）。联锁保护程序开发、节能控制程序开发等均通过 PLC 程序实现。PLC 有 RJ45 接口可以通过 VPN 网络与传统的热力供热调度中心通信，热力公司调度人员可以在调度中心查看数据、操控设备。通过 RS 485 与触摸屏通信，现场工作人员可以通过触摸屏查看数据、操控设备。触摸屏还可以通过 RS 485 总线采集热力站的水电热表的数据。触摸屏与网关通过标准 MODBUS RTU 协议通信，实现数据交换。网关通过 MQTT 协议与云平台通信，实现运行数据上云，通过云平台也可以下发控制指令、操控换热站设备。因此，换热站控制装置可以实现三个层次的数据查看和设备操控，分别是现场触摸屏、热力公司调度中心、云平台。

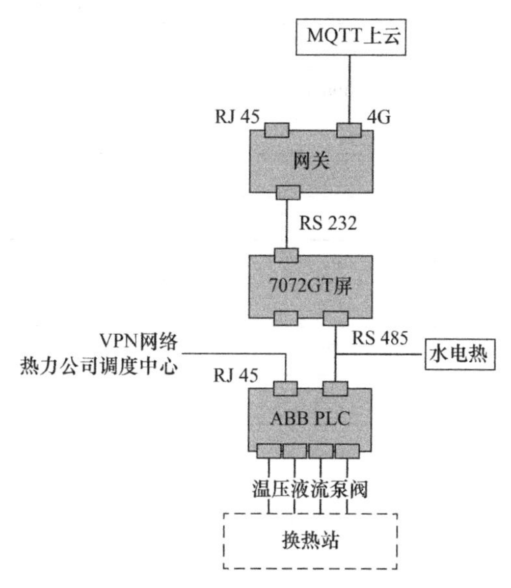

图 8-8　换热站控制装置数据图

5. 换热站控制装置关系数据库（见表 8-6）

换热站控制装置关系数据库　　**表 8-6**

域名	类型	字符串长度	备注
xuhao	double		序号

续表

域名	类型	字符串长度	备注
site	varchar	255	热力站名称
managesite	varchar	255	管理站名称
branchcompany	varchar	255	分公司名称
company	varchar	255	公司名称
city	varchar	255	所属城市
color	varchar	255	颜色
buildingage	varchar	255	建筑年代
systemtype	varchar	255	系统类型
server	varchar	255	服务器名
demo _ sta	varchar	255	是否典型站
power	varchar	255	热源名
heattype	varchar	255	供热形式
jieju	varchar	255	供热曲线截距
xielv	varchar	255	供热曲线斜率
xhbjieju	varchar	255	循环泵曲线截距
xhbxielv	varchar	255	循环泵曲线斜率
xhbmax	varchar	255	循环泵最大运行频率
phset	varchar	255	定压点压力设定值
tset	varchar	255	温度设定值
vset	varchar	255	阀门控制设定值
xhbset	varchar	255	循环泵设定值
t2g	varchar	255	二次供水温度
t2h	varchar	255	二次回水温度
p2g	varchar	255	二次供水压力
p2h	varchar	255	二次回水压力
area	varchar	255	供热建筑面积
hrqarea	varchar	255	换热器换热面积
xhbflow	varchar	255	循环泵额定流量
xhbhead	varchar	255	循环泵额定扬程
xhbhead0	varchar	255	循环泵零流量扬程
bsbflow	varchar	255	补水泵额定流量
bsbhead	varchar	255	补水泵额定扬程
bsbhead0	varchar	255	补水泵零流量扬程
rzb0	varchar	255	折零热指标

8.5.4 混水站控制装置

1. 工艺流程及测点布置

混水站控制装置基于 PLC 控制系统，采集混水站的一次供温、一次供压、一次供水流量、一次回水流量、二次供温、二次回温、二次供压、二次回压、阀门开度（喷射泵开度）、一次增压泵频率反馈、循环泵频率反馈等运行参数的实时变化，采集电表、热表等能耗参数（见图 8-9）。

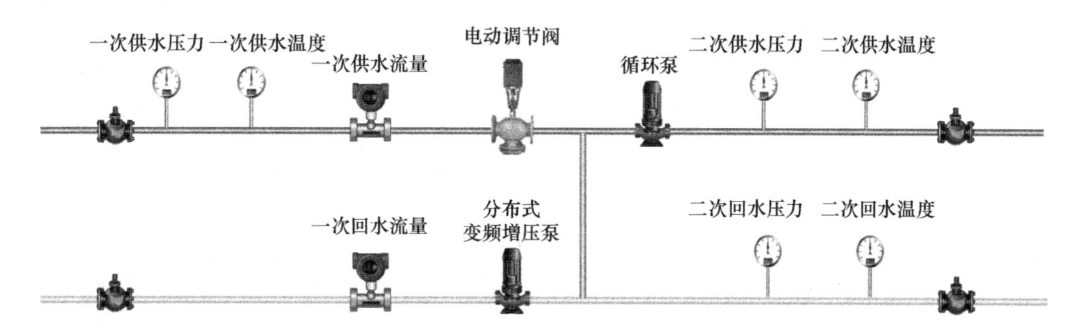

图 8-9 混水站控制装置数据图

混水站控制装置基于 PLC 控制系统完成循环泵的连锁保护控制功能，完成循环泵的气候补偿和节能时钟控制，完成一次电动调节阀的控制，通过一次电动调节阀控制二次供回水平均温度。根据采集供热参数生成二次供温故障码、二次回温故障码、二次回压故障码、供热效果故障码热表故障码、电表故障码等，评估混水站的运行状态。

PLC 控制系统配置点表如下：

（1）模拟量输入 AI≥12；

（2）模拟量输出 AO≥3；

（3）开关量输入 DI≥6；

（4）开关量输出 DO≥6；

（5）串口通信接口 RS485≥1；

（6）以太网通信接口 RJ45≥1；

（7）系统时钟。

2. 混水站变量表（见表 8-7）

混水站变量表 **表 8-7**

序号	变量名称	寄存器地址	数据类型	物通云地址	备注
1	温度控制模式	400013	整型	400012	设定变量
2	阀门控制模式	400014	整型	400013	设定变量
3	循环泵控制模式	400015	整型	400014	设定变量
4	人工温度远程设定	400041	浮点型	400040	设定变量
5	阀门远程设定	400043	浮点型	400042	设定变量
6	循环泵远程设定	400045	浮点型	400044	设定变量
7	温度设定值	400047	浮点型	400046	读取变量

续表

序号	变量名称	寄存器地址	数据类型	物通云地址	备注
8	阀门控制设定值	400049	浮点型	400048	读取变量
9	循环泵控制设定值	400051	浮点型	400050	读取变量
10	温控曲线截距	400053	浮点型	400052	设定变量
11	温控曲线斜率	400055	浮点型	400054	设定变量
12	循环泵曲线截距	400057	浮点型	400056	设定变量
13	循环泵曲线斜率	400059	浮点型	400058	设定变量
14	调度外温	400061	浮点型	400060	设定变量
15	节能时钟温度修正	400063	浮点型	400062	设定变量
16	人工温度修正	400065	浮点型	400064	设定变量
17	循环泵最大频率	400067	浮点型	400066	设定变量
18	二次回水压力设定值	400069	浮点型	400068	设定变量
19	二次供水温度	400071	浮点型	400070	读取变量
20	二次供水压力	400073	浮点型	400072	读取变量
21	二次回水温度	400075	浮点型	400074	读取变量
22	二次回水压力	400077	浮点型	400076	读取变量
23	阀门开度反馈	400079	浮点型	400078	读取变量
24	增压泵频率反馈	400081	浮点型	400080	读取变量
25	循环泵频率反馈 1	400083	浮点型	400082	读取变量
26	循环泵频率反馈 2	400085	浮点型	400084	读取变量
27	一次供水温度	400087	浮点型	400086	读取变量
28	一次供水压力	400089	浮点型	400088	读取变量
29	一次供水流量	400091	浮点型	400090	读取变量
30	一次回水流量	400093	浮点型	400092	读取变量
31	实际室内温度	400095	浮点型	400094	设定变量
32	实际室外温度	400097	浮点型	400096	设定变量
33	调度室内温度	400099	浮点型	400098	设定变量
34	供水温度截距	400101	浮点型	400100	读取变量
35	供水温度斜率	400103	浮点型	400102	读取变量
36	回水温度截距	400105	浮点型	400104	读取变量
37	回水温度斜率	400107	浮点型	400106	读取变量
38	当量外温	400109	浮点型	400108	读取变量
39	白天节能幅度	400111	浮点型	400110	设定变量
40	夜间节能幅度	400113	浮点型	400112	设定变量
41	最高室外温度	400115	浮点型	400114	设定变量
42	最低室外温度	400117	浮点型	400116	设定变量
43	最低循环泵系数	400119	浮点型	400118	设定变量

续表

序号	变量名称	寄存器地址	数据类型	物通云地址	备注
44	供热面积	400121	浮点型	400120	设定变量
45	折零热指标	400123	浮点型	400122	设定变量
46	计划折零热指标	400125	浮点型	400124	设定变量
47	实际热指标	400127	浮点型	400126	读取变量
48	调度热指标	400129	浮点型	400128	读取变量
49	累计节热量	400131	浮点型	400130	读取变量
50	单位面积累计节热量	400133	浮点型	400132	读取变量
51	热表瞬时流量	400135	浮点型	400134	读取变量
52	热表供水温度	400137	浮点型	400136	读取变量
53	热表回水温度	400139	浮点型	400138	读取变量
54	热表瞬时热量	400141	浮点型	400140	读取变量
55	热表累计热量	400143	浮点型	400142	读取变量
56	电表累计电量	400145	浮点型	400144	读取变量
57	故障码 _ 二次供温	400147	整型	400146	读取变量
58	故障码 _ 二次回温	400148	整型	400147	读取变量
59	故障码 _ 二次回压	400149	整型	400148	读取变量
60	故障码 _ 供热效果	400150	整型	400149	读取变量
61	故障码 _ 热表	400151	整型	400150	读取变量
62	故障码 _ 电表	400152	整型	400151	读取变量

3. 控制环路设计及控制算法

(1) 数据采集及量程转化

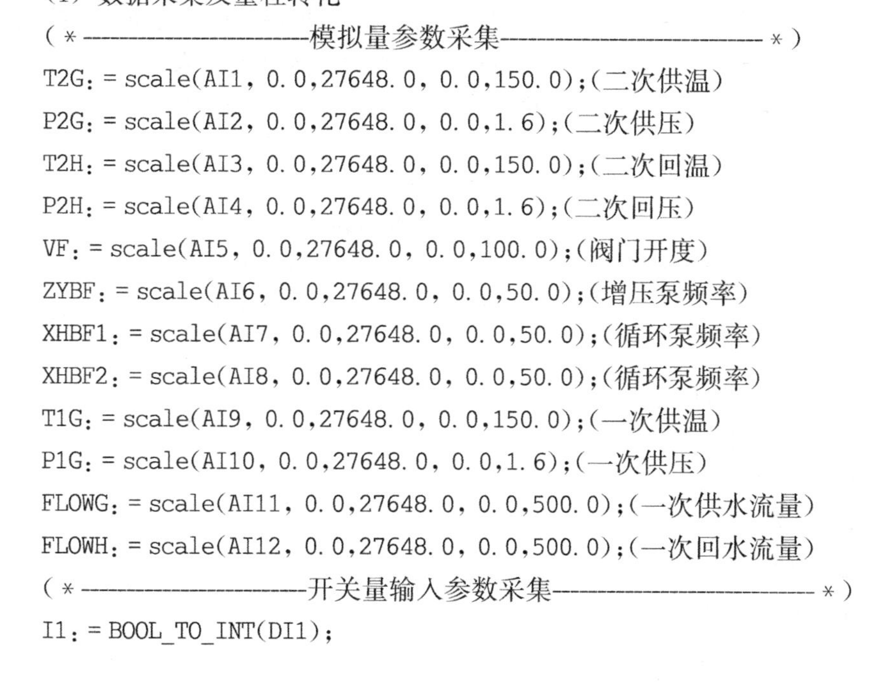

```
(*----------------------模拟量参数采集------------------------*)
T2G: = scale(AI1, 0.0,27648.0, 0.0,150.0);(二次供温)
P2G: = scale(AI2, 0.0,27648.0, 0.0,1.6);(二次供压)
T2H: = scale(AI3, 0.0,27648.0, 0.0,150.0);(二次回温)
P2H: = scale(AI4, 0.0,27648.0, 0.0,1.6);(二次回压)
VF: = scale(AI5, 0.0,27648.0, 0.0,100.0);(阀门开度)
ZYBF: = scale(AI6, 0.0,27648.0, 0.0,50.0);(增压泵频率)
XHBF1: = scale(AI7, 0.0,27648.0, 0.0,50.0);(循环泵频率)
XHBF2: = scale(AI8, 0.0,27648.0, 0.0,50.0);(循环泵频率)
T1G: = scale(AI9, 0.0,27648.0, 0.0,150.0);(一次供温)
P1G: = scale(AI10, 0.0,27648.0, 0.0,1.6);(一次供压)
FLOWG: = scale(AI11, 0.0,27648.0, 0.0,500.0);(一次供水流量)
FLOWH: = scale(AI12, 0.0,27648.0, 0.0,500.0);(一次回水流量)
(*----------------------开关量输入参数采集------------------------*)
I1: = BOOL_TO_INT(DI1);
```

```
I2: = BOOL_TO_INT(DI2);
I3: = BOOL_TO_INT(DI3);
I4: = BOOL_TO_INT(DI4);
I5: = BOOL_TO_INT(DI5);
I6: = BOOL_TO_INT(DI6);
(*-----------------------开关量输出参数采集--------------------------*)
O1: = BOOL_TO_INT(DO1);
O2: = BOOL_TO_INT(DO2);(循环泵启停控制)
O3: = BOOL_TO_INT(DO3);
O4: = BOOL_TO_INT(DO4);
O5: = BOOL_TO_INT(DO5);
O6: = BOOL_TO_INT(DO6);
```

(2) 联锁保护：

混水站控制装置的联锁保护只有循环泵的联锁保护控制，没有补水泵和泄水电磁阀。混水站控制装置的联锁保护程序与换热站控制装置的一样，只是 PLC 输出是只连接循环泵启停控制的继电器。

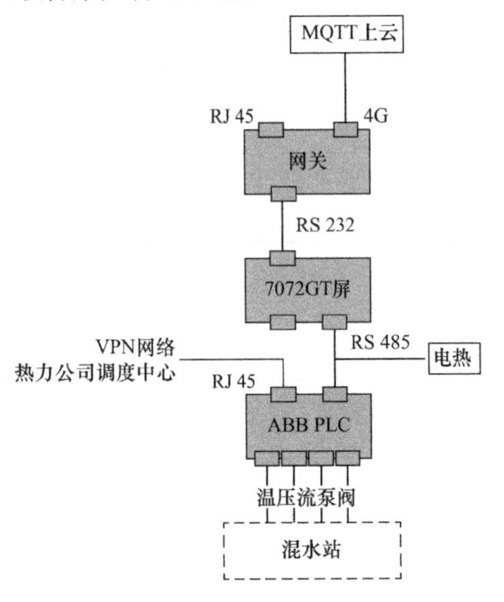

图 8-10 混水站控制装置数据图

(3) 温度控制模式及温度设定值

与换热站控制装置相同。

(4) 一次电动调节阀/分布式变频泵控制

与换热站控制装置相同。

(5) 循环泵控制

与换热站控制装置相同。

4. 混水站控制装置设计

混水站控制装置的硬件设计与换热站控制装置相同，只是外接仪表和变量表有些小的差别，控制程序也基本差不多（见图 8-10）。

5. 混水站控制装置关系数据库

与换热站相同。

8.5.5 节能控制装置

1. 工艺流程测点布置图及变量表

换热器旁通阀控制二次供回水平均温度，如图 8-11 所示。二级循环泵控制系统如图 8-12 所示。

PLC 控制系统配置点表如下：

(1) 模拟量输入 AI≥4；

(2) 模拟量输出 AO≥2；

(3) 开关量输入 DI≥6；

(4) 开关量输出 DO≥6；

(5) 串口通信接口 RS 485≥1；

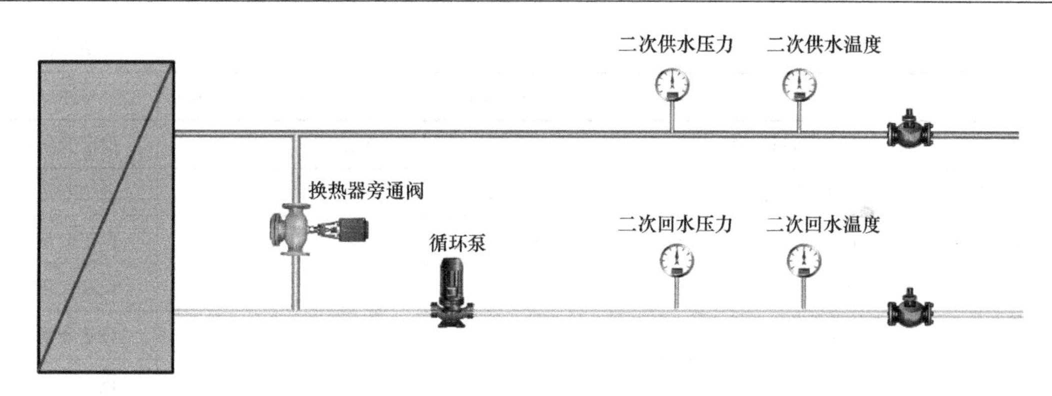

图 8-11　换热器旁通阀控制二次供回水平均温度示意图

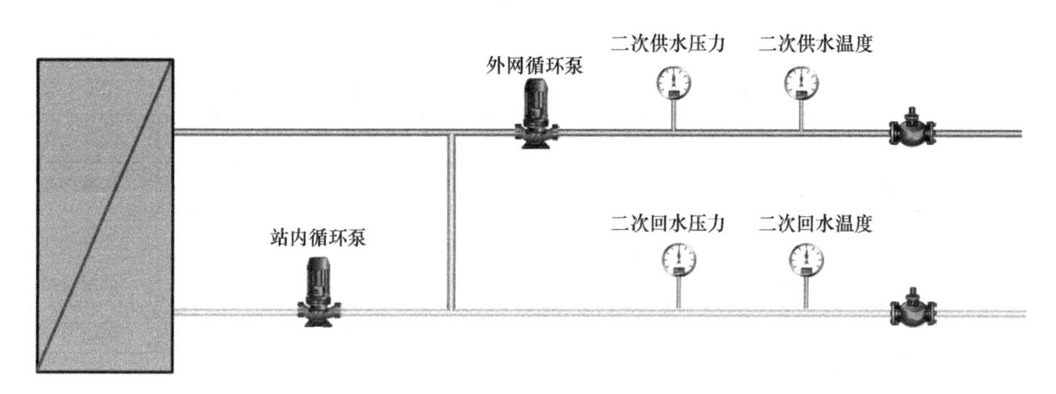

图 8-12　二级循环泵控制系统示意图

（6）以太网通信接口 RJ 45≥1；

（7）系统时钟。

2. 节能控制装置变量表（见表 8-8）

节能控制装置变量表　　**表 8-8**

序号	变量名称	触摸屏寄存器地址	数据类型	网关寄存器地址	备注
1	温度控制模式	400013	整型	400012	设定变量
2	旁通阀门或内网循环泵控制模式	400014	整型	400013	设定变量
3	循环泵控制模式	400015	整型	400014	设定变量
4	人工温度远程设定	400041	浮点型	400040	设定变量
5	旁通阀门或内网循环泵远程设定	400043	浮点型	400042	设定变量
6	循环泵远程设定	400045	浮点型	400044	设定变量
7	温度设定值	400047	浮点型	400046	读取变量
8	旁通阀门或内网循环泵控制设定值	400049	浮点型	400048	读取变量
9	循环泵控制设定值	400051	浮点型	400050	读取变量
10	温控曲线截距	400053	浮点型	400052	设定变量
11	温控曲线斜率	400055	浮点型	400054	设定变量
12	循环泵曲线截距	400057	浮点型	400056	设定变量

续表

序号	变量名称	触摸屏寄存器地址	数据类型	网关寄存器地址	备注
13	循环泵曲线斜率	400059	浮点型	400058	设定变量
14	调度外温	400061	浮点型	400060	设定变量
15	节能时钟温度修正	400063	浮点型	400062	设定变量
16	人工温度修正	400065	浮点型	400064	设定变量
17	循环泵最大频率	400067	浮点型	400066	设定变量
18	二次回水压力设定值	400069	浮点型	400068	设定变量
19	二次供水温度	400071	浮点型	400070	读取变量
20	二次供水压力	400073	浮点型	400072	读取变量
21	二次回水温度	400075	浮点型	400074	读取变量
22	二次回水压力	400077	浮点型	400076	读取变量
23	旁通阀门或内网循环泵反馈	400079	浮点型	400078	读取变量
24	实际室内温度	400081	浮点型	400080	设定变量
25	实际室外温度	400083	浮点型	400082	设定变量
26	调度室内温度	400085	浮点型	400084	设定变量
27	二次供水温度截距	400087	浮点型	400086	读取变量
28	二次供水温度斜率	400089	浮点型	400088	读取变量
29	二次回水温度截距	400091	浮点型	400090	读取变量
30	二次回水温度斜率	400093	浮点型	400092	读取变量
31	当量外温	400095	浮点型	400094	读取变量
32	白天节能幅度	400097	浮点型	400096	设定变量
33	夜间节能幅度	400099	浮点型	400098	设定变量
34	最高室外温度	400101	浮点型	400100	设定变量
35	最低室外温度	400103	浮点型	400102	设定变量
36	最低循环泵系数	400105	浮点型	400104	设定变量
37	故障码 _ 二次供温	400107	整型	400106	读取变量
38	故障码 _ 二次回温	400108	整型	400107	读取变量
39	故障码 _ 二次回压	400109	整型	400108	读取变量
40	故障码 _ 供热效果	400110	整型	400109	读取变量

3. 参数采集及量程转换

T2G：= scale(AI1，0.0,27648.0，0.0,150.0)；(二次供温)

T2H：= scale(AI2，0.0,27648.0，0.0,150.0)；(二次回温)

P2G：= scale(AI3，0.0,27648.0，0.0,1.6)；(二次供压)

P2H：= scale(AI4，0.0，27648.0，0.0，1.6)；(二次回压)

4. 温度控制模式及温度设定值

与换热站温度控制模式及温度设定值相同。

5. 换热器旁通电动调节阀控制

与换热站一次电动调节阀控制的算法基本一样，只是阀门控制开大和关小的逻辑相反。具体如下：

一次电动调节阀控制：v _ set：=v _ set-lin；

换热器旁通电动调节阀控制：v _ set：=v _ set+lin；

6. 内网循环泵控制

与换热站一次电动调节阀控制的算法一样。

7. 循环泵控制

与换热站循环泵控制算法一样。

8. 节能控制装置设计

设计这种节能控制装置的目的是以最小的投入实现最大限度的节能收益，整体性价比最优，形成标准化产品，快速部署，快速上线。只对热力站二次侧系统进行控制，可以适用于换热站和混水站。包括二次侧外网循环泵控制，二次侧换热器旁通阀控制或者二次侧站内循环泵控制。一次网的参数采集与控制由另一个控制装置完成，本节能控制装置不涉及（见图 8-13）。

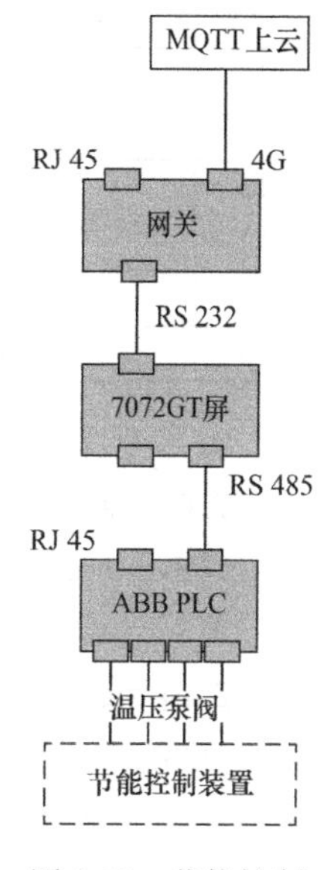

图 8-13　节能控制装置数据图

这样的设计是考虑到现有的热网自控系统基本普及了，但是在节能控制方面普遍做得不够好，设计这种快速部署的简易的节能控制装置是为了花费最小的投入完成对现有自控系统的补充。

节能控制装置力求简洁，只采集二次侧供回水温度和压力，独立于现有自控系统，重点以节能为目的，在不影响一网水力工况的前提下实现气候补偿控制和节能时钟控制。二次侧节能控制分为旁通阀控制方案和二级循环泵方案。

8.5.6　一次网流量平衡控制装置

1. 工艺流程及测点布置（见图 8-14）

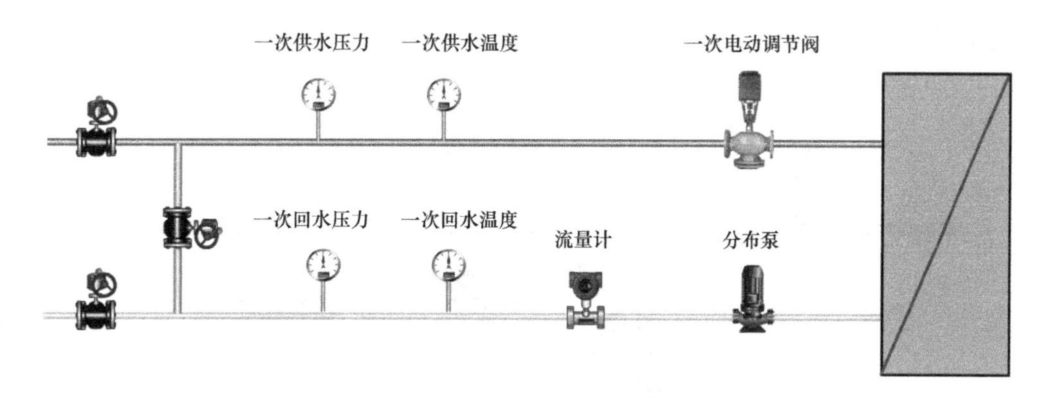

图 8-14　一网流量平衡控制装置工艺流程及测点布置图

2. 一次网流量平衡控制装置变量表（见表 8-9）

一网流量平衡控制装置变量表　　表 8-9

序号	变量名称	触摸屏寄存器地址	数据类型	网关寄存器地址	备注
1	流量控制模式	400013	整型	400012	设定变量
2	阀门或分布泵控制模式	400014	整型	400013	设定变量
3	人工流量远程设定	400041	浮点型	400040	设定变量
4	阀门或分布泵远程设定	400043	浮点型	400042	设定变量
5	流量设定值	400045	浮点型	400044	读取变量
6	阀门或分布泵控制设定值	400047	浮点型	400046	读取变量
7	一次供水温度	400049	浮点型	400048	读取变量
8	一次供水压力	400051	浮点型	400050	读取变量
9	一次回水温度	400053	浮点型	400052	读取变量
10	一次回水压力	400055	浮点型	400054	读取变量
11	一次流量	400057	浮点型	400056	读取变量
12	阀门或分布泵反馈	400059	浮点型	400058	读取变量
13	供热面积	400061	浮点型	400060	设定变量
14	流量指标	400063	浮点型	400062	设定变量
15	流量指标修正系数	400065	浮点型	400064	设定变量

3. 参数采集及量程转换

T1G：= scale(AI1, 0.0,27648.0, 0.0,150.0)；(一次供温)

T1H：= scale(AI2, 0.0,27648.0, 0.0,150.0)；(一次回温)

P1G：= scale(AI3, 0.0,27648.0, 0.0,1.6)；(一次供压)

P1H：= scale(AI4, 0.0,27648.0, 0.0,1.6)；(一次回压)

FLOW：= scale(AI5, 0.0,27648.0, 0.0,500.0)；(一次流量)

4. 一次电动调节阀控制或者一次分布泵控制

一次网的流量调控一般采用电动调节阀，对于分布式变频泵系统采用分布式变频泵控制。流量设定值=(1+流量指标修正系数)×供热面积。流量控制算法参考换热站的温度控制，这里不赘述。

8.5.7 补水泵组控制装置

1. 工艺流程及测点布置（见图 8-15）

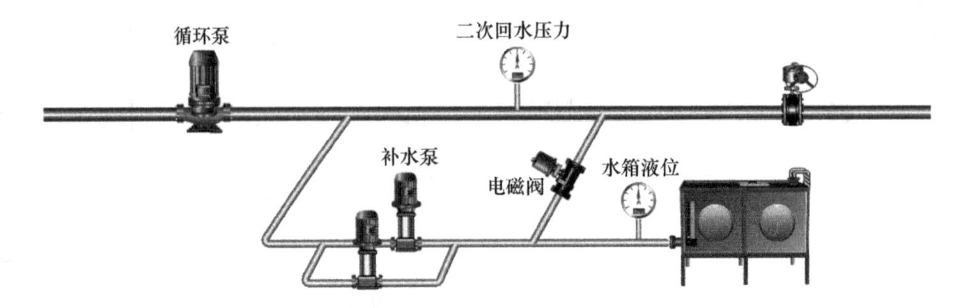

图 8-15　补水泵组控制装置工艺流程及测点布置图

控制配置点表

(1) 模拟量输入 AI≥2;

(2) 模拟量输出 AO≥1;

(3) 开关量输入 AI≥6;

(4) 开关量输出 DO≥3。

2. 补水泵组控制装置变量表(见表 8-10)

补水泵组控制装置变量表　　表 8-10

序号	变量名称	触摸屏寄存器地址	数据类型	网关寄存器地址	备注
1	水箱液位	400037	浮点型	400036	读取变量
2	补水压力	400039	浮点型	400038	读取变量
3	补水泵变频控制	400041	浮点型	400040	设定变量
4	补水泵启停	400001	整型	400000	设定变量
5	泄水阀开关	400003	整型	400002	设定变量
6	回水压力设定值	400025	浮点型	400024	设定变量
7	回水压力高限	400027	浮点型	400026	设定变量
8	回水压力低限	400029	浮点型	400028	设定变量
9	水箱液位设定值	400031	浮点型	400030	设定变量
10	水箱液位高限	400033	浮点型	400032	设定变量
11	水箱液位低限	400035	浮点型	400034	设定变量

3. 参数采集及量程转换

```
L_SX:= scale(AI1, 0.0,27648.0, 0.0,100.0);(水箱液位,单位百分比)
PB:= scale(AI2, 0.0,27648.0, 0.0,1.60);(二次回压,单位 MPa)
```

4. 补水泵压力控制

二次回水压力控制算法参考换热站温度控制算法,控制时间间隔设置为 10s(压力控制比温度控制要快)。控制压力时的压力单位换算为米水柱。具体控制算法这里不再赘述。

```
AO1:= REAL_TO_INT(scale(OUT, 0.0,100.0, 0.0,27648.0));(补水泵控制)
```

5. 联锁保护控制

```
P2H_HIGH:= P2H_SET_R + 0.05;(回水压力高限)
P2H_LOW:= P2H_SET_R-0.02;(回水压力低限)
LSX_SET:= 50.0;(水箱液位中间值)
LSX_HIGH:= 95.0;(水箱液位高限)
LSX_LOW:= 30;(水箱液位低限)
IF L_SX<LSX_LOW OR PB>P2H_SET_R THEN(水箱低水位或二次超压停补水泵保护)
    DO1:= TRUE;
END_IF
IF L_SX>LSX_SET AND PB<P2H_LOW THEN
    DO1:= FALSE;
```

```
END_IF
IF PB>P2H_HIGH THEN(超压泄水保护,对于新建小型换热系统容易发生超压问题,需要选用高品质电磁阀)
    DO3: = TRUE;
END_IF
IF PB<P2H_SET_R THEN
    DO3: = FALSE;
END_IF
```

6. 控制装置设计

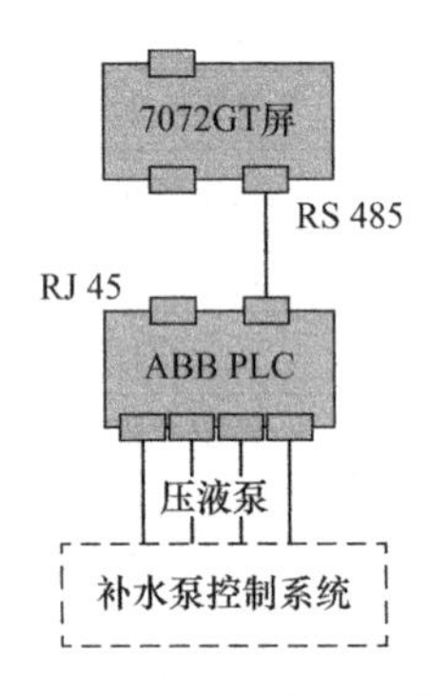

图 8-16　补水泵组控制装置数据图

如果选用总线型仪表，控制装置采用触摸屏控制；如果选用电压信号型仪表，选用 ABB 的 PM564 的 PLC 控制再配置触摸屏显示与操控；如果选用电流型仪表，选用 ABB 的 PM564＋AX561 的 PLC 控制再配置触摸屏显示与操控。推荐选用电压信号型仪表，选用 ABB 的 PM564 PLC 控制再配置触摸屏显示与操控。一般情况下，补水泵控制系统的参数不需要通过云平台优化设置，现场通过触摸屏调控好控制参数之后就可以了，因此不用配置网关（见图 8-16）。

8.5.8　直供站控制装置

在北方中小城市，利用小型热电厂循环水供热的方案，以其显著的节能和环保效果而受到普遍欢迎。由于电厂循环水的出口温度较低，一般在 70℃以下，适合采用低温大流量的直供方案。对于大型的二次网，有时设置若干分配站，也是一种直供站的方式。直供热力站的自动控制应该实现如下功能：

（1）超压保护：二次供水压力必须受到控制，防止用户系统超压。

（2）平衡调节：热力站之间的平衡调节有利于改善供热效果，提高供热能力。平衡调节的依据是流量平衡调节或者二次回水温度平衡调节，电动调节阀的控制目标就是要实现流量平衡或者回水温度平衡，一般采用回水温度平衡的控制策略。

（3）失水量监控：依据供回水流量差判断失水情况。

（4）热量计量：计量各个热力站耗热量，以热力站为单位进行供热指标考核，提高二次供热系统的管理水平。

（5）数据远传：实时采集热力站的运行参数，及时评价供热系统的运行状况。

PLC 控制系统配置点表如下：

（1）模拟量输入 AI≥8；

（2）模拟量输出 AO≥1；

（3）开关量输入 DI≥6；

（4）开关量输出 DO≥6；

（5）串口通信接口 RS 485≥1；

（6）以太网通信接口 RJ 45≥1；

（7）系统时钟。

1. 工艺流程及测点布置（见图 8-17）

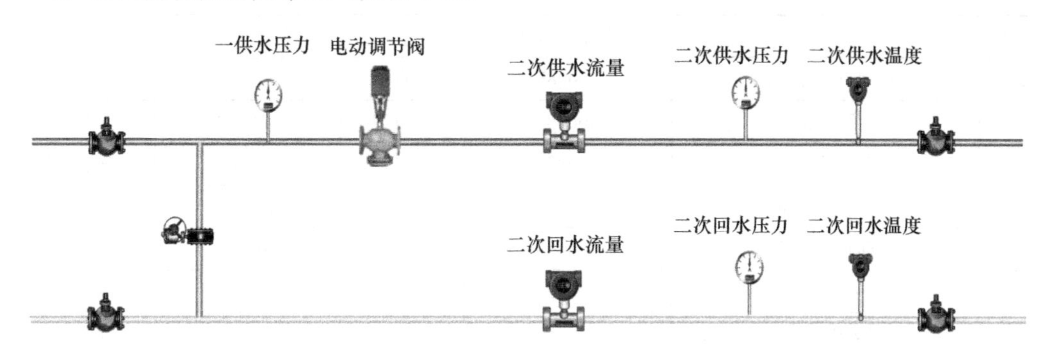

图 8-17　直供站控制装置工艺流程及测点布置图

2. 直供站控制装置变量表（见表 8-11）

直供站控制装置变量表　　表 8-11

序号	变量名称	寄存器地址	数据类型	物通云地址	备注
1	温度控制模式	400013	整型	400012	设定变量
2	阀门控制模式	400014	整型	400013	设定变量
3	人工温度远程设定	400041	浮点型	400040	设定变量
4	阀门远程设定	400043	浮点型	400042	设定变量
5	温度设定值	400045	浮点型	400044	读取变量
6	阀门控制设定值	400047	浮点型	400046	读取变量
7	温控曲线截距	400049	浮点型	400048	设定变量
8	温控曲线斜率	400051	浮点型	400050	设定变量
9	调度外温	400053	浮点型	400052	设定变量
10	节能时钟温度修正	400055	浮点型	400054	设定变量
11	人工温度修正	400057	浮点型	400056	设定变量
12	流量设定指标	400059	浮点型	400058	设定变量
13	流量指标修正	400061	浮点型	400060	设定变量
14	流量设定值	400063	浮点型	400062	读取变量
15	二次供水温度	400065	浮点型	400064	读取变量
16	二次供水压力	400067	浮点型	400066	读取变量
17	二次回水温度	400069	浮点型	400068	读取变量
18	二次回水压力	400071	浮点型	400070	读取变量
19	阀门开度反馈	400073	浮点型	400072	读取变量
20	一次供水压力	400075	浮点型	400074	读取变量
21	一次供水流量	400077	浮点型	400076	读取变量
22	一次回水流量	400079	浮点型	400078	读取变量
23	供热面积	400081	浮点型	400080	设定变量
24	折零热指标	400083	浮点型	400082	设定变量

续表

序号	变量名称	寄存器地址	数据类型	物通云地址	备注
25	计划折零热指标	400085	浮点型	400084	设定变量
26	实际热指标	400087	浮点型	400086	读取变量
27	调度热指标	400089	浮点型	400088	读取变量
28	累计节热量	400091	浮点型	400090	读取变量
29	单位面积累计节热量	400093	浮点型	400092	读取变量
30	热表瞬时流量	400095	浮点型	400094	读取变量
31	热表供水温度	400097	浮点型	400096	读取变量
32	热表回水温度	400099	浮点型	400098	读取变量
33	热表瞬时热量	400101	浮点型	400100	读取变量
34	热表累计热量	400103	浮点型	400102	读取变量
35	故障码_二次供温	400105	整型	400104	读取变量
36	故障码_二次回温	400106	整型	400105	读取变量
37	故障码_二次供压	400107	整型	400106	读取变量
38	故障码_供热效果	400108	整型	400107	读取变量
39	故障码_热表	400109	整型	400108	读取变量

3. 电动调节阀控制环路设计及控制程序

直供站的电动调节阀主要用于平衡调节，兼具超压保护功能，包括现场手动操作阀门、远程人工操作阀门、依据流量设定值自动控制阀门、依据回水温度设定值自动控制阀门。无论何种方式控制阀门，当系统出现超压时，阀门都会执行超压保护控制。具体程序参考换热站的温度控制，这里不赘述。

4. 控制装置设计

与二级泵混水站相同。

8.5.9 直供混水站控制装置

直供热网发展到一定规模后，热网的输配能力无法适应热负荷发展的需要，此时采用直混热力站是较好的方法。采用直混站能够有效降低一次网的流量，提高一次网的热能输配能力。还有一些中型锅炉房供热系统也会选择采用直混热力站。直混系统的水力工况变化比较复杂，混水泵的工况变化会影响一次网的工况，反之一次网的工况变化也会影响混水泵的工况，直混站的自动控制必须能够有效分解两者之间的相互耦合作用。自控系统应该实现如下功能：

（1）超压保护：供水压力必须受到控制，防止用户系统超压。当供水压力超高时供水电动调节阀关闭，泄水电磁阀同时开启，当压力恢复正常值后电磁阀关闭，电动调节阀正常工作。

（2）当二次供水压力超高时，混水泵超压停泵保护。

（3）二次供水压力控制：电动调节阀首先控制二次供水压力达到设计范围内，然后再用电动调节阀进行平衡调节。

（4）平衡调节：热力站之间的平衡调节有利于改善供热效果，提高供热能力。平衡调节的依据是流量平衡调节或者二次回水温度平衡调节，电动调节阀的控制目标就是要实现流量平衡或者回水温度平衡，一般采用回水温度平衡的控制策略。

（5）混水泵的控制目标是控制混水后的流量满足二次网水力工况的需要，依据二次供水温度控制混水泵的频率，当二次供水温度高于设定值时加大混水泵频率，反之减小。二次供水温度设定值依据设计混水比计算：

$$T_{2G\_SET} = T_{2H} + (T_{1G} - T_{2H})/(1+U)$$

式中　T_{2G_SET}——二次供水温度设定值；

U——设计混水比；

T_{1G}——一次供水温度；

T_{1H}——一次回水温度。

（6）当二次回水压力低于混水泵的必蚀余量后停泵保护。

（7）混水泵转速较高但不出水时应该及时停泵，检查故障。

（8）失水量监控，依据供回水流量差判断失水情况。

（9）热量计量：计量各个热力站耗热量，以热力站为单位进行供热指标考核，提高二次供热系统的管理水平。

（10）数据远传，实时采集热力站的运行参数，及时评价供热系统的运行状况。

（11）混水泵出口的单向阀是在混水泵停止时保证水泵不会倒转的重要设备，单向阀必须可靠。

（12）选用进口泵作为混水泵，一般不设置备用泵，采用冷备用方案。当一定要设置备用泵时采用国产泵作为备用泵。在制作机组时按照两台泵（一用一备）布局。

1. 工艺流程及测点布置（见图 8-18）

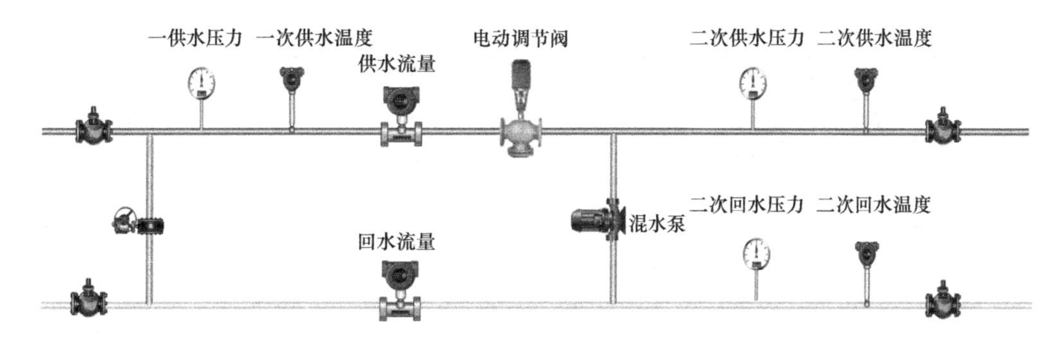

图 8-18　直供混水站控制装置工艺流程及测点布置图

2. 直供混水站控制装置变量表（见表 8-12）

直供混水站控制装置变量表　　**表 8-12**

序号	变量名称	寄存器地址	数据类型	物通云地址	备注
1	二次回水温度控制模式	400013	整型	400012	设定变量
2	阀门控制模式	400014	整型	400013	设定变量
3	混水泵控制模式	400015	整型	400014	设定变量
4	二次回温人工温度远程设定	400041	浮点型	400040	设定变量
5	阀门远程设定	400043	浮点型	400042	设定变量

续表

序号	变量名称	寄存器地址	数据类型	物通云地址	备注
6	混水泵远程设定	400045	浮点型	400044	设定变量
7	二次回温温度设定值	400047	浮点型	400046	读取变量
8	阀门控制设定值	400049	浮点型	400048	读取变量
9	混水泵控制设定值	400051	浮点型	400050	读取变量
10	二次回温曲线截距	400053	浮点型	400052	设定变量
11	二次回温曲线斜率	400055	浮点型	400054	设定变量
12	流量设定指标	400057	浮点型	400056	设定变量
13	流量指标修正	400059	浮点型	400058	设定变量
14	设计混水比	400061	浮点型	400060	设定变量
15	调度外温	400063	浮点型	400062	设定变量
16	二次供温节能时钟温度修正	400065	浮点型	400064	设定变量
17	二次供温人工温度修正	400067	浮点型	400066	设定变量
18	二次回水压力设定值	400069	浮点型	400068	设定变量
19	流量设定值	400071	浮点型	400070	读取变量
20	二次供温设定值	400073	浮点型	400072	读取变量
21	二次供水温度	400075	浮点型	400074	读取变量
22	二次供水压力	400077	浮点型	400076	读取变量
23	二次回水温度	400079	浮点型	400078	读取变量
24	二次回水压力	400081	浮点型	400080	读取变量
25	阀门开度反馈	400083	浮点型	400082	读取变量
26	增压泵频率反馈	400085	浮点型	400084	读取变量
27	混水泵频率反馈 1	400087	浮点型	400086	读取变量
28	混水泵频率反馈 2	400089	浮点型	400088	读取变量
29	一次供水温度	400091	浮点型	400090	读取变量
30	一次供水压力	400093	浮点型	400092	读取变量
31	一次供水流量	400095	浮点型	400094	读取变量
32	一次回水流量	400097	浮点型	400096	读取变量
33	实际室内温度	400099	浮点型	400098	设定变量
34	实际室外温度	400101	浮点型	400100	设定变量
35	调度室内温度	400103	浮点型	400102	设定变量
36	二次供温截距	400105	浮点型	400104	读取变量
37	二次供温斜率	400107	浮点型	400106	读取变量
38	二次供温理想值	400109	浮点型	400108	读取变量
39	当量外温	400111	浮点型	400110	读取变量
40	白天节能幅度	400113	浮点型	400112	设定变量
41	夜间节能幅度	400115	浮点型	400114	设定变量

续表

序号	变量名称	寄存器地址	数据类型	物通云地址	备注
42	最高室外温度	400117	浮点型	400116	设定变量
43	最低室外温度	400119	浮点型	400118	设定变量
44	供热面积	400121	浮点型	400120	设定变量
45	折零热指标	400123	浮点型	400122	设定变量
46	计划折零热指标	400125	浮点型	400124	设定变量
47	实际热指标	400127	浮点型	400126	读取变量
48	调度热指标	400129	浮点型	400128	读取变量
49	累计节热量	400131	浮点型	400130	读取变量
50	单位面积累计节热量	400133	浮点型	400132	读取变量
51	热表瞬时流量	400135	浮点型	400134	读取变量
52	热表供水温度	400137	浮点型	400136	读取变量
53	热表回水温度	400139	浮点型	400138	读取变量
54	热表瞬时热量	400141	浮点型	400140	读取变量
55	热表累计热量	400143	浮点型	400142	读取变量
56	电表累计电量	400145	浮点型	400144	读取变量
57	故障码_二次供温	400147	整型	400146	读取变量
58	故障码_二次回温	400148	整型	400147	读取变量
59	故障码_二次回压	400149	整型	400148	读取变量
60	故障码_供热效果	400150	整型	400149	读取变量
61	故障码_热表	400151	整型	400150	读取变量
62	故障码_电表	400152	整型	400151	读取变量

3. 控制环路设计与控制算法

(1) 电动调节阀控制

按照一次流量指标控制或者按照回水温度控制电动调节阀，主要完成各个热力站的水力和热力工况平衡调节。具体程序参考换热站的温度控制，这里不赘述。

(2) 混水泵控制

按照设计混水比计算出来的二次供水温度设定值控制混水泵。具体程序参考换热站的温度控制，这里不赘述。

(3) 控制装置设计

与二级泵混水站相同。

8.5.10 链条燃煤锅炉控制装置

(1) 随着室外温度的变化，自动控制炉排转速，控制给煤量。这里存在炉排转速与室外温度之间的函数关系，确定这一关系需要比对室内温度、二次网供回水温度等参数。

(2) 随着给煤量的变化，自动控制鼓风机转速，控制鼓风量。这里存在鼓风机转速与炉排转速之间的函数关系，确定这一关系需要观察燃烧状态，需要凭借司炉者的经验，一般鼓风机的转速要略大于炉排转速。

(3) 随着鼓风机转速的变化，自动控制引风机转速，控制引风量。这里存在引风机转速与鼓风机转速之间的函数关系，确定这一关系需要测量炉膛的负压，需要观察火焰的角度，一般引风机转速要略大于鼓风机转速。

1. 工艺流程及测点布置（见图 8-19）

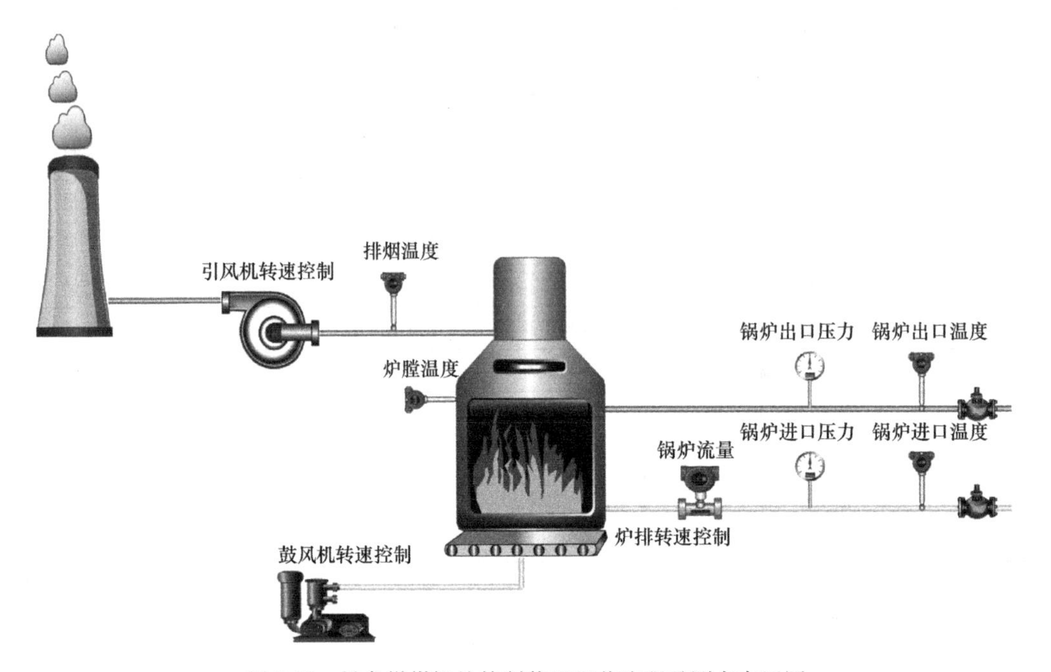

图 8-19　链条燃煤锅炉控制装置工艺流程及测点布置图

PLC 控制系统配置点表如下：

(1) 模拟量输入 AI≥8；

(2) 模拟量输出 AO≥3；

(3) 开关量输入 DI≥6；

(4) 开关量输出 DO≥6；

(5) 串口通信接口 RS 485≥1；

(6) 以太网通信接口 RJ 45≥1；

(7) 系统时钟。

2. 链条燃煤锅炉控制装置变量表（见表 8-13）

链条燃煤锅炉控制装置变量表　　**表 8-13**

序号	变量名称	触摸屏寄存器地址	数据类型	网关寄存器地址	备注
1	炉排控制模式	400013	整型	400012	设定变量
2	鼓风机控制模式	400014	整型	400013	设定变量
3	引风机控制模式	400015	整型	400014	设定变量
4	电动蝶阀控制模式	400016	整型	400015	设定变量
5	锅炉进口温度	400041	浮点型	400040	读取变量
6	锅炉出口温度	400043	浮点型	400042	读取变量

续表

序号	变量名称	触摸屏寄存器地址	数据类型	网关寄存器地址	备注
7	锅炉进口压力	400045	浮点型	400044	读取变量
8	锅炉出口压力	400047	浮点型	400046	读取变量
9	室外温度	400049	浮点型	400048	读取变量
10	锅炉排烟温度	400051	浮点型	400050	读取变量
11	锅炉炉膛温度	400053	浮点型	400052	读取变量
12	锅炉流量	400055	浮点型	400054	读取变量
13	炉排转速控制	400057	浮点型	400056	读取变量
14	鼓风机转速控制	400059	浮点型	400058	读取变量
15	引风机转速控制	400061	浮点型	400060	读取变量
16	锅炉进口电动蝶阀控制	400063	浮点型	400062	读取变量
17	锅炉瞬时热量	400065	浮点型	400064	读取变量
18	标准处理后室外温度	400067	浮点型	400066	读取变量
19	炉排远程设定	400069	浮点型	400068	设定变量
20	鼓风机远程设定	400071	浮点型	400070	设定变量
21	引风机远程设定	400073	浮点型	400072	设定变量
22	电动蝶阀远程设定	400075	浮点型	400074	设定变量
23	标定工况室外温度	400077	浮点型	400076	设定变量
24	标定工况炉排转速频率	400079	浮点型	400078	设定变量
25	标定工况鼓风机转速频率	400081	浮点型	400080	设定变量
26	标定工况引风机转速频率	400083	浮点型	400082	设定变量
27	调度室外温度	400085	浮点型	400084	设定变量
28	节能时钟修正室外温度	400087	浮点型	400086	设定变量
29	炉排转速人工调整	400089	浮点型	400088	设定变量
30	鼓风机转速人工调整	400091	浮点型	400090	设定变量
31	引风机转速人工调整	400093	浮点型	400092	设定变量
32	锅炉进口温度设定	400095	浮点型	400094	设定变量
33	锅炉出口温度设定	400097	浮点型	400096	设定变量
34	锅炉出口压力设定	400099	浮点型	400098	设定变量
35	炉排最小转速限定	400101	浮点型	400100	设定变量
36	炉排最大转速限定	400103	浮点型	400102	设定变量
37	鼓风机最小转速限定	400105	浮点型	400104	设定变量
38	鼓风机最大转速限定	400107	浮点型	400106	设定变量
39	引风机最小转速限定	400109	浮点型	400108	设定变量
40	引风机最大转速限定	400111	浮点型	400110	设定变量

3. 控制环路设计及控制程序

(1) 室外温度平滑处理程序

```
time1(IN: = TRUE,PT: = T#3S);
IF time1.Q THEN
sum: = sum + (t_w-t0old)/1200;
IF sum>A OR sum<-A THEN
    sum: = 0;
    t0: = t0old + (t_w-t0old)/B;
      t0old: = t0;
END_IF
    time1(IN: = FALSE);
END_IF
```

每间隔 3s 钟，采集处理一次室外温度。当采集的实际室外温度与平滑处理后的室外温度之间的累计偏差大于 A 值时，按照两者之间的实际偏差值除以 B 值改变处理后的室外温度。经过这样的处理后，参与控制的室外温度会平滑许多，变化幅度也会小很多。

(2) 锅炉自动燃烧控制功能块

```
(*炉排转速默认模式*)
    IF mode_lp = 0 THEN
        lp_k: = lpzs_bd;
    END_IF
(*鼓风机转速默认模式*)
    IF mode_gf = 0 THEN
        gf_k: = gfjzs_bd;
    END_IF
(*引风机转速默认模式*)
    IF mode_yf = 0 THEN
        yf_k: = yfjzs_bd;
    END_IF
(*炉排转速人工控制模式*)
    IF  mode_lp>0 AND mode_lp<= 50 THEN
        lp_k: = lpset;
    END_IF
(*鼓风机人工控制模式*)
    IF mode_gf>0 AND  mode_gf<= 50 THEN
        gf_k: = gfset;
    END_IF
(*引风机人工控制模式*)
    IF mode_yf>0 AND  mode_yf<= 50 THEN
        yf_k: = yfset;
    END_IF
```

```
(*-------------------------室外温度标定-------------------------*)
IF mode_twbd<50 THEN
    tw_bd_set:=tw_bd;
END_IF
time1(IN:=TRUE,PT:=T#6S);
IF time1.Q AND mode_twbd>50 THEN
    IF ABS(tndd-tn_sc)>0.5 THEN
          tw_bd_set:=tw_bd+(tndd-tn_sc);
    END_IF
    IF tw_bd_set>8.0 THEN
        tw_bd_set:=8.0;
    END_IF
    IF tw_bd_set<-10.0 THEN
        tw_bd_set:=-10.0;
    END_IF
time1(IN:=FALSE);
END_IF
time2(IN:=TRUE,PT:=T#120S);
IF time2.Q THEN
  (*炉排自动控制*)
    IF mode_lp>50 THEN
          lp_k:=lpzs_bd*(20-twdd+dtn_jnsz)/(20-tw_bd_set)+dlp;
    END_IF
(*鼓风机自动控制*)
    IF mode_gf>50 THEN
          gf_k:=gfjzs_bd*(20-twdd+dtn_jnsz)/(20-tw_bd_set)+dgfj;
    END_IF

(*引风机自动控制*)
  IF mode_yf>50 THEN
        yf_k:=yfjzs_bd*(20-twdd+dtn_jnsz)/(20-tw_bd_set)+dyfj;
  END_IF
time2(IN:=FALSE);
END_IF
(*炉排控制的高低限保护*)
IF lp_k>=lp_max THEN
    lp_k:=lp_max;
END_IF
IF lp_k<=lp_min THEN
```

```
    lp_k: = lp_min;
END_IF
(*鼓风机控制的高低限保护*)
IF gf_k> = gfj_max THEN
    gf_k: = gfj_max;
END_IF
IF gf_k< = gfj_min THEN
    gf_k: = gfj_min;
END_IF
(*引风机控制的高低限保护*)
IF yf_k> = yfj_max THEN
    yf_k: = yfj_max;
END_IF
IF yf_k< = yfj_min THEN
    yf_k: = yfj_min;
END_IF
```

(3) 锅炉自动燃烧控制功能块的调用

```
(*------------------锅炉自动燃烧控制程序----------------------*)
test1(
        mode_twbd: = mode_twbd,
        twdd: = TWCL_BZ,
        tw_bd: = tw_bd,
        dtn_jnsz: = DTN_JNSZ,
        tndd: = TNDD,
        tn_sc: = tn_sc,
        mode_lp: = mode_lp,
        lpset: = lpset,
        lpzs_bd: = LPZS_BD,
        dlp: = DLP,
        lp_max: = LP_MAX,
        lp_min: = LP_MIN,
        mode_gf: = mode_gf,
        gfset: = gfset,
        gfjzs_bd: = GFJZS_BD,
        dgfj: = DGFJ,
        gfj_max: = GFJ_MIN,
        gfj_min: = GFJ_MAX,
        mode_yf: = mode_yf,
        yfset: = yfset,
```

```
        yfjzs_bd: = YFJZS_BD,
        dyfj: = DYFJ,
        yfj_max: = YFJ_MIN,
        yfj_min: = YFJ_MAX);
LP_K: = test1.lp_k;
GF_K: = test1.gf_k;
YF_K: = test1.yf_k;
AO1: = REAL_TO_INT(Scale(lp_k,
0.0,100.0, 0.0,32767.0));
AO2: = REAL_TO_INT(Scale(gf_k,
0.0,100.0, 0.0,32767.0));
AO3: = REAL_TO_INT(Scale(yf_k,
0.0,100.0, 0.0,32767.0));
AO4: = REAL_TO_INT(Scale(v_k,
0.0,100.0, 0.0,32767.0));
```

4. 控制装置设计

锅炉燃烧控制分两级控制，锅炉房调度中心可以现场对锅炉燃烧控制系统进行操作。通过云平台，专家可以远程优化配置锅炉燃烧控制参数。现场也可以通过触摸屏操控，现场控制设备也有本地和远程的操作模式（见图 8-20）。

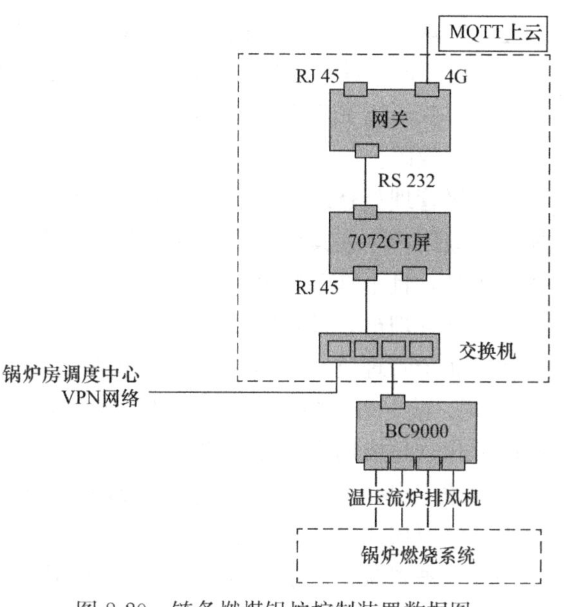

图 8-20 链条燃煤锅炉控制装置数据图

8.6 智慧供热云平台的设备管理和数据采集

8.6.1 网关设备管理

在智慧供热云平台中，网关设备是重要的节点，是传统的供热控制设备与云平台建立连接的重要一环，网关设备的管理功能是决定整个智慧供热云平台效率和可靠性的关键。网关设备序列号：WG581LL0700000000000，其中 WG 是代指网关，581 是网关型号，LL07 是通信方式，0000 为客户编码，0000 为热力站编码，000 为楼栋编码。

1. 固件升级

网关设备的系统程序需要更新或者升级时，能够本地进行操作。

2. 远程配置

通过网络远程配置网关设备的参数，包括网络参数配置、与所连控制设备的变量属性配置等。

3. 远程调试

通过网络远程连接到相应的控制设备，进行控制程序调试。

4. 程序下载

通过网络远程下载控制程序到控制设备中，如 PLC 控制器等。

网关设备厂家会提供相应的平台管理软件，在云服务器上安装后就可以实现相应功能。那些以前需要工程师到项目现场完成的工作可以通过网络远程实现，节省人力、节省时间、提高效率。有利于实现工程师的共享，也可以把这部分工作分包给网关设备厂家托管，供热人专注于供热业务。

8.6.2 用户管理

1. 用户分级

用户管理系统中的用户分超级管理员、系统管理员、普通用户三类。超级管理员只有创建、管理系统管理员的权限，默认不具备登录运维系统权限，除非系统管理员分配其权限；系统管理员具有创建、管理普通用户的权限，且只能看到自己创建的用户组和用户；普通用户只能看到和管理自身的权限，除非系统管理员分配其管理权限才具有增、删、改、枚举权限。

超级管理员登录开发系统的用户管理中，可以创建系统管理员。超级管理员用户类型属于超级用户，在其登录系统范围内管理用户的权限是：增、删、改、枚举，其创建的系统管理员，且不具备分组。

系统管理员登录开发系统的用户管理中，可以创建用户组和普通用户，系统管理员用户类型属于管理员，在其登录系统范围内管理用户的权限是：管理员角色［枚举、编辑（增、删、改、分配权限）］其创建的普通用户，同时可给超级用户分配权限，但不能进行删改操作（超级用户需要先被枚举）。

普通用户登录开发系统的用户管理中，在其没有管理用户权限情况下，登录之后，只能看到其所属用户组及其用户本身（这里为了体现系统管理员 A 还有其他用户信息，这些用户全被置灰，表示看不到）。当普通用户被赋予管理用户权限时，则可获取对应的权限，比如 user3，属于用户组 2，用户组 2 具备角色 02 的枚举权限，则 user3 登录时可枚举用户组 2 的用户。当普通用户具备增、删、改权限时，则登录后，新建、删除、移动功能可用。具体功能同系统管理员中所述，需要强调的是普通用户建立用户时，选的用户组是（可见范围内的）用户组。

2. 角色管理

角色，标识了一系列具有相同操作权限的用户。角色管理的资源管理员、用户组这些对象就被称为角色资源，角色赋予角色资源权限。

3. 权限管理

可以对角色进行权限分配（多选）（若勾选编辑权限，则枚举一并被自动勾选），编辑权限包含：增加、删除、修改、分配权限。

4. 租户管理（热力公司）

在云平台系统中，使用云平台的热力公司就是租户，热力公司的分公司也可以是租户，租户之间相互隔离，独立构成一个客户端项目。每个租户对应一组用户名称和用户密码。

8.6.3 编码管理

在云平台中管理着海量的设备，需要精准定位到每一台设备，或者需要对设备按照其所属单位或部门进行分组管理等，需要有一定的规则用相应的代码进行管理（可以要求网关厂家按照我们的规则编码）。在供热系统中，设备的管理层级一般是按照如下层级分层管理的：

1. 热力公司

用热力公司所在城市的区号+3 位数的数字来代表热力公司，一般一座城市上云平台的大型热力公司不会超过 999 家，热力公司的编码如：JRY _ 0315 _ 001（共计 12 位字符）。

对于一些小型的热力公司可以作为虚拟的热力公司的分公司进行编码管理。热力公司是云平台的租户，独立管理一个供热运行调度项目。其关系数据库设计如表 8-14 所示。

小型热力公司关系数据库表　　**表 8-14**

序号	字段名称	字段类型	字符串长度	备注
1	租户 ID	double		
2	租户编码	varchar	255	
3	租户名称	varchar	255	
4	租户全名	varchar	255	
5	租户地址	varchar	255	
6	租户电话	varchar	255	
7	租户邮箱	varchar	255	
8	租户状态	varchar	255	
9	创建时间	varchar	255	
10	更新时间	varchar	255	
11	删除时间	varchar	255	

2. 热力分公司

用 2 位数字来代表分公司，一个热力公司的分公司数量一般不会超过 99 个，如果超过可以把部分分公司作为虚拟分公司的管理站进行编码管理。热力分公司编码如：JRY _ 0315 _ 001 _ 01（共计 15 位字符）。

分公司关系数据库设计如表 8-15 所示。

热力分公司关系数据库表　　**表 8-15**

序号	字段名称	字段类型	字符串长度	备注
1	分公司 ID	double		
2	分公司编码	varchar	255	
3	分公司名称	varchar	255	
4	分公司位置	varchar	255	
5	分公司负责人	varchar	255	
6	分公司负责人电话	varchar	255	
7	创建时间	varchar	255	
8	更新时间	varchar	255	
9	删除时间	varchar	255	

3. 供热管理站

用2位数字来代表管理站，一个分公司的管理站数量不会超过99个。管理站编码如下：JRY _ 0315 _ 001 _ 01 _ 01（共计18位字符）。

管理站关系数据库设计如表8-16所示。

供热管理站关系数据库表 **表8-16**

序号	字段名称	字段类型	字符串长度	备注
1	管理站ID	double		
2	管理站编码	varchar	255	
3	管理站名称	varchar	255	
4	管理站位置	varchar	255	
5	管理站负责人	varchar	255	
6	管理站负责人电话	varchar	255	
7	创建时间	varchar	255	
8	更新时间	varchar	255	
9	删除时间	varchar	255	

4. 热力站

用2位数字来代表热力站，一个管理站的热力站数量不会超过99个。热力站设备序列号如：JRY _ 0315 _ 001 _ 01 _ 01 _ 01（共计21位字符）。

热力站关系数据库设计如表8-17所示。

热力站关系数据库表 **表8-17**

序号	字段名称	字段类型	字符串长度	备注
1	热力站ID	double		
2	热力站编码	varchar	255	
3	热力站名称	varchar	255	
4	热力站位置	varchar	255	
5	热力站负责人	varchar	255	
6	热力站负责人电话	varchar	255	
7	创建时间	varchar	255	
8	更新时间	varchar	255	
9	删除时间	varchar	255	

5. 楼栋或者单元入口

用3位数字来代表楼栋或者单元入口，一个热力站的楼栋或者单元入口数量不会超过999个。楼栋设备序列号如：JRY _ 0315 _ 001 _ 01.01 _ 01 _ 001（共计25位字符）。

6. 用户（热用户）

用2位数字来代表用户，楼栋或者单元入口的用户数量不会超过99个。用户设备序列号如：JRY _ 0315 _ 001 _ 01 _ 01 _ 01 _ 001 _ 01（共计28位字符）。

在每个热力公司进行智慧供热系统云平台化升级改造之前，需要进行编码管理规划，制定编码规则并发布，在以后的建设过程中统一遵守，以免管理混乱。

8.6.4 设备管理

1. 网关信息的建立

建立网关的基本信息，包含产品和设备。所谓产品是指定义设备是采用哪种协议、什么接口模式，以及变量参数等。每台维护网关下面都挂着至少一台以上的设备（PLC、触摸屏、变频器等），设备管理主要是对这些设备进行统一管理，方便识别和维护。

先配置网关所连设备的产品定义，在定义设备时选择设备属于何种产品。就可以在云平台中孪生出与实体设备相对应的数字设备。

2. 网关和设备的产品证书管理

根据应用场景，在云平台上填写的信息和生成的产品证书如下：

（1）网关产品名称（如热力站网关、楼栋网关等）；

（2）网关 ProductKey（阿里云物联网平台生成的）；

（3）网关 ProductSecret（阿里云物联网平台生成的）；

（4）网关 DeviceName（填写网关序列号，20位，前9位固定 WG581LL07，后面11位按照要求设置）；

（5）网关 DeviceSecret（阿里云物联网平台生成的）；

（6）设备产品名称（如换热站控制装置、混水站控制装置、楼栋控制装置等）；

（7）设备 ProductKey（阿里云物联网平台生成的）；

（8）设备 ProductSecret（阿里云物联网平台生成的）；

（9）设备 DeviceName（设备实例化时填写设备编码，按照我们的规则定义）；

（10）设备 DeviceSecret（设备实例化之后，阿里云物联网平台生成的）。

网关和组态软件配置时需要用到上述信息和产品证书。

3. 设备信息

设备信息包括：

（1）设备名称（自定义）；

（2）设备序号（云平台生成）；

（3）从站地址；

（4）通信协议（modbus _ tcp，modbus _ rtu 等）；

（5）接口类型（RS 485、RS 232、以太网等）。

4. 设备数据

设备数据是指设备所要求变量的具体信息，与控制设备的变量表对应，包括变量名称、变量类型、寄存器类型、寄存器地址、变量倍率、变量分组、读写权限、单位、报警上下限、历史存储等。

8.6.5 数据存储管理

1. 采集即存储

每次采集到的数据都进行存储，在供热系统中这是没有必要的。一般只是存储最新采集到的数据，以往采集的数据被最新一次采集的数据刷新覆盖。

2. 每小时存储一次数据

每间隔 1h 把采集到的数据存储到数据库中。

3. 每年备份一次历史数据

每年备份一次历史数据，同时清空数据库。这样可以降低数据库的容量要求。

8.6.6 数据查看管理

1. 设备快速定位查找

设备的快速定位是通过设备的层级管理来实现的。

2. 查看设备实时数据

定位到具体设备后可以查看设备的实时数据。

3. 远程设置设备数据

定位到设备后可以远程设置设备的数据，修改数据值。

4. 不热户数据监控（对投诉家里不热的用户查看供热实时数据）

根据不热户的关系数据库信息，定位到不热户数据所在的网关和控制设备，可以实时查看和远程设置不热户的供热参数。

8.6.7 供热运行调度云平台数据采集小结

涉及各种控制设备（包括 PLC 和触摸屏）、网关、阿里物联网云平台、亚控组态软件。网关设备与阿里物联网云平台的接口配置是需要供热工程师与网关设备厂家需要配合的环节，亚控组态软件与阿里物联网云平台的接口配置是需要亚控技术人员与供热工程师配合的环节。

1. 阿里物联网云平台具体配置信息

（1）网关—创建产品：网关设备（热力站网关、楼栋网关）；

（2）网关—添加设备：设备的 DeviceName 需要填写网关的序列号（不支持汉字），自己定义；

（3）设备—创建产品：产品名称（如换热站控制装置、混水站控制装置、楼栋控制装置、二次节能控制装置、一次流量平衡控制装置等）；

（4）设备—添加设备：设备的 DeviceName 需要根据实际情况命名（支持英文字母、数字、下划线 _ 、中划线-、点号 . 、半角冒号:、和特殊字符@，长度限制 4-32 个字符），（如 sta _ bbhe，Jry. 0315. 001. 001. 001. 001. 001，Jry. 0315. 001. 001. 001. 001 等），或者用网关序列号，百宝楼、百宝换热站等信息可以作为名称备注（支持中文、英文字母、日文、数字和下划线 _ ，长度 4-64 个字符，中文及日文算 2 个字符）。

2. 网关设备配置信息

（1）网关—数采配置—设备名称：云平台建立设备的 DeviceName（如 sta _ bbhe）；

（2）网关—数采配置—设备序号：云平台建立设备的 DeviceSecret（云平台建成具体设备实例化后生成的）。

3. 组态软件与云平台接口时具体配置信息

（1）需要用到设备 ProductKey；

（2）设备的 DeviceName（如 JRY _ 0315 _ 001 _ 01 _ 01 _ 01）。

8.6.8 供热系统全网平衡控制

供热系统全网平衡控制架构如图 8-21 所示。确定调度外温的值是全网平衡控制关键，不同方式确定的调度外温代表着不同的控制策略，比如均匀性控制、舒适性控制等。调度外温的人工修正与用户的生活习惯和性格等有关，需要在大数据的基础上结合人工智能的算法优化，在没有实现人工智能算法之前，先由供热专家凭经验确定。调度外温可以是：

（1）人工设定；

（2）平滑处理后的外温；

（3）代表站的当量外温；

（4）折中外温＝平滑处理后的外温/2＋代表站的当量外温/2＋时钟修正＋人工修正；

（5）综合外温＝（平滑处理后的外温，代表站的当量外温）较高者＋时钟修正＋人工修正。

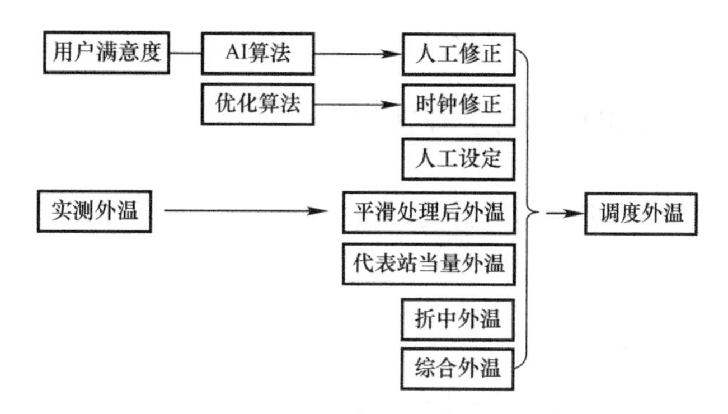

图8-21 供热系统全网平衡控制架构图

1. 基于调度外温的全网平衡控制算法

```
//依据全网平衡界面选取的典型代表站读取典型站的当量外温和阀门控制值
典型站当量外温调度值 = GetTagFieldFloat(典型代表站名称 + ". 当量外温", "Value");
if(典型站当量外温调度值>最大室外温度)
{
典型站当量外温调度值 = 最大室外温度;
}
if(典型站当量外温调度值<最小室外温度)
{
典型站当量外温调度值 = 最小室外温度;
}
最不利环路阀门控制值 = GetTagFieldFloat(典型代表站名称 + ". 阀门控制设定值", "Value");

//计算综合处理后的室外温度
综合室外温度 = 室外温度人工修正 + 室外温度;
/*--计算室外温度与处理后室外温度的累计偏差,当偏差超过限度时进行重新修正--*/
累积偏差 = 累积偏差 +(综合室外温度-综合处理后室外温度)/600;
```

```
if((累积偏差>积分常数)||(累积偏差<积分常数负值))
{
累积偏差 = 0;
综合处理后室外温度 = 综合处理后室外温度 + (综合室外温度-综合处理后室外温度)/
削峰系数;
}
/ * ---对处理后的外温进行最大和最小值限定--- * /
if (综合处理后室外温度>最大室外温度)
{
综合处理后室外温度 = 最大室外温度;
}
if (综合处理后室外温度<最小室外温度)
{
综合处理后室外温度 = 最小室外温度;
}

//全网平衡控制模式选取
/ * ------------------1. 人工调度外温远程设定模式---------- * /
if ((全网平衡控制模式> = 0)&&(全网平衡控制模式<20))
{
    调度外温 = 人工调度外温远程设定;
}
/ * ------------------2. 舒适性控制模式,按照实际测量的外温来控制------ * /
    if ((全网平衡控制模式> = 20)&&(全网平衡控制模式<40))
{
    调度外温 = 综合处理后室外温度 + 人工调度外温修正 + 调度外温节能时钟修正;
人工调度外温远程设定 = 调度外温;
}
/ * ------------------3. 按照最不利环路控制-------- * /
if((全网平衡控制模式> = 40)&&(全网平衡控制模式<60))
{
    调度外温 = 典型站当量外温调度值 + 人工调度外温修正;
    人工调度外温远程设定 = 调度外温;
}
/ * ------------------4. 均匀性控制模式,也是默认模式,按照典型站当量外温调度控制--
* /
if((全网平衡控制模式> = 60)&&(全网平衡控制模式<80))
{
    调度外温 = 典型站当量外温调度值/2 + 综合处理后室外温度/2 + 人工调度外温修正;
```

```
    人工调度外温远程设定 = 调度外温;
    }
    /*--5. 综合控制模式,供热能力充足时按需供热,供热能力不足时均匀供热,并且引入人工修正--*/
    if ((全网平衡控制模式> = 80)&&(全网平衡控制模式<100))
    {
    if((典型站当量外温调度值>综合处理后室外温度 + 调度外温节能时钟修正)&&(最不利环路阀门控制值>90))
    {
      调度外温 = 典型站当量外温调度值 + 人工调度外温修正;
      人工调度外温远程设定 = 调度外温;
    }
    if((典型站当量外温调度值>综合处理后室外温度 + 调度外温节能时钟修正)&&(最不利环路阀门控制值<80))
    {
      调度外温 = 典型站当量外温调度值/2 + 综合处理后室外温度/2 + 人工调度外温修正;
      人工调度外温远程设定 = 调度外温;
    }

    if((典型站当量外温调度值<综合处理后室外温度 + 调度外温节能时钟修正))
    {
        调度外温 = 综合处理后室外温度 + 人工调度外温修正 + 调度外温节能时钟修正;
        人工调度外温远程设定 = 调度外温;
    }
}
    /*-----------------------调度外温的最大和最小值限制------------------*/
    if(调度外温>最大室外温度)
    {
      调度外温 = 最大室外温度;
    }
    if(调度外温<最小室外温度)
    {
      调度外温 = 最小室外温度;
    }
```

2. 温控曲线

根据实测数据：实测供水温度、实测回水温度、实测室外温度、实测室内温度采用如下算法计算温度控制曲线的截距和斜率：

```
a = 实测供水温度 + 实测回水温度-2 * 实测室内温度;
b = 设计供水温度 + 设计回水温度-2 * 设计室内温度;
```

c = 1 + 散热指数；

d = (设计室内温度-设计室外温度)/(实测室内温度-实测室外温度)；

e = (设计供水温度-设计回水温度)/(实测供水温度-实测回水温度)；

f = (调度室内温度-调度室外温度)/(设计室内温度-设计室外温度)；

//计算热负荷修正系数和相对流量系数

热负荷修正系数 = Pow(a/b,c) * d；

相对流量系数 = Pow(a/b,c) * e；

//计算调度供水温度、调度回水温度

调度供水温度 = 调度室内温度 + b/2 * Pow(热负荷修正系数 * f,1/c) + 0.5 * 热负荷修正系数/调度相对流量系数 * (设计供水温度-设计回水温度) * f；

调度回水温度 = 调度室内温度 + b/2 * Pow(热负荷修正系数 * f,1/c)-0.5 * 热负荷修正系数/调度相对流量系数 * (设计供水温度-设计回水温度) * f；

//计算供回水平均温度曲线截距和斜率

f0 = (调度室内温度-0)/(设计室内温度-设计室外温度)；

f10 = (调度室内温度 + 10)/(设计室内温度-设计室外温度)；

供回水平均温度曲线截距 = 调度室内温度 + b/2 * Pow(热负荷修正系数 * f0,1/c)；

供回水平均温度曲线斜率 = (调度室内温度 + b/2 * Pow(热负荷修正系数 * f10,1/c)-供回水平均温度曲线截距)/10；

3. 节能时钟

通过设定夜间节能幅度、白天节能幅度这两个变量的值，根据不同的天气状况设置一天 24h 的调度外温节能时钟修正值。主要是考虑利用白天的太阳辐射热能和夜间人们休息时对室内温度需求的降低，设置调度外温节能时钟修正实现节能。

```
if($Hour==0){调度外温节能时钟修正=夜间节能幅度;}
if($Hour==1){调度外温节能时钟修正=夜间节能幅度;}
if($Hour==2){调度外温节能时钟修正=夜间节能幅度;}
if($Hour==3){调度外温节能时钟修正=夜间节能幅度/2;}
if($Hour==4){调度外温节能时钟修正=0;}
if($Hour==5){调度外温节能时钟修正=0-夜间节能幅度/2;}
if($Hour==6){调度外温节能时钟修正=0-夜间节能幅度;}
if($Hour==7){调度外温节能时钟修正=0;}
if($Hour==8){调度外温节能时钟修正=0;}
if(天气=="晴好")
{
    if($Hour==9){调度外温节能时钟修正=白天节能幅度/6;}
    if($Hour==10){调度外温节能时钟修正=白天节能幅度/3;}
    if($Hour==11){调度外温节能时钟修正=白天节能幅度/2;}
    if($Hour==12){调度外温节能时钟修正=白天节能幅度*2/3;}
    if($Hour==13){调度外温节能时钟修正=白天节能幅度*5/6;}
    if($Hour==14){调度外温节能时钟修正=白天节能幅度;}
```

```
    if($Hour==15){调度外温节能时钟修正=白天节能幅度*2/3;}
    if($Hour==16){调度外温节能时钟修正=白天节能幅度/3;}
}
if(天气=="大风多云")
{
    if($Hour==9){调度外温节能时钟修正=0;}
    if($Hour==10){调度外温节能时钟修正=0;}
    if($Hour==11){调度外温节能时钟修正=0;}
    if($Hour==12){调度外温节能时钟修正=0;}
    if($Hour==13){调度外温节能时钟修正=0;}
    if($Hour==14){调度外温节能时钟修正=0;}
    if($Hour==15){调度外温节能时钟修正=0;}
    if($Hour==16){调度外温节能时钟修正=0;}
}
if(天气=="阴雪")
{
    if($Hour==9){调度外温节能时钟修正=0-白天节能幅度/12;}
    if($Hour==10){调度外温节能时钟修正=0-白天节能幅度/12;}
    if($Hour==11){调度外温节能时钟修正=0-白天节能幅度/12;}
    if($Hour==12){调度外温节能时钟修正=0-白天节能幅度/12;}
    if($Hour==13){调度外温节能时钟修正=0-白天节能幅度/24;}
    if($Hour==14){调度外温节能时钟修正=0-白天节能幅度/24;}
    if($Hour==15){调度外温节能时钟修正=0-白天节能幅度/12;}
    if($Hour==16){调度外温节能时钟修正=0-白天节能幅度/12;}
}
if($Hour==17){调度外温节能时钟修正=0;}
if($Hour==18){调度外温节能时钟修正=0-白天节能幅度/3;}
if($Hour==19){调度外温节能时钟修正=0-白天节能幅度*2/3;}
if($Hour==20){调度外温节能时钟修正=0;}
if($Hour==21){调度外温节能时钟修正=0;}
if($Hour==22){调度外温节能时钟修正=夜间节能幅度/2;}
if($Hour==23){调度外温节能时钟修正=夜间节能幅度;}
```

4. 人工温度修正

供热专家根据气象条件和用户投诉情况，结合自身经验进行试探性的供热温度修正，达到满足用户需求的最低供热量的目标。供热温度高则用户投诉少，而能耗高。供热温度低能耗低，而用户投诉多。有用户投诉时整体提高供热温度不是最优方案，局部改变用户所在单元入口的供热参数效果更好。因此人工温度修正值的确定没有固定的算法，需要凭借专家的经验和技术水平。如果能够借助AI算法，会是更好的技术方向。

5. 参数分组分发

```
/*----------------------批量下发调度外温---------------------------*/
总公司名称="同怀远洋";
热源名称="同怀远洋锅炉房";
twdd=StrFromReal(调度外温,2,"f");
//获取当前所选的分公司和管理的单系统的数据集
string Sqlstr="select * from site_relation_information where company='"+总公司名称+"' and power='"+热源名称+"' order by xuhao";
bool tmpbool=KDBGetDataset1("sitename","MySQL",Sqlstr);
if(tmpbool==0)
{
   KDBDisConnect("MySQL");//断开与数据库的连接
   string connectstr=\\local\mysqlDSN;
   KDBGetConnectID("MySQL",connectstr);//连接数据库
   KDBGetDataset1("sitename","MySQL",Sqlstr);//获取数据集
}
rows=KDBGetDatasetRows("sitename");//获取数据集行数

for(i=0;i<rows;i++)
{
    //获取数据集中每行中站点名称
    string site=KDBGetCellValueByFieldName("sitename", i, "site");
    //获取数据集中每行的服务器名称
    string server=KDBGetCellValueByFieldName("sitename", i, "server");
    //把调度外温分发到与查询条件匹配的热力站控制装置
    SetTagField("\\"+server+"\"+site+".调度外温", "Value", twdd);
}
```

8.6.9 能耗分析

能耗分析是供热企业的重要工作，作为各个部门指标考核和奖金发放的重要参考。大部分供热企业的能耗分析以会议的形式进行，每个供暖季开始时下达考核指标，供暖季结束进行指标完成情况考核和分析。很少进行全过程能耗分析。

随着热计量技术和热量表产品的成熟，热力站安装热量表和电量表进行实时的能耗监测是完全可行的，因此对能耗指标的实时分析与考核也是可行的。对能耗指标进行自动、实时的分析有利于及时找出能耗超标的原因并及时采取措施。

1. 热计量系统的维护

需要保证热计量系统的准确性，保证热计量系统处于完好状态，有故障及时维修、及时更换，定期检表。安排专业团队维保，确保热计量系统持续健康运行。

2. 热量计算（焓差法）

（*水的密度随着温度的变化而变化，需要根据温度变化修正供回水的密度*）

```
mdg：= 1000.3-0.0043 * t_g-0.0052 * t_g * t_g + 0.00001 * t_g * t_g * t_g;
mdh：= 1000.3-0.0043 * t_h-0.0052 * t_h * t_h + 0.00001 * t_h * t_h * t_h;
(* 水的焓值随着温度的变化而变化，需要根据温度变化修正供回水的焓值 *)
hg：= 0.526 + 4.1957 * t_g-0.0004 * t_g * t_g + 0.000003 * t_g * t_g * t_g;
hh：= 0.526 + 4.1957 * t_h-0.0004 * t_h * t_h + 0.000003 * t_h * t_h * t_h;
(* 焓差法计算热量，同时计算供回水质量流量 *)
q：= (flow_g * mdg * hg-flow_h * mdh * hh)/1000000;
szll：= mdg * flow_g;
rzll：= mdh * flow_h。
```

3. 折零热指标

折零热指标(W)＝实际热指标（W)×(18)/（实测室内温度－实际室外温度)；

实际热指标(W)＝瞬时热量（GJ/h)×100/[3.6×供热面积（万 m^2)]；

这里的折零热指标是指室内温度 18℃、室外温度 0℃时，单位供热建筑面积的瞬时耗热量。瞬时热量可以从热量表中采集，也可以利用流量计和供回水温度计算得出。

4. 调度热指标

调度热指标(W)＝计划折零热指标（W)×(调度室内温度－实际室外温度)/(18)；

计划折零热指标是依据往年的实际供热情况确定的本年度的计划指标。

调度热指标是依据实际室外温度和要达到的调度室内温度确定的实时的供热指标。

5. 累计节能指标（每 6 秒累计一次）

累计节热量＝累计节热量＋[瞬时热量/600－调度热指标×6×供热面积/(1000×100)]；

每万平方米节热量＝累计节热量/供热面积；

计算出每座热力站的单位供热面积的实时的节热量指标，并且进行排序，能够做到实时的指标考核。

6. 评估室内温度

评估室内温度＝实际室外温度＋实际热指标×(18)/折零热指标；

依据实际的热指标和实际的折零热指标可以评估出用户的实际室内温度。这种评估方法适用于大的时间跨度的平均值，不适合实时评估。

7. 每小时水电热消耗分析（每小时分析一次）

小时耗热量指标＝(累计热量（GJ）－累计热量$_{old}$（GJ))/供热面积（万 m^2)；

小时耗电量指标＝(累计电量（kWh）－累计电量$_{old}$（kWh))/ 供热面积（万 m^2)；

小时耗水量指标＝(累计水量（t）－累计水量$_{old}$（t))/ 供热面积（万 m^2)；

累计热量$_{old}$＝累计热量；

累计电量$_{old}$＝累计电量；

累计水量$_{old}$＝累计水量。

每个热力站的实时水电热消耗指标情况能够及时分析出来，通过排名对比及时发现运行中存在的问题，及时分析问题原因，及时调整运行方案。实时进行过程评价和过程控制，而不是进行事后评价。

8.6.10　故障诊断

故障诊断是保证供热系统安全运行的关键，及时发现故障或者及时预防故障不仅可以保障供热运行不间断，还能有效避免因故障而造成的巨大经济损失。供热安全是供热舒适性和供热经济性的前提，即安全第一。在供热系统中，尤其是热力站系统部署各种仪表的目的就是要监测供热系统是否健康运行。故障诊断是否可信的前提是仪表测量数据是否可信，仪表是否健康是第一步需要判断的。然后才是依据测量数据判断供热设备是否健康以及供热系统是否健康。故障诊断也是供热运行专家系统的重要组成部分，这部分工作需要大量实践经验的积累，需要更多人参与总结形成集体智慧，这里只是抛砖引玉。

1. 实时参数判断

```
(＊判断二次供水温度是否处于正常范围之内＊)
t2gset = 供温截距-供温斜率＊调度外温;
if((二次供水温度<t2gset + 2)&&(二次供水温度>t2gset-2)){故障码_二次供温 = 0;}
if(二次供水温度<t2gset-5){故障码_二次供温 = 1;}
if(二次供水温度>t2gset + 5){故障码_二次供温 = 2;}
(＊判断二次回水温度是否处于正常范围之内＊)
t2hset = 回温截距-回温斜率＊调度外温;
if((二次回水温度<t2hset + 2)&&(二次回水温度>t2hset-2)){故障码_二次回温 = 0;}
if(二次回水温度<t2hset-5){故障码_二次回温 = 1;}
if(二次回水温度>t2hset + 5){故障码_二次回温 = 2;}
(＊判断二次回水压力是否处于正常范围之内＊)
if((二次回水压力<二次回水压力设定值 + 0.03)&&(二次回水压力>二次回水压力设定值-0.03)){故障码_二次回压 = 0;}
if(二次回水压力<二次回水压力设定值-0.05){故障码_二次回压 = 1;}
if(二次回水压力>二次回水压力设定值 + 0.05){故障码_二次回压 = 2;}
(＊判断水箱液位是否处于正常范围之内＊)
if(水箱液位>0.5){故障码_水箱液位 = 0;}
if(水箱液位<0.2){故障码_水箱液位 = 1;}
(＊判断供热效果是否处于正常范围之内＊)
tpj = 二次供水温度/2 + 二次回水温度/2;
if((tpj<温度设定值 + 2)&&(tpj>温度设定值-2)){故障码_供热效果 = 0;}
if(tpj<温度设定值-5){故障码_供热效果 = 1;}
if(tpj>温度设定值 + 5){故障码_供热效果 = 2;}
(＊判断换热器的换热效果是否处于正常范围之内＊)
dtgh = 二次供水温度-二次回水温度;
if((一次回水温度<tpj + dtgh/3)&&(一次回水温度>tpj)){故障码_换热效果 = 0;}
if(一次回水温度>二次供水温度){故障码_换热效果 = 1;}
if(一次回水温度<tpj-dtgh/3){故障码_换热效果 = 2;}
```

2. 建立提高供热系统可靠性的管理系统

对于热力站的故障诊断可以通过实时参数进行实时诊断，而对于供热系统中存在的大量管网和用户系统的故障诊断却无法通过实时监测完成。需要加强管理，预防故障的发生，提高系统的可靠性。包括但不局限于如下几个方面：

（1）淘汰老旧管网的分段压力实验；

（2）一次网小室动态档案管理系统；

（3）一次网的巡线管理系统；

（4）二次网小室卡片管理系统；

（5）投诉用户的管理系统。

3. 丰富故障判断规则及不热户的原因规则库

需要集合行业内拥有实践经验的专业人员的智慧，把他们在实际工作中的经验总结整理成一条一条的规则，汇聚成故障诊断的专家系统。这部分工作是今后一段时间的研究课题，这里不展开讨论。

8.6.11　画面设计

供热系统运行调度及控制系统的画面设计是供热人与云平台之间交互的窗口，要符合供热人应用习惯，能够清楚完整地展示供热系统运行工况的信息。

1. 全网平衡控制

（1）热力站全网平衡控制（见图 8-22）

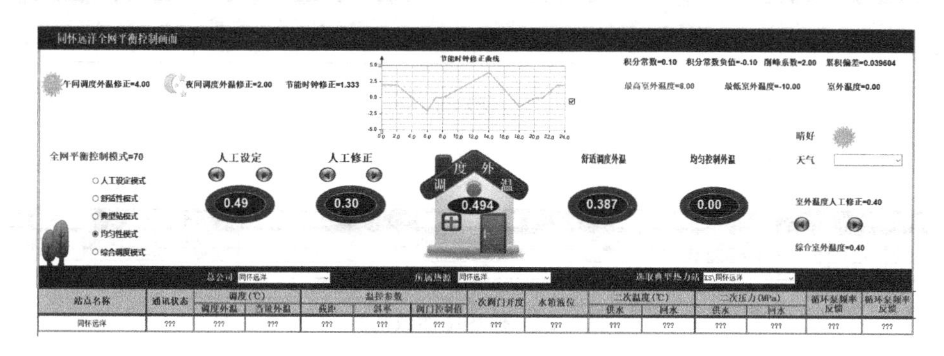

站点名称	通讯状态	调度(℃)		温控参数			一次阀门开度	水箱液位	二次温度(℃)		二次压力(MPa)		循环泵频率反馈	循环泵频率反馈
		调度外温	当量外温	截距	斜率	阀门控制值			供水	回水	供水	回水		
同怀远洋	???	???	???	???	???	???	???	???	???	???	???	???	???	???

图 8-22　热力站全网平衡控制图

（2）楼栋全楼平衡控制（见图 8-23）

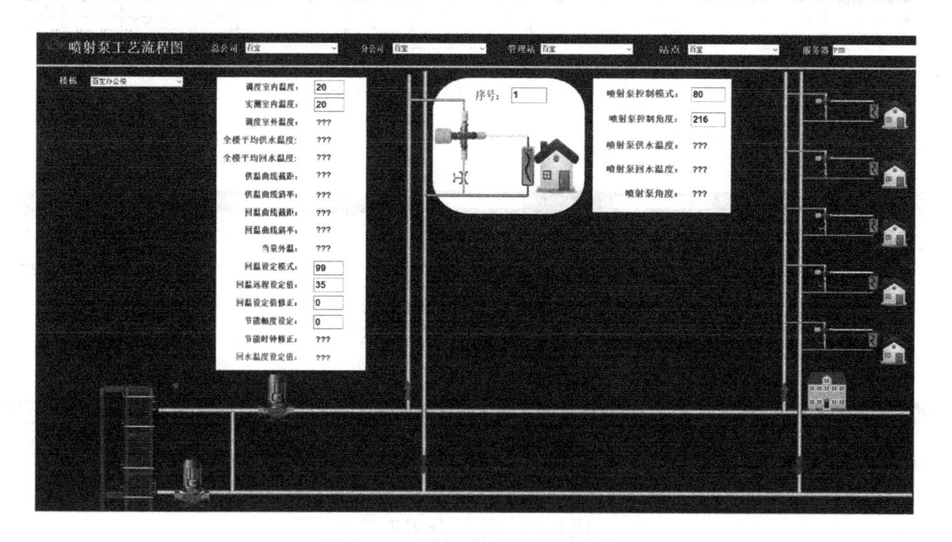

图 8-23　楼栋全楼平衡控制图

2. 汇总

(1) 温度设定汇总（见图 8-24）

温度控制 总公司 同怀远洋 分公司 同怀远洋 管理站 同怀远洋 刷新 登出

站点名	温度控制模式	人工温度远程设定	调度外温	人工温度修正	节能时钟温度修正	二次网				
						温度设定值	供水温度	回水温度	截距	斜率
同怀远洋	???	???	???	???	???	???	???	???	???	???

图 8-24 温度设定汇总

(2) 泵阀控制汇总（见图 8-25）

泵阀控制 总公司 同怀远洋 分公司 同怀远洋 管理站 同怀远洋 刷新 登出

站点名	阀控制模式	阀门远程设定	阀门控制值	泵控制模式	泵远程设定	循环泵控制值	循环泵最大频率	最低系数	泵曲线截距	泵曲线斜率	压力设定值
同怀远洋	???	???	???	???	???	???	???	???	???	???	???

图 8-25 泵阀控制汇总

(3) 参数配置汇总（见图 8-26）

参数配置 总公司 同怀远洋 分公司 同怀远洋 管理站 同怀远洋 刷新 登出

站点名	最高室外温度	最低室外温度	午节能幅度	夜节能幅度	时钟修正	实际室外温度	实测室内温度	调度室内温度	供水截距	供水斜率	回水截距	供水斜率
同怀远洋	???	???	???	???	???	???	???	???	???	???	???	???

图 8-26 参数配置汇总

(4) 换热站参数汇总（见图 8-27）

换热站参数汇总 公司名称 同怀远洋 分公司名称 同怀远洋 管理站 同怀远洋 刷新 导出

站点名称	通讯状态	一次温度(℃)		一次压力(MPa)			一次阀门开度	水箱液位	二次温度(℃)		二次压力(MPa)		循环泵频率反馈	循环泵频率反馈
		供水	回水	供水	回水	压差			供水	回水	供水	回水		
同怀远洋	???	???	???	???	???	0.00	???	???	???	???	???	???	???	???

图 8-27 换热站参数汇总

(5) 换热站故障描述汇总（见图 8-28）

换热站报警描述汇总 公司名称 同怀远洋 分公司名称 同怀远洋 管理站 同怀远洋 刷新

站点名称	通讯状态	二次供温诊断	二次回温诊断	二次回压诊断	水箱液位诊断	供热效果诊断	换热效果诊断	水箱液位	二次温度(℃)		二次压力(MPa)	
									供水	回水	供水	回水
同怀远洋	???	???	???	???	???	???	???	???	???	???	???	???

图 8-28 换热站故障描述汇总

(6) 能耗参数汇总（见图 8-29）

能耗数据采集汇总 公司名称 同怀远洋 分公司名称 同怀远洋 管理站 同怀远洋 刷新 导出

站点名称	通讯状态	瞬时流量	供水温度	回水温度	瞬时热量	累计热量	累计电量	累计水量	热表故障码	电表故障码	水表故障码
同怀远洋	???	???	???	???	???	???	???	???	???	???	???

图 8-29 能耗参数汇总

(7) 能耗分析汇总（见图 8-30）

能耗汇总 总公司 同怀远洋 分公司 同怀远洋 管理站 同怀远洋 刷新 登出

站点名	供热面积	计划折零热指标	折零热指标	实际室外温度	调度室内温度	供热效果考核				
						调度热指标	实际热指标	单位面积节热量	累计节热量	瞬时热量
同怀远洋	???	???	???	???	???	???	???	???	???	???

图 8-30 能耗分析汇总

（8）喷射泵温度设置汇总（见图 8-31）

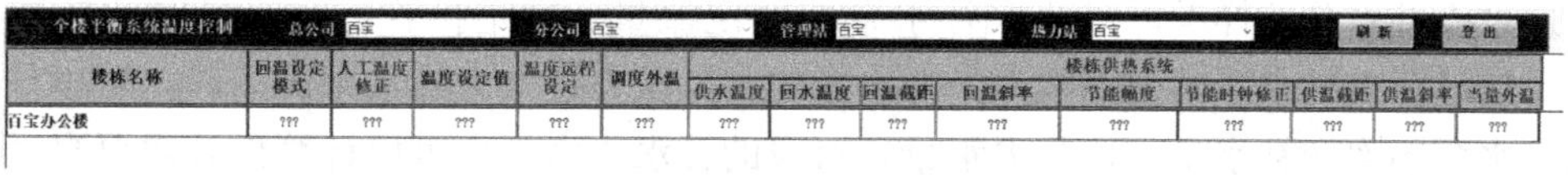

全楼平衡系统温度控制　总公司 百宝　分公司 百宝　管理站 百宝　热力站 百宝　刷新　登出

楼栋名称	回温设定模式	人工温度修正	温度设定值	温度远程设定	调度外温	楼栋供热系统								
						供水温度	回水温度	回温截距	回温斜率	节能幅度	节能时钟修正	供温截距	供温斜率	当量外温
百宝办公楼	???	???	???	???	???	???	???	???	???	???	???	???	???	???

图 8-31　喷射泵温度设置汇总

8.6.12　供热系统仿真

供热系统仿真与供热系统自控是相互融合、相互促进的两个部分，供热系统仿真可以模拟分析各种可能出现的工况，供热系统自控可以监测实际运行参数验证仿真的结果。因此，需要把这两个系统整合到一个软件平台里，用供热系统自控的组态软件进行供热系统仿真的实现，方便数据交互和结果比对。

1. 高精度调节阀模拟

$$\text{调节阀的 } K_{VS} \text{ 值} = 0.028 \times \text{阀门最大开度时喷嘴直径} \times \text{阀门最大开度时喷嘴直径}$$

$$\text{阀门喷嘴直径} = \text{阀门最大开度时喷嘴直径} \times (\text{阀门行程百分比}/1.0195 - 0.4037/1.0195)/100$$

$$\text{调节阀的 } K_V \text{ 值} = 0.028 \times \text{阀门喷嘴直径} \times \text{阀门喷嘴直径}$$

$$\text{调节阀实际压差} = \text{一次供水压力} - \text{一次回水压力}$$

$$\text{调节阀流量} = \sqrt{((\text{调节阀实际压差} \times 100)/10} \times \text{调节阀的 } K_V \text{ 值}$$

高精度调节阀的最大开度时喷嘴直径是与阀门规格对应的固定数值，依据该值可以计算出阀门的 K_{VS}值（两端压差为 0.1MPa、阀门最大开度时，通过阀门的流量数值，单位为 m^3/h）。依据阀门的行程百分比（阀门开度），可以计算出相对应的实际的阀门喷嘴直径（实际流通直径）。依据阀门喷嘴直径可以计算出阀门的 K_V 值（两端压差为 0.1MPa 时，相应阀门开度下，通过阀门的流量数值，单位为 m^3/h）。依据实际的阀门两端压差，可以计算出相应阀门开度下的阀门流量。由于高精度调节阀的流通截面是环形的孔，形状规则，这种仿真计算的结果比较准确。

2. 补水泵模拟

$$\text{补水泵内阻} = (\text{补水泵零流量时扬程} - \text{补水泵额定扬程})/(\text{补水泵额定流量} \times \text{补水泵运行台数} \times \text{补水泵额定流量} \times \text{补水泵运行台数})$$

$$\text{补水压力} = (\text{补水泵零流量时扬程} \times \text{补水泵手动运行频率} \times \text{补水泵手动运行频率}/2500 - \text{补水泵内阻} \times \text{失水量} \times \text{失水量})/100$$

$$\text{补水泵自动运行频率} = \sqrt{\frac{\text{定压点压力} \times 100 + \text{补水泵内阻} \times \text{失水量} \times \text{失水量}}{\text{补水泵零流量时扬程}}} \times 50$$

如果补水压力小于或等于 0.1，则补水泵工况判断“补水泵手动运行频率过小”；

如果补水泵自动运行频率大于或等于 50，则补水泵工况判断“失水量太大，补水泵选型过小”；

如果补水压力大于 0.1 并且补水泵自动运行频率小于 50，则补水泵工况判断“正常”。

补水泵的流量和扬程的对应关系可以描述为：

$$H = H_0 - R \cdot G^2$$

式中　H——补水泵扬程；

H_0——补水泵出口流量为 0 时的扬程；

R——补水泵的内部阻力特性系数；

G——补水泵的流量。

通过查补水泵的样本可以获取补水泵的额定流量、额定扬程、零流量时的扬程等参数，可以计算出补水泵的内部阻力。补水泵的出口压力近似为补水泵的扬程，可以计算出不同补水泵频率和补水量（也是失水量）对应的补水压力。也可以计算出补水泵自动运行时，相应的补水量和定压点压力下补水泵的自动运行频率。

通过补水泵出口压力和补水泵自动运行频率判断补水泵的运行工况是否正常，比如判断补水泵选型是否偏小，供热系统失水量是否过大。

3. 循环泵模拟

外网阻力特性系数 = 外网资用压差 /（设计循环水量 × 设计循环水量）

站内阻力特性系数 = 站内预留压差 /（设计循环水量 × 设计循环水量）

单台换热器阻力特性系数 = 换热器设计台数 × 换热器设计台数 × 换热器设计压差 /（设计循环水量 × 设计循环水量）

整个系统总的阻力特性系数 = 单台换热器阻力特性系数 /（换热器运行台数 × 换热器运行台数）+ 站内阻力特性系数 + 外网阻力特性系数

循环泵内阻 =（循环泵零流量扬程 − 循环泵额定扬程）/（循环泵额定流量 × 循环泵运行台数 × 循环泵额定流量 × 循环泵运行台数）

$$\text{实际运行循环水量} = \sqrt{\frac{\text{循环泵零流量扬程} \times \text{循环泵运行频率} \times \text{循环泵运行频率}/}{[2500 \times (\text{循环泵内阻} + \text{整个系统总的阻力特性系数})]}}$$

实际运行循环泵扬程 = 整个系统总的阻力特性系数 × 实际运行循环水量 × 实际运行循环水量

循环泵出口压力 = 回水压力 + 实际运行循环泵扬程 /100

供水压力 = 回水压力 + 外网阻力特性系数 × 实际运行循环水量 × 实际运行循环水量 /100

$$H = H_0 - R \cdot G^2$$

$$H = S \cdot G^2$$

$$S = S_{外网} + S_{换热器} + S_{站内}$$

式中 H——循环泵扬程；

G——循环泵流量；

R——循环泵内部阻力特性系数；

S——循环泵环路总的阻力特性系数；

$S_{外网}$——外网阻力特性系数；

$S_{换热器}$——换热器阻力特性系数；

$S_{站内}$——站内管路附件的阻力特性系数。

可以模拟计算出循环泵不同频率的流量和扬程，可以计算出循环泵出口压力、热网供水压力等。可以模拟多台换热器并联运行的循环泵水力工况，以及模拟多台循环泵并联的水力工况。

4. 换热器模拟

实测换热器对数温差 =［（实测一次供温 − 实测二次供温）−（实测一次

回温 − 实测二次回温)]/ln[(实测一次供温 −
实测二次供温)/(实测一次回温 − 实测二次回温)]

实测换热器传热系数 = 小时耗热量 × 1000 × 1000(3.6 ×
实测换热器对数温差 × 换热器面积)

一次流量 = 1000.0 × 小时耗热量 /[(实测一次供温 − 实测一次回温) × 4.186]

二次流量 = 一次流量 ×(实测一次供温 − 实测一次回温)/(实测二次供温 − 实测二次回温)

f_1 =(一次流量 + 0.01)× 1000.0/(供热面积 + 0.001)

f_2 =(二次流量 + 0.01)× 1000.0/(供热面积 + 0.001)

对流换热基数 = 实测换热器传热系数 ×($f_1^{对流换热指数}$ + $f_2^{对流换热指数}$);

以上是依据换热器实际运行工况，计算出表征换热器换热效果的参数，称为“对流换热基数”。

设计传热系数 = 对流换热基数 /(1/ 一次流量系数^{对流换热指数} + 1/ 二次流量系数^{对流换热指数});

依据“对流换热基数”和一次二次流量系数计算模拟工况下的换热器传热系数。

调度一次流量 = 一次流量系数 × 供热面积 /1000

调度二次流量 = 二次流量系数 × 供热面积 /1000

t_{1g} = 调度二次供水温度 + 5;

t_{1h} = 调度二次回水温度 + 2;

d_{tm} = [(t_{1g} − 调度二次供水温度) − (t_{1h} − 调度二次回水温度)] • ln[(t_{1g} −
调度二次供水温度)/(t_{1h} − 调度二次回水温度)]

q_2 = 1163 ×(调度二次供水温度 − 调度二次回水温度)× 调度二次流量

q_h = 设计传热系数 × 设计换热器面积 × d_{tm};

$d_t = d_{tm} \times (q_2 - q_h) / q_2$

```
while(Abs(q2-qh)/q2>0.001)
{
  if(调度二次流量>调度一次流量)
  {
  t1h = t1h + 0.1 * dt;
  t1g = (调度二次供水温度 - 调度二次回水温度) * 调度二次流量/调度一次流量 + t1h;
}
  if(调度二次流量< = 调度一次流量)
  {
    t1g = t1g + 0.1 * dt;
    t1h = t1g-(调度二次供水温度 - 调度二次回水温度) * 调度二次流量/调度一次
流量;
}
  dt1 = t1g-调度二次供水温度;
  dt2 = t1h-调度二次回水温度;
  if(dt1>dt2)
  {
```

```
  dtm = (dt1-dt2)/LogE(dt1/dt2);
}
  if(dt1<dt2)
  {
  dtm = (dt2-dt1)/LogE(dt2/dt1);
}
  if(dt1 = =dt2)
  {
  dtm = dt1;
}
  q2 = 1163 * (调度二次供水温度-调度二次回水温度) * 调度二次流量;
  qh = 设计传热系数 * 设计换热器面积 * dtm;
  dt = (q2 - qh) / q2 * dtm;
  计数 = 计数 + 1;
  if(计数>500)
  {
  计数 = 0;
  break;
}
}
一次供水温度设定值 = t1g;
一次回水温度设定值 = t1h;
```

上述程序是在已知二次调度供回水温度的条件下，计算出换热器一次供水温度和一次回水温度的值。可以实现对热源供水温度的调度。同时，可以通过改变一次、二次流量来模拟换热器一次温度的变化。也可以模拟不同的二次调度温度、二次流量对应的一次流量，模拟热力站一次流量的调节。

5. 散热器模拟

(1) 基于一组实测数据，计算出热负荷修正系数和相对流量系数。

$$a = \text{实测供水温度} + \text{实测回水温度} - 2 \times \text{实测室内温度}$$

$$b = \text{设计供水温度} + \text{设计回水温度} - 2 \times \text{设计室内温度}$$

$$c = 1 + \text{散热指数}$$

$$d = (\text{设计室内温度} - \text{设计室外温度})/(\text{实测室内温度} - \text{实测室外温度})$$

$$e = (\text{设计供水温度} - \text{设计回水温度})/(\text{实测供水温度} - \text{实测回水温度})$$

$$\text{热负荷修正系数} = \left(\frac{a}{b}\right)^{c} \times d$$

$$\text{相对流量系数} = \left(\frac{a}{b}\right)^{c} \times e$$

$$\text{理想流量指标} = \text{实测流量指标} / \text{相对流量系数}$$

(2) 已知供水温度和流量指标计算回水温度和室内温度。

```
gb = 流量指标/理想流量指标;
tn0 = 22;
tg = 供水温度 + 2;
计数 = 0;
while(Abs(tg-供水温度)>0.1)
{
  if(tg> = 供水温度){tn = tn0-0.02;}
  if(tg<供水温度){tn = tn0 + 0.02;}
  f = (tn-室外温度)/(设计室内温度-设计室外温度);
  tg = tn + b/2 * Pow(热负荷修正系数 * f,1/c) + 0.5 * 热负荷修正系数/gb * (设计供水温度-设计回水温度) * f;
  th = tn + b/2 * Pow(热负荷修正系数 * f,1/c)-0.5 * 热负荷修正系数/gb * (设计供水温度-设计回水温度) * f;
  tn0 = tn;
计数 = 计数 + 1;
  if(计数>1000)
  {
  计数 = 0;
  break;
}
}
回水温度 = th;
室内温度 = tn;
```

可以模拟分析散热器在不同的室外温度、供水温度和流量时的室内温度和散热器回水温度。这种模拟分析是基于用实际运行参数修正的供热运行调节基本公式上的，与实际运行参数吻合得很好，具有实际指导意义。也可以模拟分析在某一特定供水温度、室外温度时，不同的散热器流量变化时对室内温度和散热器回水温度的影响。

6. 换热站水力工况模拟

换热站是供热系统中最普遍存在的一种形式，换热站的水力工况模拟是把换热站系统中的调节阀、循环泵、补水泵、管路、换热器等设备组成一个相互关联的系统进行模拟分析。模拟分析界面如图 8-32 所示。

7. 换热站热力工况模拟

换热站热力工况模拟是以换热器的换热模拟为核心，把散热器模拟结合进来，组成一个相互关联的系统，对整个换热站供热系统的热力工况进行整体模拟分析。模拟分析界面如图 8-33 所示。

8. 混水机组水力和热力工况仿真

混水机组是混水站的主要设备，混水站是除了换热站之外的另一种热力站形式。混水机组的水力和热力工况仿真比换热站稍微简单一些，不用涉及换热器的复杂传热

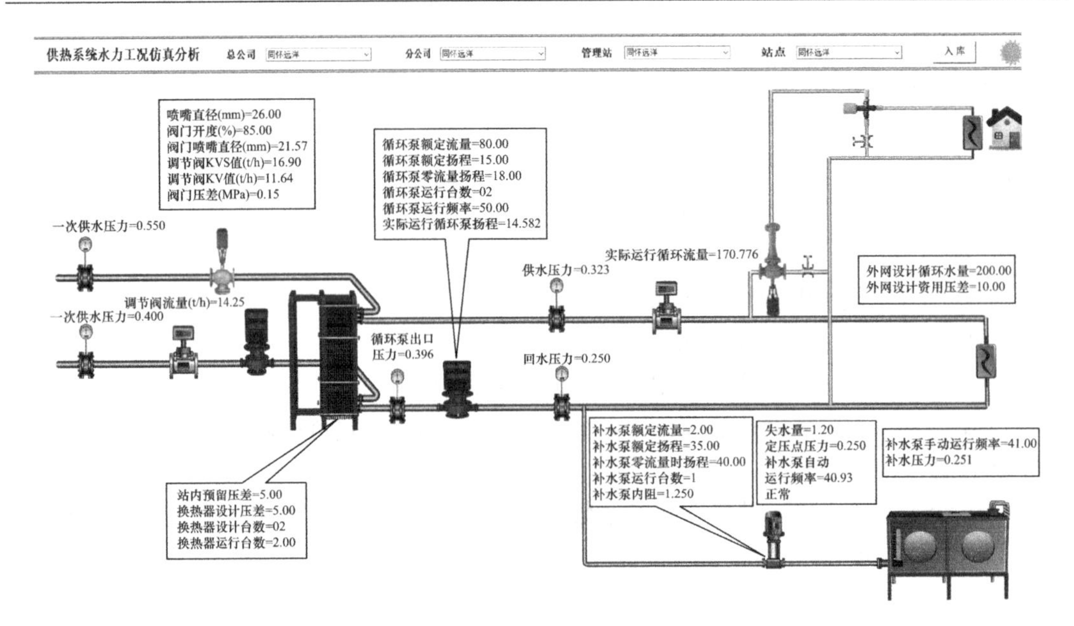

图 8-32 换热站水力工况模拟图

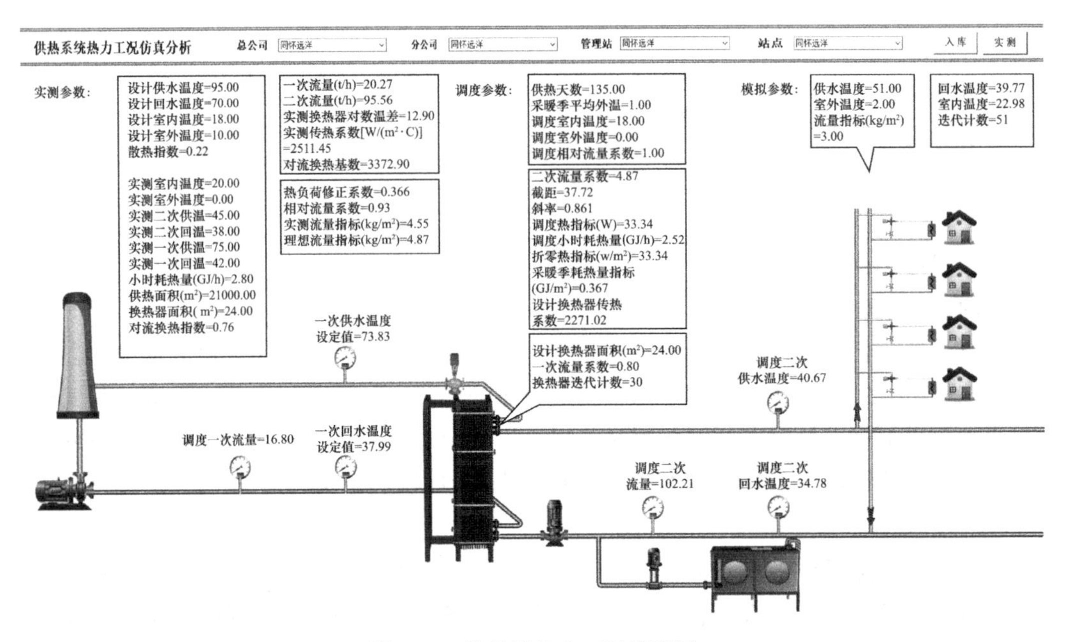

图 8-33 换热站热力工况模拟图

过程。

增压泵在供水管道上，如图 8-34 所示。

增压泵在回水管道上，如图 8-35 所示。

增压泵在连通管道上，如图 8-36 所示。

9. 热网仿真分析

热网的仿真分析可以在已知管网的管径、管长、拓扑结构等条件下，模拟分析管网中的流量分布、各个管段的压降、各个节点的压力分布等。把热网的仿真计算程序用组态软

供水增压混水机组水力工况仿真分析

喷嘴直径=34.000
喉管直径=50.000
行程百分比=75.000
计算K_v值的系数=0.025
运行喷嘴直径=24.430
压降比=0.23290
混水比=1.035
额定流量=60.00
额定扬程=10.000
零流量扬程=12.00
运行频率=40.00
增压泵运行流量=48.000
增压泵运行扬程=6.400
进入喷嘴压力=0.500
进入喷嘴流量=23.591
增压泵入口
压力=0.308
增压泵出口
压力=0.372
进入混合室流量=24.409
进入混合室压力=0.250
喷射泵混合后流量=48.000

图 8-34　供水增压混水机组水利工况仿真分析图

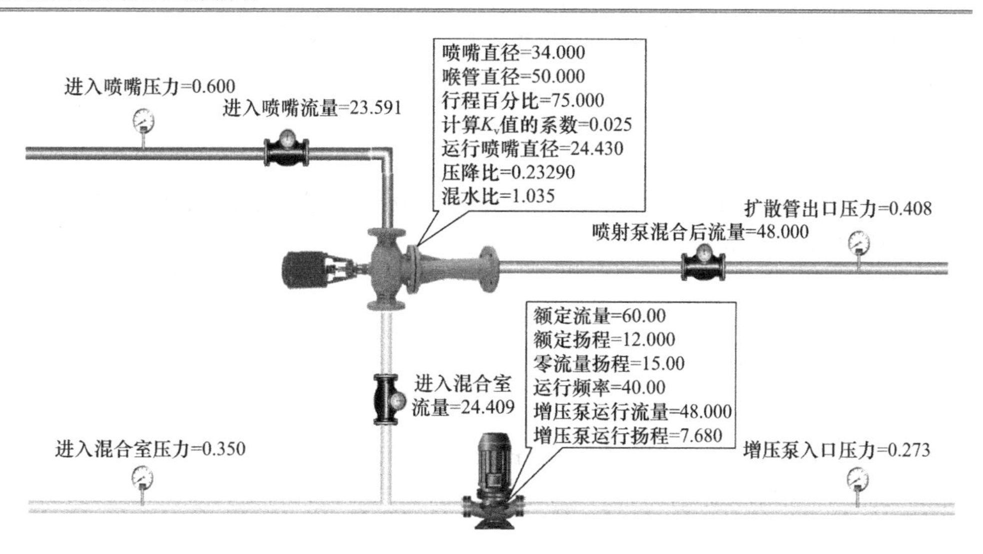

图 8-35　回水增压混水机组水利工况仿真分析图

件的脚本语言写出来，在组态软件中进行管网的仿真分析，有利于把管网仿真分析与热网自控系统结合起来，有利于利用组态软件在界面开发方面的优势，进行仿真结果的直观显示。

（1）流量分布计算程序

```
//从节点数据模型中获取数据到数组中
for(i = 1;i< = num;i + + )
{
node[i] = GetTagFieldInt("\\local\节点" + StrFromInt(i, 10) + ". 节点号", "Value");
parent[i] = GetTagFieldInt("\\local\节点" + StrFromInt(i, 10) + ". 父节点号", "
```

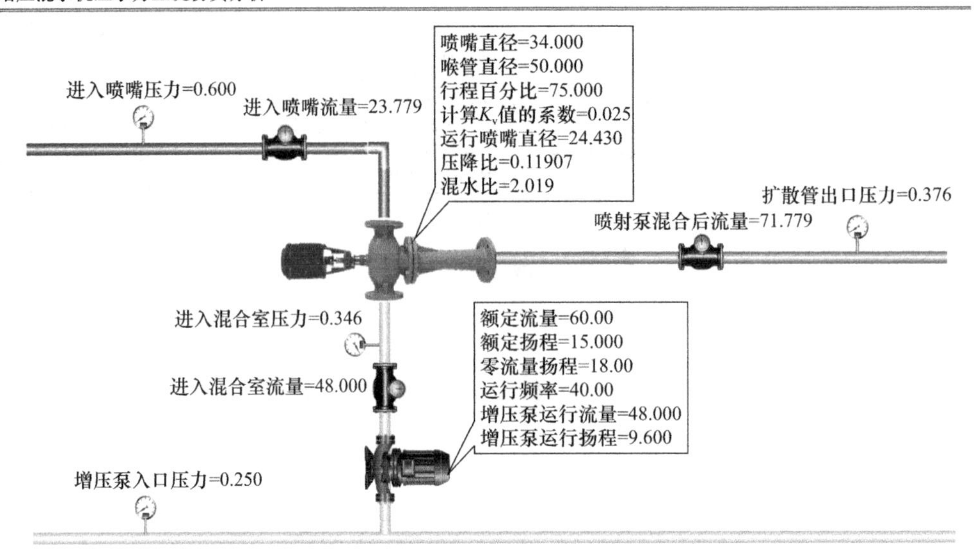

图 8-36　旁通增压混水机组水利工况仿真分析图

```
Value");
    type[i] = GetTagFieldInt("\\local\节点" + StrFromInt(i, 10) + ". 类型", "Val-
ue");
    if(type[i]>0)
    {
    node_flow[i] = ratio_flow * GetTagFieldFloat("\\local\节点" + StrFromInt(i,
10) + ". 流量", "Value");
    }

    if(type[i] = =0)
    {
    SetTagField("\\local\节点" + StrFromInt(i, 10) + ". 局阻系数", "Value", Str-
FromReal(0.2, 2,"f"));
    }
    lenth[i] = GetTagFieldFloat("\\local\节点" + StrFromInt(i, 10) + ". 管长", "
Value");
    dn[i] = GetTagFieldFloat("\\local\节点" + StrFromInt(i, 10) + ". 管径", "Val-
ue");
    ratio[i] = GetTagFieldFloat("\\local\节点" + StrFromInt(i, 10) + ". 局阻系数",
"Value");
    if(dn[i]>0)
    {
    s[i] = 7.02 * Pow(10, -10) * Pow(0.0005, 0.25) * lenth[i] * (1 + ratio[i])/Pow
```

```
(dn[i], 5.25) ;
    }
    else
    {
      s[i] = 0;
    }
    }
    //计算各个管段的流量
    for(i = 1;i< = num;i + + )
    {
    if(type[i]>0)//如果是热力站、热源、环
    {
      k = 0;
      n = parent[i];
    if(n>0)//如果父节点不为 0,说明是有效节点
    {
        while(n! = 1)//主热源的节点号设置为 1
        {
        for(j = 1;j< = num;j + + )
        {
            if(node[j] = = n)
            {
              node_flow[j] = node_flow[j] + node_flow[i];
              n = parent[j];
            }
        }
        k = k + 1;
      if(k> = num + 1)//当循环超过节点数时中断循环
      {
      break;
    }

    }//END while

    }//END if(n>0)

    }//END if(type[i]>0)

}//END FOR
```

```
//计算各个管段的压降
for(i = 1;i< = num;i + + )
{
dpre[i] = s[i] * Abs(node_flow[i]) * node_flow[i]/100.0;
}
//计算各个节点的压力
for(i = 1;i< = num;i + + )
{
zz_lenth[i] = zz_lenth[i] + lenth[i];
pre_return[i] = pre_return[i] + dpre[i];
k = 0;
n = parent[i];
if(n>0)
{
    while(n! = 1)
    {
      for(j = 1;j< = num;j + + )
      {
        if(node[j] = = n)
        {
          zz_lenth[i] = zz_lenth[i] + lenth[j];
          pre_return[i] = pre_return[i] + dpre[j];
          n = parent[j];
          }
    }
    k = k + 1;
  if(k> = num + 1)
  {
  break;
  }
}//END while(n! = 1)

} //END if(n>0)

}//END FOR
//寻找做不利环路
rpre_max = 0;
for(i = 1;i< = num;i + + )
{
```

```
    if(pre_return[i]>rpre_max)
    {
        rpre_max = pre_return[i];
        }
    }
    pre_return1 = (15 + high)/100;
    pre_supply1 = (2 * rpre_max + pre_return1);
    //计算节点的供回水压力
    for(i = 1;i< = num;i + + )
    {
    pre_supply[i] = pre_return[i] + (rpre_max-pre_return[i]) * 2 + pre_return1;
    pre_return[i] = (pre_return[i] + pre_return1);
    SetTagField("\\local\节点" + StrFromInt(i, 10) + ". 流量", "Value", StrFromReal
(node_flow[i], 1,"f"));
    SetTagField("\\local\节点" + StrFromInt(i, 10) + ". 供水压力", "Value",
StrFromReal(pre_supply[i], 3,"f"));
    SetTagField("\\local\节点" + StrFromInt(i, 10) + ". 回水压力", "Value",
StrFromReal(pre_return[i], 3,"f"));
    SetTagField("\\local\节点" + StrFromInt(i, 10) + ". 节点总距离", "Value",
StrFromReal(zz_lenth[i], 1,"f"));
    if(parent[i] = = 1)
    {
    flow1 = node_flow[i];
    }
    }
```

(2) 压力分布计算程序

```
    //从节点数据模型中获取数据到数组中
    for(i = 1;i< = num;i + + )
    {
    node[i] = GetTagFieldInt("\\local\节点" + StrFromInt(i, 10) + ". 节点号", "Val-
ue");
    parent[i] = GetTagFieldInt("\\local\节点" + StrFromInt(i, 10) + ". 父节点号",
"Value");

    pre_supply[i] = GetTagFieldFloat("\\local\节点" + StrFromInt(i, 10) + ". 供水压
力", "Value");
    pre_return[i] = GetTagFieldFloat("\\local\节点" + StrFromInt(i, 10) + ". 回水压
力", "Value");
    z_lenth[i] = GetTagFieldFloat("\\local\节点" + StrFromInt(i, 10) + ". 节点总距
```

```
离","Value");
    }
//计算各个节点压力
    i = knum-1;
    mum = 1;
    nnode[1] = node[i];
    llenth[1] = z_lenth[i];
    ppre_supply[1] = pre_supply[i];
    ppre_return[1] = pre_return[i];
    节点编号 = nnode[1];
    长度值 = llenth[1];
    供水压力值 = ppre_supply[1];
    回水压力值 = ppre_return[1];
//向数据库的 pressure_graph 的表中插入记录
    Sqlstr = "Insert into pressure_graph values('" + 节点编号 + "','" + 长度值 + "','" +
供水压力值 + "','" + 回水压力值 + "')";
    KDBExecuteStatement(connectstr, Sqlstr);
    k = 0;
      n = parent[i];
    if(n>0)//如果父节点不为 0,说明是有效节点
    {
        while(n! =1)//主热源的节点号设置为 1
    {
    for(j = 1;j< = num;j + + )
            {
    if(node[j] = = n)
    {
            mum = mum + 1;
            nnode[mum] = n;
    ppre_supply[mum] = pre_supply[j];
    ppre_return[mum] = pre_return[j];
    llenth[mum] = z_lenth[j];
    节点编号 = nnode[mum];
    长度值 = llenth[mum];
    供水压力值 = ppre_supply[mum];
    回水压力值 = ppre_return[mum];
    //向数据库的 pressure_graph 的表中插入记录
    Sqlstr = "Insert into pressure_graph values('" + 节点编号 + "','" + 长度值 + "','" +
 供水压力值 + "','" + 回水压力值 + "')";
```

```
KDBExecuteStatement(connectstr, Sqlstr);
n = parent[j];
}
    }
    k=k+1;
  if(k>=num+1)//当循环超过节点数时中断循环
  {
  break;
}
}//END while
}//END if(n>0)
if((mum>1)||(knum==2))
{
节点编号=1;
长度值=0;
供水压力值=pre_supply1;
回水压力值=pre_return1;
//向数据库的 pressure_graph 的表中插入记录
Sqlstr="Insert into pressure_graph values('"+节点编号+"','"+长度值+"','"+
供水压力值+"','"+回水压力值+"')";
KDBExecuteStatement(connectstr, Sqlstr);
}
```

（3）热网仿真分析界面

热网仿真分析界面总平面图如图 8-37 所示，仿真界面节点水压图如图 8-38 所示，仿真结果如图 8-39 所示。

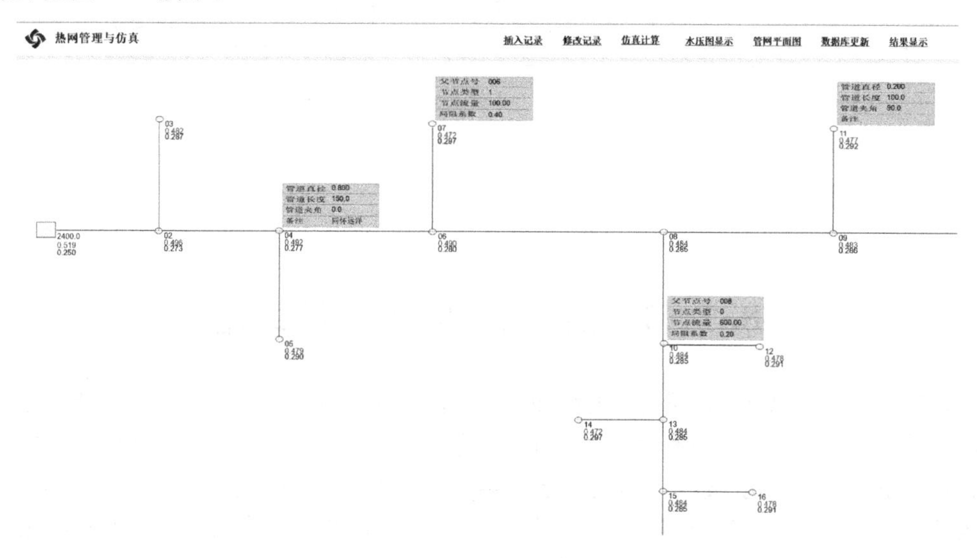

图 8-37　热网仿真分析界面总平面图

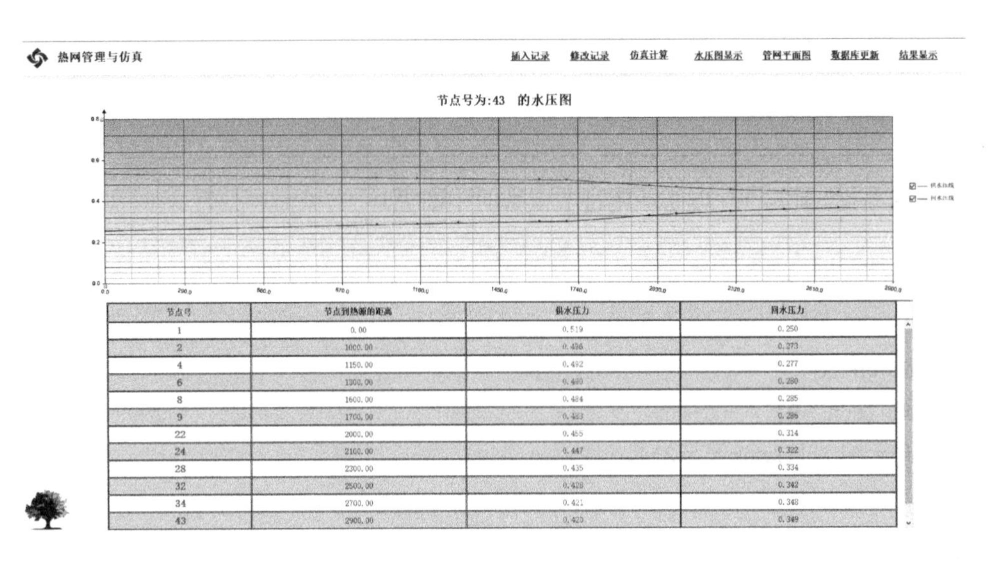

节点号	节点到热源的距离	供水压力	回水压力
1	0.00	0.519	0.250
2	1000.00	0.496	0.273
4	1150.00	0.492	0.277
6	1300.00	0.490	0.280
8	1600.00	0.484	0.285
9	1700.00	0.483	0.286
22	2000.00	0.455	0.314
24	2100.00	0.447	0.322
28	2300.00	0.435	0.334
32	2500.00	0.428	0.342
34	2700.00	0.421	0.348
43	2900.00	0.420	0.349

图 8-38　仿真界面节点水压图

热网管理与仿真　　插入记录　修改记录　仿真计算　水压图显示　管网平面图　数据库更新　结果显示

节点号	父节点号	节点类型	管径	管长	夹角	局阻系数	流量	供水压力	回水压力	距热源的距离	节点描述
2	1	0	0.80	1000.00	0.00	0.20	2400.00	0.496	0.273	1000.00	百宝
3	2	1	0.20	200.00	90.00	0.40	100.00	0.482	0.287	1200.00	
4	2	0	0.80	150.00	0.00	0.20	2300.00	0.492	0.277	1150.00	同怀远洋
5	4	1	0.20	200.00	-90.00	0.40	100.00	0.479	0.290	1350.00	
6	4	0	0.80	150.00	0.00	0.20	2200.00	0.490	0.280	1300.00	百宝
7	6	1	0.20	260.00	90.00	0.40	100.00	0.472	0.297	1560.00	
8	6	0	0.80	300.00	90.00	0.20	2100.00	0.484	0.285	1600.00	百宝
9	8	0	0.80	100.00	0.00	0.20	1500.00	0.483	0.286	1700.00	同怀远洋
10	8	0	0.80	100.00	-90.00	0.20	600.00	0.484	0.285	1700.00	
11	9	1	0.20	100.00	90.00	0.20	100.00	0.477	0.292	1800.00	
12	10	1	0.20	100.00	0.00	0.20	100.00	0.478	0.291	1800.00	
13	10	0	0.80	100.00	-90.00	0.20	500.00	0.484	0.285	1800.00	
14	13	1	0.20	200.00	180.00	0.20	100.00	0.472	0.297	2000.00	
15	13	0	0.80	100.00	-90.00	0.20	400.00	0.484	0.285	1900.00	
16	15	1	0.20	100.00	0.00	0.20	100.00	0.478	0.291	2000.00	
17	15	0	0.40	200.00	-90.00	0.20	300.00	0.481	0.288	2100.00	
18	17	1	0.30	200.00	0.00	0.40	100.00	0.479	0.290	2300.00	
19	17	0	0.30	200.00	-90.00	0.20	200.00	0.475	0.294	2300.00	
20	19	1	0.20	200.00	180.00	0.40	100.00	0.462	0.307	2500.00	
21	19	1	0.20	200.00	-90.00	0.40	100.00	0.462	0.307	2500.00	
22	9	0	0.50	300.00	0.00	0.20	1400.00	0.455	0.314	2000.00	
23	22	1	0.30	200.00	-90.00	0.40	100.00	0.453	0.316	2200.00	
24	22	0	0.50	100.00	0.00	0.20	1300.00	0.447	0.322	2100.00	
25	24	1	0.20	200.00	90.00	0.20	100.00	0.435	0.334	2300.00	

图 8-39　仿真结果显示图

8.7　智慧供热的实施路径综述

智慧供热是在原有供热系统上升级而来，不能脱离现有供热系统实际，不能不考虑性价比。单纯为了智慧供热的概念而进行升级改造一定不是最优路径，过度迁就现有供热系统和自控系统的智慧化改造，效果也不会太好。智慧供热的升级改造一定要对供热系统的能效负责，智慧供热的最根本意义首先是要改善供热效果和节约能源，投入产出比要合理，同时要兼顾先进性和标准化。如果不是标准化的、大量部署的场景，就没有必要上云平台。只有标准化的大批量复制的场景，采用云平台才更有利于提高效率，降低运维成本，才更能发挥云平台的优势。

8.7.1　供热系统工艺流程标准化

智慧供热的调控环节主要在热力站和楼栋入口，涉及热源、一次网、热力站、二次网、楼栋、用户之间的联动，必须协调各个环节相应参数的控制目标趋于一个共同的目的。

热源控制供水温度和供水流量，热力站一次侧控制一次流量，热力站二次供回水平均温度的气候补偿控制和节能时钟控制，热力站循环泵频率的气候补偿控制和节能时钟控制，楼栋喷射泵手动平衡调节或者户用电动喷射泵的楼栋平衡控制。各个环节独立运行互不干扰，自动实现整个供热系统的最优化联动控制。不用刻意设计复杂的联动逻辑，因为联动逻辑过于复杂、系统相关性过大，在出现小的局部故障时会导致整个联动逻辑混乱。

把目标分解到各个控制环路中，每个控制环路完成单一控制目标，上一级控制环路为下一级控制环路保留调控的适应空间，下一级控制环路在完成自身控制目标时自动闭环上一级控制。比如，热力站一次流量的平衡控制和热源的温度控制及总流量控制，并没有控制热力站一次回水温度，热力站的热量控制并没有实现闭环，而在热力站的二次温度控制的过程中自动实现了热力站一次回水温度的控制，实现了热力站热量的控制闭环。再比如，循环泵的频率控制，并没有控制二次循环水量，在楼栋之间平衡调节的过程中会改变管网的阻力特性，进而改变二次流量，这样就不会造成楼栋平衡调节与循环泵控制之间的相互矛盾。还有，控制二次供回水平均温度，就不受二次循环流量变化影响，使得二次温度控制与流量控制相互独立互不干扰。

供热系统工艺流程的标准化主要是针对热力站工艺流程的优化，比如一次网分布式变频泵的应用、高精度电动调节阀的应用、二级循环泵的应用、热力站分布式变频泵的应用、节能型水泵的应用等。二次网楼栋入口装置的标准化，比如高精度平衡阀的应用、调节型喷射泵的应用、一体化楼栋入口装置的应用等。用户入口装置标准化，比如分层应用喷射泵、分户应用喷射泵、整栋楼入口平衡调控装置的应用。如果供热系统的这些工艺流程没有优化，建议首先进行供热系统的优化改造，然后再考虑智慧供热的其他部分。

8.7.2　控制系统标准化

控制系统标准化主要包括：

（1）楼栋控制装置标准化（触摸屏控制）；

（2）热力站能耗采集装置（触摸屏控制）；

（3）直供站控制装置（触摸屏显示，PLC 控制，PM564＋2×AX561）；

（4）直供混水站控制装置（触摸屏显示，PLC 控制，PM564＋3×AX561）；

（5）混水站控制装置的标准化（触摸屏显示，PLC 控制，PM564＋3×AX561）；

（6）换热站控制装置的标准化（触摸屏显示，PLC 控制，PM564＋3×AX561）；

（7）热力站二次侧节能控制装置标准化（触摸屏显示，PLC 控制，PM564＋2×AX561）；

（8）热力站一次侧流量平衡控制装置标准化（触摸屏显示，PLC 控制，PM564＋2×AX561）；

（9）换热站补水系统控制装置标准化（触摸屏控制）；

（10）链条燃煤锅炉自动燃烧控制装置（触摸屏显示，PLC 控制，BC9000＋KL3458＋

KL4404＋KL9010)。

基于云平台的控制系统与原来的基于组态软件的控制系统不同，这种“云＋端”的控制结构需要对端进行轻量化和标准化，控制系统标准化便于大量复制、快速部署、快速升级、快速更换。只有对控制系统轻量化，才方便进行标准化。

需要处理好智慧供热系统与原来的热网自控系统之间的关系，既不是把原来的自控系统搬到云上，也不是把原来的自控系统全部推翻，两者需要在一段时间内长期共存，逐渐由云平台接管控制系统。

8.7.3 网关的配置

参考“物通博联·工业智能网关使用指南 v2.5”。

8.7.4 云平台的部署

参考“物通博联·阿里云物模型使用手册 V3.2”。

8.7.5 供热运行调控功能开发

参考“KingFusion3.6 用户手册_20210125”。

8.7.6 组态软件与云平台的通信

阿里云平台提供了两种订阅方式：使用 AMQP 服务端订阅、使用 MNS 服务端订阅。本次阿里云 iot 数据接入亚控 KingFusion3.6 平台，是采用 AMQP 服务端订阅的方式，KingFusion3.6 计算组件通过 AMQP 客户端接入数据，接入方式为 Node.js SDK 接入。订阅到数据后，KingFusion3.6 客户端可以通过 redis 数据源枚举到阿里云平台设备变量，在页面开发中，通过关联变量的方式实现设备变量的读写功能。详细接入流程如下：

1. KingFusion3.6 通过 Node.js SDK 方式从阿里云 AMQP 服务订阅设备数据

具体用到的接口是：数据订阅接口以及获取设备属性快照接口；

数据回写用到阿里云平台的“为指定设备设置属性值接口”。

2. 客户端展示

(1) 首先在客户端开发态新建 redis 数据源，如图 8-40 所示。

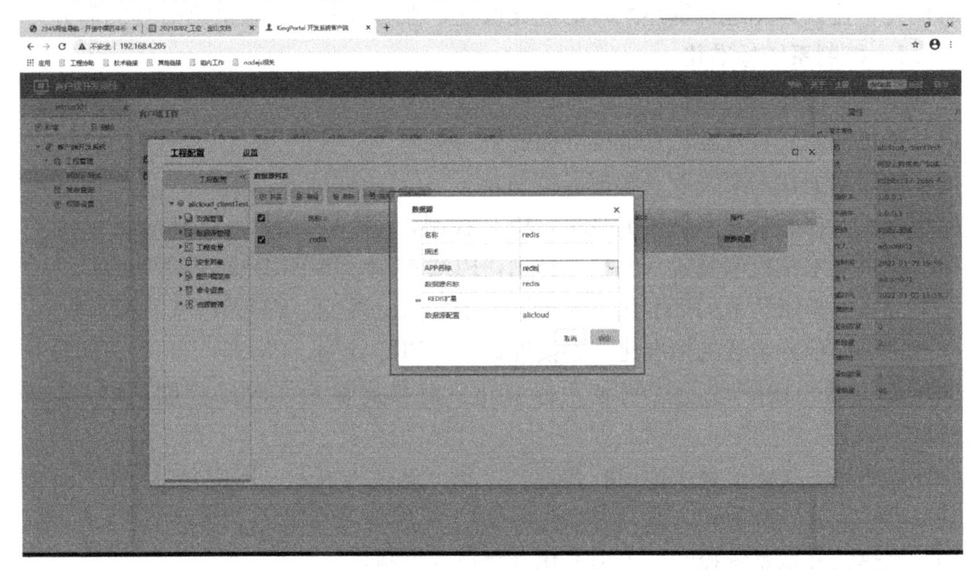

图 8-40　客户端展示图

（2）通过数据源方式枚举到阿里云设备变量，在客户端数据词典快速添加变量，如图 8-41 所示。

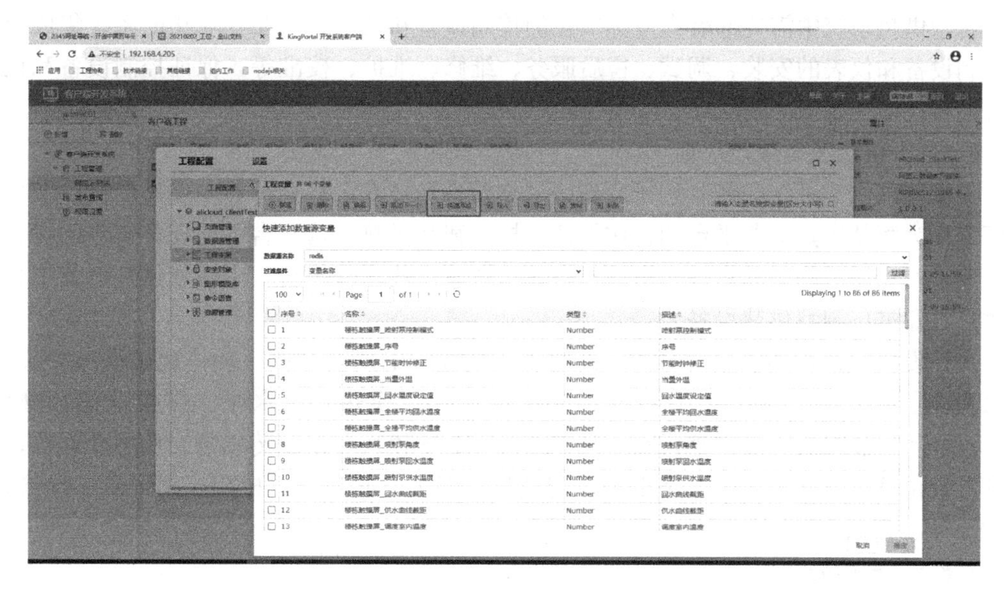

图 8-41　添加变量图

（3）在页面编辑器开发展示页面，给文本关联设备变量的模拟值输入与输出连接，模拟值输出用于在客户端运行态展示设备实时数据，模拟值输入用于回写设备变量值。工程发布后，在运维中心部署启动，客户端登录进行展示。

8.8　智慧供热云平台的生态圈

智慧供热云平台是个开放的生态圈，并不是哪个人或者哪个企业单独完成的事业，是需要各方共同参与的生态系统，各方相互配合、有序竞争、不断自我迭代。智慧供热的发展是一个开放、包容、有序的自我进化过程，未来会是什么样没有人可以定义，也不会停止于某一个具体形态。生态系统会多大、都有谁参与也是不可能界定的。目前能看到的是如下各方共同参与、相互促进，但并不局限于此。

8.8.1　智慧供热运营平台

组建核心管理团队、供热专家团队、软件开发团队、供应链管理团队、营销团队、风控法务团队，搭建智慧供热云平台，组织协调生态体系内成员之间的关系。持续升级智慧供热云平台，优化专家团队、优化技术体系、优化生态系统。面向整个供热行业整合资源，包括品牌资源、专家资源、技术资源、产品资源、资金资源、市场资源、人脉资源等，服务于整个供热行业。

8.8.2　供热企业

供热企业是智慧供热服务的主体客户，通过智慧供热云平台实现供热生产运行的智慧化控制，借助于智慧供热云平台全面提升整个供热系统的技术水平和运行调度水平，实现精准供热、节约能源。供热企业普遍存在人才和技术瓶颈，通过智慧供热云平台可以把技术水平直接提升至行业最高水平。

8.8.3 智慧供热系统集成商

智慧供热系统中需要部署大量标准化的控制设备和仪表，需要专业化的系统集成商负责控制设备和仪表的安装、调试、售后服务、维修、维护、校准等，保证控制设备和仪表的长期可持续运行。

8.8.4 供热设备生产厂商

根据智慧供热系统的需要，研发新的供热设备和技术，整合行业中优秀的供热设备生产厂家作为智慧供热运营平台的合作伙伴。按照智慧供热运营平台的需要，合作的设备生产厂家生产高质量的产品，按照出厂价格卖给智慧供热运营平台，由智慧供热运营平台面向供热行业推广智慧供热设备。

供热设备包括：调节型喷射泵、高精度平衡阀、电动调节阀、一体化楼栋入口装置、混水机组、高层直连机组、自控箱、变频控制柜、换热器、水泵、焊接球阀、管件、PLC、电动调节阀执行器、变频器、触摸屏、MBUS模块、温度传感器、压力变送器、流量计、液位计、自动气象站、路由器、交换机、网关、服务器、机柜、大屏幕、操作台、摄像头等。

8.8.5 节能公司

节能公司是智慧供热运营平台与供热企业之间的中间商，通过节能公司向供热企业提供智慧供热产品、技术、服务等。这样便于智慧供热运营平台与供热企业之间的广泛联系，通过大量的节能公司把智慧供热技术推广到各个供热企业中去。节能公司接受智慧供热运营平台的培训，购买智慧供热运营平台的入围设备，购买智慧供热运营平台的专家服务。

8.8.6 施工队伍

户用喷射泵的安装、调节型喷射泵的安装、混水机组的安装、自控设备和仪表的安装、管道的安装、其他供热设备的安装等都需要专业的安装队伍。智慧供热运营平台优化选择优秀的施工队伍入围平台，推荐或承包工程给施工队伍。

8.8.7 销售渠道

通过行业协会、各种会议、展会、杂志、网络、媒体、微信群等渠道宣传智慧供热技术和产品。联系供热企业的总经理、生产副总、技术副总、总工程师、生产技术部经理等组织技术交流。联系行业专家、设计师、工程师、销售经理等超级个体建立合作关系。

8.8.8 物联网云平台提供商

物联网云平台提供商是构建智慧供热云平台的基础平台提供商，要求物联网云平台提供商规模足够大、研发能力足够强、企业发展足够稳定、企业公信力足够强大、提供的平台足够先进，否则不能保证智慧供热云平台稳定可靠。

8.8.9 组态软件开发商

组态软件开发商需要完成组态软件与物联网云平台的对接工作，能够从物联网云平台上读取数据，能够通过物联网云平台下发控制指令。组态软件开发商应该具有丰富的组态软件开发经验，并且在供热行业应用多年，对供热行业相当熟悉。组态软件能够生成各种客户端应用程序，有丰富的界面展示效果。

第 9 章

专家系统与 AI 技术展望

9.1 供热专家的重要性与局限性

供热专家是供热系统智慧化的关键，没有供热专家的参与，供热系统智慧化是无法实现的。但是供热专家的专业能力也是有限的，需要集中多位专家的集体智慧才能实现智慧供热，专家之间相互学习、共同促进。供热专家需要从实际运行中积累经验，不断探索实践，增长学问。因此，智慧供热需要专家团队的通力合作，需要供热专家在实际运行中逐渐丰富供热智慧。

9.2 从供热专家到专家系统

供热专家参与到智慧供热系统中，供热专家需要和软件专家合作，不断将供热专家的知识转化为智慧供热系统的规则和算法。同时，供热专家在利用智慧供热平台的过程中也会不断提升自身的专业能力。多位供热专家之间相互学习、相互促进，形成专家团队的集体智慧，不断提升专家规则库和算法库的水平，形成可以不依赖专家的专家系统。用规则和算法接管控制系统，实现对供热系统的智慧化控制。

9.3 机理模型与 AI 模型之间的关系

供热技术有其自身专业特性，有一整套知识体系。大部分的供热技术可以用机理模型精准描述，可以形成一套算法体系。而有些因素是供热机理模型描述不了的，比如用户的投诉与供热温度之间的关系。对于能够直接用机理模型描述的知识就没有必要应用 AI 技术，而对于机理模型无法描述的知识需要通过大数据技术和 AI 技术解决。在供热系统全网平衡控制中，供热温度的人工修正部分和节能时钟修正部分，需要通过大量的用户室内测温数据和用户用热体验反馈数据来确定，这就需要采用 AI 技术。

9.4 供热专家智能与人工智能的深度合作是实现智慧供热的关键

供热专家智能和人工智能的深度融合是实现智慧供热的关键，片面夸大供热专家智能就不能很好地发挥人工智能的优势，片面夸大人工智能就不可能扎根行业真正落地。实现智慧供热首先是立足于充分发挥供热专家智能，并不断进化专家智能，让专业的人解决专业的问题。人工智能是专家智能的补充和提升，对于没有专业属性的统计学意义上的规则需要用人工智能来解决。

参考文献

[1] 清华同方股份有限公司同控方制工程公司．城市集中供热系统的微机自动控制及管理系统［R］，1998.

[2] 埃克诺能源有限公司．唐山市区域供热系统（初设）最终审查报告［R］，1994.

[3] 牡丹江热电公司．引进、消化、创新——牡丹江热电联产电子技术应用十年［R］，1998.

[4] 陈弘．供热系统的能效分析及其故障诊断［D］．北京：清华大学，1994.

[5] 杨旭东．集中供热计算机控制系统研究及应用［D］．北京：清华大学，1993.

[6] 秦绪忠等．热网集中控制工程的仿真系统及应用［J］．区域供热，1997，6：22-25

[7] 涂序彦．大系统控制论［M］．北京：国际工业出版社，2000.

[8] 石兆玉．供热系统运行调节与控制［M］．北京：清华大学出版社，1994.

[9] 全国房地产科技情报网，供暖专业网．锅炉供暖运行技术与管理［M］．北京：清华大学出版社，1995.

[10] 贺平等．供热工程［M］．北京：中国建筑工业出版社，1985.

[11] E. я. 索柯洛夫．热化与热力网［M］．安英华等译．北京：机械工业出版社，1988.

[12] 顾兴蓥．民用建筑暖通空调设计技术措施［M］．北京：中国建筑工业出版社，1996.

[13] 化工部热工设计技术中心站．热能工程设计手册［M］．北京：化学工业出版社，1998.

[14] 汤惠芬，范季贤等．城市供热手册［M］．天津：天津科学技术出版社，1989.

[15] 李善化，康惠等．集中供热设计手册［M］．北京：中国电力出版社，1996.

[16] 北京市煤气热力工程设计院．城市热力网设计规范 CTJ 34—2002［S］．北京：中国建筑工业出版社，2002.

[17] 王亚茹．供暖热负荷延时图与分段变流量的质调节优化分析［D］．哈尔滨：哈尔滨建筑大学，1993.

[18] 余宝法．多热源联网的水力热力过程模拟［D］．西安：西南交通大学，1997.

[19] 欣斯基，方崇智．过程控制系统［M］．北京：化学工业出版社，1982.

[20] 金以慧．过程控制［M］．北京：清华大学出版社，1993.

[21] 中国建筑科学研究院．民用建筑节能设计标准（采暖居住建筑部分）JGJ 26-95［S］，北京：中国建筑工业出版社，1995.

[22] 杨世铭、陶文铨．传热学［M］．北京：高等教育出版社，1998.

[23] ［苏］A. A. 约宁．传热学［M］．单文昌，尚雷译．北京：中国建筑工业出版社，1986.

[24] 陈久芝．制冷系统热动力学［M］．北京：机械工业出版社，1998.

[25] 王广军，辛国华．热力系统动力学及其应用［M］．北京：科学出版社，1997.

[26] 石兆玉．流体网络分析与综合［D］．北京：清华大学，1993.

[27] Nils R. Grimm，Robert C. Rosaler. HVAC SYSTEMS AND COMPONENTS HANDBOOK［M］. New York：McGraw-Hill，1997.

[28] William B. Cooper. Warm Air Heating for Climate Control［M］. Upper Saddle River：Prontice Hall，2000.

[29] Robert C. Rosaler，P. E. HVAC Maintenance and Operations Handbook［M］，1997.

[30] Roger W. Haines. HVAC Systems Design Handbook［M］. Atlanta：ASHRAE，1998.

[31] EKONO OY. FLOWRA［Z］，1990.

[32] 哈尔滨建筑大学，北京市热力工程设计公司．直埋敷设热水管网系统设计计算程序使用手册[Z]．1997.

[33] A. D. Gosman. COMPUTER-AIDED ENGINEERING heat transfer and fluid flow，Ellis Horwood，1985.

[34] None. The Symposium Organizing Committee [J] . THE 3RD INTERNATIONAL SYMPOSIUM ON HVAC，1999.

[35] 王建奎．HVAC控制用调节阀的选用 [J]．制冷与空调，2001，1：66-68.

[36] 黄相农等．供热站热网能耗电脑计量管理系统 [J]．节能技术，2000，6：13-15.

[37] 张尧森．用于工厂的大型全自动集中热水供应系统 [J]．节能技术，2000，6：41-42.

[38] 程志芬等．供热管网水力失调及其防止 [J]．节能技术，2000，4：2.

[39] 陈放等．热电联供是提高能源利用率支柱产业的探讨 [J]．节能技术，2000，4：31-32.

[40] 徐振华．变频调速在节能供水系统中的应用 [J]．节能技术，2000，4：44，47.

[41] 刘弘等．对选择热水供暖循环泵几个问题的分析和探讨 [J]．节能技术，2000，2：26-28.

[42] 刘军生等．水力平衡阀及自动排气阀在供热管网的应用 [J]．节能技术，2000，1：41-42.

[43] 马会赋．热网变频调速技术的应用及节能分析 [J]．节能技术，2001，1：47-48.

[44] 陈希习．应用节能技术改造供热系统 [J]．节能技术，2001，1：40-41.

[45] 李峥嵘等．住宅建筑能耗的特点及其评价指标的确定 [J]．节能技术，2001，1：10-12.

[46] 张学森．热电联产节能潜力分析及开发利用 [J]．节能技术，2001，1：23-25.

[47] Carlson，G. F. Water side flow tolerance. [J] International Telephone&Telegraph，1972.

[48] Carlson，G. F. Hydronic systems：analysis and evaluation [J] . ASHRAE Journal，October 1968-March 1969.

[49] Petitjean，R. Total Hydronic Balancing：A Handbook for Design and Troubleshooting of Hydronic HVAC Systems [J] . Tour&Andersson Hydronics AB，1997.

[50] Arnold，D. Dynamic Simulation of Encapsulated Ice Tanks [J] . ASHRAE Transactions，1990，96 (1) .

[51] Arnold，D. Dynamic Simulation of Encapsulated Ice Tanks：Part II-Model Development and Validation [J] . ASHRAE Transactions，1994，100 (1) .

[52] Wakao，N.，and S. Kaguei. Heat and Mass Transfer in Packed Beds [M] . New Jersey：Gordon and Breach，Science Publishers，Inc，1982.

[53] Wang S. P. Haves，and P. Nusgens. Design，Construction，and Commissioning of Building Emulators for EMCS Applications [J] . ASHRAE Transactions，1994，1.

[54] Seem，J. E.，C. Park，and J. M. House. A New Sequencing Control Strategy for Air Handing Units [J] . Int. J. of HVAC&R Research，1999，1.

[55] [苏] 索科洛夫，津格尔著．喷射器 [M]．黄秋云译．北京：科学出版社，1979.